著作权合同登记　图字：01-2023-1103 号

内 容 简 介

本书从腐蚀和生物腐蚀的基本原理、特点及形成机制出发，阐述了生物污垢的严重后果以及微生物生物膜对油气设施的毁灭性影响，概括性总结了当前使用的腐蚀防护策略，重点介绍了采用纳米技术减缓腐蚀和生物污垢的方法等内容。本书并不只是单纯从理论角度介绍基础概念和科学问题，还提供了大量实际应用实例和最新研究进展，有利于让读者建立对腐蚀科学和防护技术更全面和更深入的认识与理解。

本书可为纳米科技的潜在应用提供可用信息，为我国从事相关研究的学者开拓视野，帮助他们了解与腐蚀和生物污垢有关的最新信息和相关数据。

图书在版编目（CIP）数据

减缓微生物腐蚀的纳米新技术 /（埃）巴斯马·A. 奥姆兰（Basma A. Omran），（埃）穆罕默德·奥马尔·阿卜杜勒·萨拉姆（Mohamed Omar Abdel-Salam）著；但波，唐海宾，杨富程译 . —北京：国防工业出版社，2023.4

书名原文：A New Era for Microbial Corrosion Mitigation Using Nanotechnology：Biocorrosion and Nanotechnology

ISBN 978-7-118-12956-4

Ⅰ . ①减… 　Ⅱ . ①巴… 　②穆… 　③但… 　④唐… 　⑤杨… 　Ⅲ . ①有机物腐蚀–防腐–纳米技术 　Ⅳ . ①TG172.7

中国国家版本馆 CIP 数据核字（2023）第 068892 号

First published in English under the title
A New Era for Microbial Corrosion Mitigation Using Nanotechnology：Biocorrosion and Nanotechnology
by Basma Omran and Mohamed Abdelsalam
Copyright © Springer Nature Switzerland AG，2020
This edition has been translated and published under licence from
Springer Nature Switzerland AG.

本书简体中文版由 Springer 授权国防工业出版社独家出版。

※

国防工业出版社 出版发行
（北京市海淀区紫竹院南路 23 号　邮政编码 100048）
北京龙世杰印刷有限公司印刷
新华书店经售

*

开本 710×1000　1/16　印张 12¾　字数 220 千字
2023 年 4 月第 1 版第 1 次印刷　印数 1—2000 册　定价 98.00 元

（本书如有印装错误，我社负责调换）

国防书店：（010）88540777　　书店传真：（010）88540776
发行业务：（010）88540717　　发行传真：（010）88540762

装备科技译著出版基金

A New Era for Microbial Corrosion Mitigation Using Nanotechnol
Biocorrosion and Nanotechnology

减缓微生物腐蚀的纳米新技

[埃及] 巴斯马·A.奥姆兰
（Basma A. Omran）
穆罕默德·奥马尔·阿卜杜勒·萨拉姆 著
（Mohamed Omar Abdel-Salam）
但波 唐海宾 杨富程 译

国防工业出版社
·北京·

译者序

　　腐蚀问题由来已久，与人们的生产生活息息相关。自钢铁工业发展起来后，钢铁制品的腐蚀问题和防护需求极大地推动了对腐蚀科学和防护技术的深入研究。特别是，海底石油和天然气管道、舰船、钻井平台等浸泡在海水中的钢铁表面，除了遭受常规的化学腐蚀外，还要面对不可忽视甚至占主导作用的微生物腐蚀问题。微生物腐蚀不仅损害相关设备性能和安全性，还可能严重危害操作人员的生命安全，在全世界范围内造成了严重的损失。所以，微生物腐蚀及其防护科学技术一直是腐蚀领域的重要研究内容。了解和掌握微生物腐蚀及其防护的基本原理、技术和最新的研究动态，对研究腐蚀防护领域的专业研究人员，甚至对石油化工、舰船、涉海设施的工程技术人员均有重要作用和意义。

　　当我看到由 Springer 出版社出版的这本书时，强烈感觉到其重要价值，于是决定翻译，让更多的人学习这本书。本书从腐蚀和生物腐蚀的基本原理、特点和形成机制出发，阐述了生物污垢的严重后果以及微生物生物膜对油气设施的毁灭性影响，概括性总结了当前使用的腐蚀防护策略，重点介绍了采用纳米技术减缓腐蚀和生物污垢的方法等内容。

　　本书由我和唐海宾、杨富程共同翻译，经过半年多的不懈努力，终于迎来了胜利的曙光。在整个翻译过程中，我们都惴惴不安，唯恐不能准确表达作者的真实意图。对于每字每句都需要仔细斟酌、推敲，反复琢磨，优中选优，力求忠于原文并符合中文的表达习惯，避免在阅读过程中让读者感到生硬和不连贯。初稿出来后，我们还对全书进行了校对和润色。相比于翻译的图书面世时的片刻成就感，我更喜欢翻译过程中的专注与坚持。虽然在翻译过程中，经过反复思考，力图传达作者确切的意图，但由于译者水平有限，错误疏漏之处在所难免，望各位读者、专家和业内人士不吝提出宝贵意见。

　　推荐大家在阅读本书时，除了逐字逐句地认真阅读以外，还可以"按图索骥"，延伸阅读，不断完善相关知识体系。在理解化学腐蚀基本原理时，可以阅读物理化学、电化学相关基础教材，有助于深入理解化学腐蚀中的根本科学问题；在理解生物腐蚀的相关进展时，可以对相关文献进行检索，仔细阅读后可以获得更多的实验或者操作细节。衷心希望读者能够通过本书对纳米材料减缓生物腐蚀有更全面系统的认识。

最后真诚地感谢在翻译过程中所有予以我们帮助和指导的人，感谢所有译者的家人一如既往的支持和鼓励。

但　波

2023 年 2 月

前　言

　　发达国家和发展中国家的石油和天然气行业广受腐蚀和生物污垢的侵害。这两个问题由来已久。微生物（细菌和真菌）、大型生物（贻贝、藤壶、软体动物、海藻和无脊椎动物）和其他成分形成的致命淤积，会损害工业设备的性能、妨碍相关作业、降低设备作业效率。除了污染产品、造成产量损失之外，其有害后果可能严重危害操作人员的生命安全，对周边环境造成灾难性污染。另外，微生物菌群，如细菌（好氧型和厌氧型）、蓝藻细菌、真菌和藻类，会通过生成的细胞外聚合物基质附着于金属表面，形成生物膜。在医疗保健、水处理、淡水系统、海洋、医学植入体以及石油天然气工业等许多领域，生物膜都会造成严重后果。如何减少腐蚀和生物污垢，一直是研究人员和工程师面临的巨大挑战。包括涂料、涂层、腐蚀抑制剂和杀菌剂在内的不同缓解措施已被应用。已投入使用的腐蚀抑制剂和杀菌剂包括氯、三丁基锡、敌草隆、四羟甲基磺酸磷、苄基三甲基氯化铵、蚁醛、戊二醛等。然而，这些物质对水生动物和非有害海底生物的毒性非常大。使用这些杀菌剂的危害严重。因此，探索天然物质的抗生物污垢特性和用纳米粒子（NP）作为替代物，是时代的需求。

　　本书介绍了抗腐蚀和抗生物淤积的现状和未来发展趋势，通过详细数据介绍了如何利用纳米技术和纳米生物科技处理并减少腐蚀和生物淤积造成的严重后果。书中包括腐蚀基本原理、特点和当前使用的腐蚀缓解策略，油漆行业生物淤积的灾难性问题，微生物生物膜对油气设施的毁灭性影响，采用纳米技术缓解腐蚀和生物污垢的方法以及用于减缓石油和天然气工业生物污垢的生物制备纳米材料等内容。

　　本书适用于研究人员、工程师和感兴趣的读者，帮助他们了解与腐蚀和生物污垢有关的最新信息和已发表的数据。本书着重探究抗腐蚀和抑制生物污垢的相关问题、现状和新趋势。另外，本书还介绍了用纳米技术和纳米生物技术解决这两个问题以及减轻相应危害的详细数据。

埃及开罗纳斯尔市　Basma A. Omran 博士

微生物学研究员

Mohamed Omar Abdel-Salam 博士

环境化学工程研究员

目　录

第1章 腐蚀基本原理、特点和当前使用的减缓腐蚀策略

摘要：金属材料是机械工程、建筑和工业领域应用最广泛的材料类型。尽管合金和金属具有重要作用，然而由于存在严重的腐蚀问题，合金和金属的应用受到极大限制。这种对金属性能的破坏性损伤称为"腐蚀"。这种损伤的发生，可能是由于金属与它们周围的环境发生了化学（干腐蚀）或电化学（湿腐蚀）反应。腐蚀能够对金属和合金的性能造成灾难性损伤。腐蚀损伤形式多样，主要包括均匀腐蚀、缝隙腐蚀、电偶腐蚀、点腐蚀、磨损腐蚀、晶间腐蚀、应力腐蚀开裂与选择性腐蚀（脱合金腐蚀）等。这造成了巨大的经济损失，包括修复和替换被腐蚀的基底、产品损失、向环境释放有毒物质以及对健康的严重危害等。本章将重点介绍腐蚀的概念、历史上发生的腐蚀事件、腐蚀的类型、易受腐蚀的材料以及腐蚀盛行造成的影响等。本章也将介绍常见的检测腐蚀的测试。另外，本章也将关注现有的和新的预防措施以抑制腐蚀，如涂料、阴极保护、涂层以及腐蚀抑制剂等。

关键词：腐蚀；经济影响；腐蚀类型；腐蚀测试；防控；涂层；腐蚀抑制剂；绿色腐蚀抑制剂

1.1 引言

自从数千年前人类开始使用金属以来，腐蚀造成的损失便一直伴随着人类的使用过程。这是全球广泛存在的一种普遍现象。腐蚀是一种侵入性过程，通常存在于某一系统运行的重要部位。发达国家和发展中国家都遭受了腐蚀导致的各种后果，这反过来造成了国民生产总值（GNP）的损失。人们对于腐蚀现象最普遍的一个误解是，混淆腐蚀和生锈这两个概念。事实上，所有的生锈都属于腐蚀；但并非所有的腐蚀都是生锈。的确，如果铁合金（如钢）被腐蚀，可以说它生锈了；然而，铝和铜被腐蚀却不属于生锈。还有些人误以为非金属材料（如复合材料、混凝土、聚合物和玻璃等）不会被腐蚀。准确地说，非金属材料会面临恶化变质和失效，因为这两种过程都属于物理过

1

程，期间不会出现离子交换。一般而言，材料发生失效的途径有三种：断裂、腐蚀和磨损。断裂与破坏连接处的机械操作有关；腐蚀通常涉及导致化学键断裂的化学过程；磨损与造成某些束缚被打破的运动有关。然而，它们三者是相互联系的，因为化学环境加速了断裂和磨损的发生，反之亦然（Rummel and Matzkanin，1997）。长期以来，人类试图了解和监测金属的腐蚀过程。当金属存在于水环境和诸如含硫气体、酸性蒸气、氨气和甲醛等气体环境中时，将变得不稳定。腐蚀过程本质上是电化学过程，与电池非常类似（Dai et al，2017）。当金属原子暴露于水环境中时将释放电子，然后金属变成带正电荷的离子，建立起一个完整的电路。

尽管对抗腐蚀损伤的方法多种多样，但最好的控制方法还是依赖于问题的早期诊断和预防（Melchers，2019）。然而，在许多情况下，这种控制方法在某种程度上很难应用。例如在油气行业中，出现问题的系统可能位于偏远地区或者深海。即使是在一些知名企业中，公司发生重大的腐蚀失效事故也是难以承受的，特别是这些事故有可能造成人民群众和工作人员的伤亡、设备突然停止运转以及严重的环境污染。腐蚀也会造成工厂基础设施和设备故障，而这些设备的维修费用通常都很高。另外，一旦发生产品的污染和（或）损失之后，反过来也会导致环境污染。仅基于这几个原因，就可以理解为什么在设计和生产过程中，需要投入巨大的精力监测腐蚀过程。故而，维护某一个运行系统及其零部件的相关决策完全依赖于对可能导致腐蚀的环境的精准评估。通过获得这些信息，就可以在费用、修复所需步骤以及进一步避免腐蚀的严重后果方面采取明智的决定。

1.2 腐蚀：问题定义

1964 年，美国电化学协会将腐蚀定义为"金属与其周围环境发生化学反应或电化学反应导致的损坏（Robertson and Chilingar，2017）"。大多数的腐蚀反应是电化学过程（Maab and Peibker，2011）。corrosion 这个单词来源于拉丁语 rodere（意思是"反复啮咬"）和 corrodere（意思是"咬成碎片"）（Sastri，2011）。在日常生活中，腐蚀无处不在，如管道、汽车、铁铲和锅碗瓢盆等。腐蚀，是一个成本极高的材料学问题。自从常规金属第一次投入使用时，便出现了金属腐蚀问题。在自然条件下，腐蚀过程中的大多数金属倾向于回到它们在大自然中稳定存在的化学氧态。腐蚀对金属的损坏，可以在干燥高温环境下通过直接化学侵蚀实现，也可以在湿润低温条件下通过电化学过程实现

（Robertson and Chilingar，2017）。另外，腐蚀能发生是因为金属能再氧化成它们最初存在于自然界时的一种更加稳定的状态（如氧化物、硫化物、碳酸盐或硫酸盐）。

腐蚀往往伴随着具有不同电压或电势的金属表面两点之间通过电解质传导的电流。电解质介质可以是湿润土壤、水或者金属表面的水膜。腐蚀过程要继续进行，需要电化学电池具备以下四个基本组件：

（1）离子电流通过所需的电解质介质；

（2）发生氧化反应（腐蚀）的阳极；

（3）发生还原反应的阴极；

（4）释放出来的电子传输的外部通道。

大多数腐蚀过程的最典型特征是氧化和还原反应发生在金属的不同位置。这是由于金属是导电的，电子可以在金属上流动，从阳极区流动到阴极区。阳极区通常存在于金属的特定位置，而阴极区则出现于金属的各个部位。值得一提的是，水对于离子在金属上的转移至关重要，即使仅仅是水膜形态，它也十分重要。腐蚀通常以一个两步反应开始。首先，金属离子溶解于水膜中，形成的电子移动至另一个位置。在这里，这些电子被一个去极化剂消耗。最常见的去极化剂是氧气。然后，产生的氢氧根离子与 Fe^{2+} 发生反应，形成含水的氧化铁混合物，形成铁锈（图 1.1）（式（1.1）~式（1.4））。

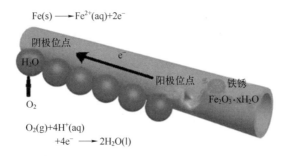

图 1.1 发生金属腐蚀的示意图

阳极反应如下所示：

$$Fe(s) \longrightarrow Fe^{2+} + 2e^- \tag{1.1}$$

阴极反应可能涉及以下某一个步骤：氧气还原、质子还原或金属离子还原，其中 M 代表金属。

$$O_2 + 2H_2O + 4e^- \longrightarrow 4OH^- \tag{1.2}$$

$$H^+ + e^- \longrightarrow \frac{1}{2}H_2(g) \tag{1.3}$$

$$M_2 + 2e^- \longrightarrow M(s) \qquad\qquad (1.4)$$

1.3 腐蚀科学的发展

公元 320 年至 480 年的笈多王朝（Gupta Dynasty）期间，印度的铁产量达到很高水平。例如，印度达尔（Dhar）铁柱含有约 7000kg 的铁（Sastri，2011）。达尔铁柱的出现表明，利用氧化矿生产铁在当时已经很普遍了，而且建造达尔铁柱的工人们已经意识到反过来将铁变为氧化铁的氧化反应。另外，希腊人将铜钉覆盖上铅，制作适用于船只的铅皮甲板（Sastri，2011）。罗马人则利用焦油或沥青保护铁。1675 年，Robert Boyle（1627—1691）的两篇重要文章发表，极大地促进了腐蚀科学的发展，这两篇文章即 *Of the Mechanical Origin of Corrosiveness* 和 *Of the Mechanical Origin of Corrodibility*（Hackerman，1993）。随后，在 19 世纪，原电池的发明（Lynes，1951）和 Davy 关于电流和化学变化关系的理论，让人们理解了一些基础的腐蚀原理（Davy，1880）。腐蚀科学领域的一些领先组织有美国材料与试验学会（ASTM）、美国金属学会（ASM）、电化学学会腐蚀分部、国家腐蚀工程师协会、国际热力学和电工学委员会（CITCE）、国际电化学学会（ISE）、国际腐蚀委员会、化学工业学会腐蚀小组、比利时腐蚀研究中心、电化学委员会、国家腐蚀中心（澳大利亚）、澳大利亚腐蚀协会、中国腐蚀与保护协会以及国家腐蚀工程师协会（加拿大）。一些工业公司也建立了自己的研究实验室，包括美国钢铁公司、杜邦、美国国际镍业公司和铝业公司。

1.4 腐蚀对经济和生活的影响

金属腐蚀是世界经济面临的一大挑战。腐蚀经济学涉及资本花费，其中可能包括建筑翻新、设备更新以及需要额外的工具。此外，控制花费也包括必要的维修和保养。同时，进行特殊作业和获得新的建筑材料可能需要设计费用。相关费用可能涉及产品损失、技术支持和保险（Sastri，2011）。确保劳动者和工业施工人员的安全是很重要的，因为即使采取高度预防措施，事故依旧可能发生。因此，腐蚀损害不仅代价极高，而且对人身安全构成威胁。例如，船舶上铁座的腐蚀对船员威胁极大。此外，在处理腐蚀性化学物质的化工厂中可能会发生事故，导致氰化氢和环己烯的泄漏。致命的航空事故、天然气管道爆裂、桥梁断裂和核电站蒸汽管道故障都会导致人员伤亡。腐蚀也会影响环境（Sastri，2011）。腐蚀引起的油气管道和储罐的失效，会对环境中水体和空气造成严重污染。与腐蚀有关的事故会导致水生动植物的死亡。

　　根据 Hou 等（2017）的报道，全球每年的腐蚀代价大约达到 2.5 万亿美元。而且，因为世界正在经历显著的技术进步，这一费用预计将会增加。金属腐蚀曾在历史上造成过严重的灾难性事件。Popoola 等（2013）报道，1988年 4 月 28 日，Aloha 公司运营的一架已服役 19 年的波音 737 飞机，由于腐蚀损伤导致靠近飞机前部的上机身大部分脱落。令人难以置信的是，飞行员成功地将飞机降落在夏威夷的毛伊岛，但最后还是有一名空乘人员死亡和多名乘客重伤。而据 Umoren 等（2019）的报道，2013 年 11 月 22 日，位于中国东部青岛的一条中石化地下管线"东皇 2 号石油管道"发生腐蚀爆炸，造成 62人死亡，136 人受伤。爆炸不仅造成了灾难性的人员伤亡，而且给公司造成了7.5 亿元（1.249 亿美元）的经济损失。此外，2000 年 8 月 19 日，El Paso 天然气公司 EPN（-）拥有的 30 英寸（1 英寸＝25.4 mm）天然气管道发生爆炸，导致气体泄漏，持续燃烧了 55min。这些气体使许多儿童和婴儿的生命面临危险，并损坏了 3 辆汽车和 12 处设施。根据国家运输安全委员会的声明，爆炸是严重的内部腐蚀导致管壁厚度大幅度下降所致。同样，于 1866 年 10 月 28日建造在纽约港 Bedloe 岛上的自由女神像也曾遭受严重的电偶腐蚀。1992 年4 月，由于腐蚀损伤，墨西哥瓜达拉哈拉（Guadalajara）的下水道发生剧烈爆炸，造成 200 多人死亡、1500 人受伤以及 1600 栋建筑受损，损失费用高达7500 万美元。由此可见，腐蚀问题危及人类生命财产安全，应给予高度重视，并采取适当的方法和预防措施来控制腐蚀。

1.5　腐蚀的形态

　　腐蚀的形态多种多样。Fontana 和 Greene（1967）将腐蚀分为八种形态：均匀腐蚀或全面腐蚀、电偶腐蚀或双金属腐蚀、缝隙腐蚀、点腐蚀、晶间腐蚀、选择性腐蚀、磨损腐蚀和应力腐蚀。全面腐蚀是由化学或电化学反应所引起的最常见的腐蚀形态。当暴露在腐蚀性环境中时，两种不同的金属之间会发生电偶腐蚀。局部腐蚀是金属表面暴露在侵蚀环境中，发生在缝隙和其他保护区域内的一种腐蚀。点腐蚀在金属表面形成孔或凹坑。晶间腐蚀是指金属晶体的边缘比其内部更容易受到腐蚀。选择性腐蚀是通过腐蚀反应从固态合金中置换出一种元素，如选择性去除黄铜合金中的锌。磨损腐蚀是由于腐蚀体系和金属表面之间的相对运动而加速金属溶解速率。应力腐蚀开裂则

5

是由拉应力和特定腐蚀介质同时存在而引起的一种腐蚀形式。

1.5.1 无硫腐蚀/二氧化碳腐蚀

无硫腐蚀通常由简单的金属溶解和随后的点腐蚀组成。无硫腐蚀是油田中一种常见的腐蚀类型，其定义为"由于与二氧化碳、脂肪酸或除硫化氢（H_2S）以外的其他类似腐蚀剂接触而使金属恶化变质"（Eduok and Szpunar，2020）。长期以来，CO_2腐蚀一直是油气行业和交通运输设施中的主要问题。CO_2是油气生产系统的主要腐蚀剂之一。需要指出的是，在室温下的油气生产系统中，干态CO_2气体本身无腐蚀性（Jian et al，2018）。它只有在水相中溶解后才具有腐蚀性，进而在接触水相和钢之间发生电化学反应。CO_2与水反应，形成碳酸（H_2CO_3），因此使液体呈酸性。CO_2腐蚀受到几个因素的影响，如温度、pH 值、水流的组成、非水相的存在、流动条件和金属特性（Popoola et al，2013）。到目前为止，它是石油和天然气生产行业面临的最普遍的侵蚀形式。无硫腐蚀往往发生在凝析气井中。凝析气井的井口产水的 pH 值小于7，有些井的井底水的 pH 值通常低至4。这是由于除了有机酸（如乙酸（CH_3COOH））外，井口CO_2含量高达3%，总压力在 1000~8000 磅/英寸^2（1 磅/英寸^2=6.895kPa）之间（Robertson and Chilingar，2017）。目前，已经形成了几种解释二氧化碳腐蚀过程的机制，但一般来说，它们都包括CO_2在水中溶解形成的碳酸或重碳酸盐离子（式（1.5）~式（1.9））。最受认可的一种机制由 De Waard 和 Lotz（1994）提出，如下：

$$H_2CO_3 \longrightarrow H + HCO_3 \qquad (1.5)$$
$$2H \longrightarrow H_2 \qquad (1.6)$$
$$Fe(s) \longrightarrow Fe^{2+} + 2e^- （钢反应） \qquad (1.7)$$
$$CO_2 + H_2O + Fe \longrightarrow FeCO_3 + H_2 \qquad (1.8)$$

1.5.2 酸腐蚀

酸腐蚀是指金属与硫化氢（H_2S）和水反应导致的变质（Robertson and Chilingar，2017）。通常情况下，H_2S本身没有腐蚀性，但遇水后会具有很强的腐蚀性。酸腐蚀反应可以用以下方程式表示（Chilingar and Beeso，1969）：

$$H_2S + Fe + H_2O \longrightarrow FeS_X + 2H + H_2O \qquad (1.9)$$

由于H_2S和水分的存在，腐蚀通常会出现多种不同形式，包括鼓泡、脆化和应力腐蚀开裂（SCC）。H_2S阻止了氢原子的结合，因此，氢原子可以自由渗透到金属中，进而引起鼓泡。氢致脆化和氢脆开裂是钢失效的主要原因。

管道非常容易受到这种影响。在低浓度 H_2S 的条件下，发生 SSC 开裂失效，且随着 pH 值的降低而加剧（Treseder and Badrack，1997）。据观察，能同时产生 H_2S 和碳氢化合物液体的油井不太容易受到如 SSC 和点腐蚀等多种形式的腐蚀作用。例如，据报道，加拿大的一些能产生 $40mol\%$ H_2S 和 10% CO_2 流体的凝析油井在约 30 年内都没有出现严重的腐蚀问题。这是由于形成了一层 FeS 保护膜，该膜进一步被油/碳氢化合物液体层浸润（Treseder and Badrack，1997）。由于腐蚀介质和拉伸应力的双重作用，当一种易受这种腐蚀的金属存在时，在金属表面形成裂纹，这也是 SCC 的特征（Panahi et al，2018）。通常，拉伸应力越大，设备损坏所需的时间就越短。SCC 主要有两种形式：裂纹沿晶界发展的晶间裂纹或裂纹穿过材料晶粒的跨晶裂纹。SCC 可能不伴随有金属的全面腐蚀。在过去的几年中，发现某些类型的金属和环境易发生 SCC（Uhlig and Revie，2008），导致了严重的环境破坏（Ahmad，2006；Parkins，2011）。因此，预测 SCC 的发生变得更加复杂。

1.5.3　均匀腐蚀或全面腐蚀

均匀腐蚀也可称为"全面腐蚀"。均匀腐蚀或全面腐蚀的判断主要是基于腐蚀损伤的直观评估。通常，均匀腐蚀是金属表面最常见的损伤方式。值得注意的是，当腐蚀因子（即阳极和阴极位置）沿着金属表面不断变化时，就会发生全面腐蚀。相反，当阳极和阴极位置固定在金属表面某处时，通常被称为不均匀腐蚀或局部腐蚀。均匀腐蚀在世界范围内随处可见。均匀腐蚀的程度可以通过金属表面变薄或质量损失来评估。腐蚀速率的单位为 mm/年或微英寸/年（mpy）。

1.5.4　局部腐蚀

在金属表面不同部位发生的腐蚀称为"局部腐蚀"。点腐蚀和缝隙腐蚀均可归为局部腐蚀。

1.5.5　点腐蚀

点腐蚀是一种由局部腐蚀和金属穿透引起的腐蚀。因在金属中形成小孔、凹坑或空腔，所以被称为"点腐蚀"。它被认为是最具破坏性和最恶劣的腐蚀形式之一。由于穿孔，点腐蚀会导致设备故障，即使其重量损失只占整个结构的很小一部分。一般来说，在钢或镀锌管道中安装黄铜阀门的地方很容易出现点腐蚀。两个区域之间的连接处经常出现凹坑，可能导致泄漏（Sastri，2011）。这种情况在工厂、农场和房屋中经常发生。金属表面的凹坑形状和深度不一，使点腐蚀有时很难检测和控制，因为它形成的孔洞可能很小，且被腐蚀后的产物完全覆盖住。点腐蚀的发展也非常迅速，导致机器和工业设备故障。点腐蚀的发生主要是由于保护氧化层的瓦解或破坏，导致在钝化金属表面形成了稳定的腐蚀单元。引起点腐蚀的主要因素之一是氯化物的存在。此外，其他类型的腐蚀，如磨损腐蚀、空泡腐蚀或冲击腐蚀都可能导致出现凹坑。凹坑数量和深度的变化，使实验室中的测试变得困难（Sastri，2011）。通常点腐蚀需要几个月到一年的时间才会出现，但有时也会突然发生。凹坑沿重力方向从水平表面向下扩散和发展。氧气的还原反应导致金属溶解，从而形成凹坑。根据Sastri（2011）的报道，一些金属和合金表现出抗点腐蚀的性能，其顺序为：钛>哈氏合金C>哈氏合金F>316型不锈钢>304型不锈钢。

在水和空气的作用下，铁会形成凹坑。与水反应后铁被氧化，生成Fe^{2+}并释放出来。此处开始形成凹坑。由于铁的释放，产生两个电子，通过铁到达阴极区，与去极化的氧（O_2）结合，并产生氢氧根离子（OH^-）。随后，Fe^{2+}与氢氧根离子反应生成水合氧化铁（$Fe(OH)_2$），即铁锈（Makhlouf et al，2018）。保护性氧化膜上若出现划痕或凹坑等机械损伤，将导致点腐蚀的发生。水分子能使钝化膜失效，而溶解氧浓度会降低保护膜的稳定性。另外，如海水这样含有高氯化物浓度的介质，会破坏钝化膜的完整性并造成腐蚀。凹坑有多种形态，如均匀的、宽的、浅的、窄的或深的，然而，它们都会在金属壁上造成穿孔（Makhlouf et al，2018）。不同形状的点腐蚀可通过金相学进行研究（图1.2）。通过测试样品的横截面可测得凹坑的形状、大小和深度。

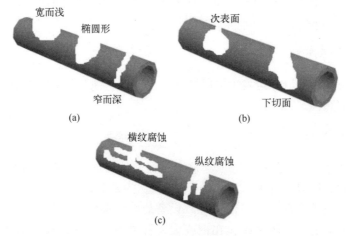

图 1.2　不同形状的点腐蚀

（a）宽而浅，椭圆形，窄而深；（b）次表面，下切面；（c）横纹腐蚀和纵纹腐蚀。

1.5.6　缝隙腐蚀

缝隙腐蚀也称为"垫片或镀层腐蚀"。缝隙腐蚀是一种局部腐蚀，是由差异充气电池的形成而导致的。这种腐蚀发生在金属之间或金属和非金属材料之间的间隙和缝隙中（Makhlouf and Botello，2018）。间隙中经常存在静止的电解质，氧浓度变得比间隙外的浓度低得多，因此，间隙中的金属表面作为阳极，相邻的金属外表面作为阴极。当缝隙腐蚀开始时，它的发展将非常迅速。建筑材料中的各个部位都会受到缝隙腐蚀，包括垫片、搭接接头、法兰、螺栓孔、卷管端头、螺纹接头、铆钉头和接缝等。金属对缝隙腐蚀的敏感性取决于金相组织和合金成分。值得注意的是，活性金属和惰性金属均会遭受缝隙腐蚀，如不锈钢，并且这种腐蚀可能极具破坏性。氧气和氯化物浓度、温度以及 pH 值等不同环境参数对该腐蚀都有影响。事实上，在含氯化物的环境中腐蚀更为强烈。可以采取一些预防措施来防止缝隙腐蚀，例如：①使用焊接对接接头来取代螺栓或铆接接头；②使用连续焊接消除搭接接头中的缝隙；③设计能够完全排水而不淤塞的容器；④消除固体沉积物；⑤使用如聚四氟乙烯材料的非吸收性垫圈；⑥用抑制剂冲洗设备（Sastri，2011）。此外，采取如保护阴极、使用抗缝隙腐蚀的合金、保持足够快的循环以更新溶液并补充足够的氧气供应等措施也能抑制缝隙腐蚀。

1.5.7　电偶腐蚀

电偶腐蚀是一种当两种不同的金属在电解液中相互接触时发生的腐蚀类型（AL-Mazeedi et al，2019），有时也称为"双金属腐蚀"。因此，电偶腐蚀是形成原电池的结果，它的发生是由于环境中耦合金属之间存在电位差。两耦合金属之间的电位差越大，阴极表面积相对于阳极表面积越大，阳极腐蚀就越严重。电动势通常由阳极（低电位）和阴极（高电位）之间的电势差引起。可以采取某些防护措施来抑制电偶腐蚀，例如：①选择在电势序中相近的金属；②尽可能保持阳极/阴极的表面积比最大；③确保两种不同金属之间的绝缘；④使用涂层；⑤使用腐蚀抑制剂降低介质的腐蚀性；⑥避免不同金属间的螺纹连接；⑦采用恰当的设计以便于更换阳极部分；⑧使用第三种金属作为这两种金属的阳极（Sastri，2011）。

1.5.8　磨损腐蚀

磨损腐蚀机制依靠不断去除管壁上腐蚀产物钝化层来提高腐蚀速率（Makhlouf et al，2018）。钝化层由一层腐蚀产物薄膜组成，有助于稳定和减缓腐蚀反应。磨损腐蚀通常发生在具有显著高腐蚀速率的高湍流流体处，并且取决于流体的流速以及流体中存在的固体密度和形态。

1.5.9 氧腐蚀

钻杆中通常含有溶解在钻井液中的氧气。氧气通过泄漏的泵密封处、套管、工艺排气口和敞开的舱口进入井液中。因为氧在阴极反应中充当去极化剂和电子受体，因此加速了金属的阳极溶解。高速流动的钻井液继续向金属提供氧气，即使在其浓度低至 5×10^{-9} 时也能对金属造成损害。氧气的存在使硫化氢和二氧化碳的腐蚀效果最大化。在钻井液体系中，对氧促腐蚀的抑制很难实现，并且也是不现实的。与氧气相关的腐蚀类型通常为点腐蚀和均匀腐蚀（Makhlouf et al，2018）。氧腐蚀按以下方程式进行：

$$O_2 + 2H_2O + 4e^- \longrightarrow 4OH^- \tag{1.10}$$

$$Fe^{+2} + 2OH^- \longrightarrow Fe(OH)_{2(X)} \tag{1.11}$$

1.5.10 选择性腐蚀或脱合金腐蚀

由于腐蚀作用从合金中去除某种特定元素通常称为"选择性腐蚀"（Sastri，2011）。例如，"脱锌"指的是从黄铜中选择性去除锌，特别是处于酸性介质中时。同样，这种现象也存在于其他合金中，如铬、铁、钴和铝。值得注意的是，在 70/30 的黄铜中加入少量的锑、砷、磷或锡，可降低脱锌效果。

1.5.11 微生物腐蚀

微生物腐蚀是指由微生物，如细菌、霉菌和真菌及其代谢产物对材料造成的失效（Omran et al，2013；El-Gendy et al，2016；Omran et al，2018）。微生物腐蚀的发生是通过侵蚀金属并在其表面覆盖一层酸副产品、硫、硫化物、氨和氢，或者通过微生物与金属之间的直接相互作用（Bahadori，2014）。这种类型的腐蚀将在随后的章节中详细讨论。

1.6 工程材料

1.6.1 碳钢

碳钢是一种只含极微量其他元素（碳除外）的钢。它的含碳量通常在

0.35%（质量分数）左右，该比例有利于焊接。根据含碳量，碳钢通常分为三种类型。含碳量低于 0.15%（质量分数）的钢通常被称为低碳钢；含碳量为 0.25%（质量分数）的钢通常被称为软钢，但具有高强度的特点；而高碳钢中碳含量在 0.25%~0.35%（质量分数）之间，具有比前两种类型碳钢高得多的强度（El-Taib Heakal and Elkholy，2018）。碳钢是管道中应用最广泛的工程材料之一。它被用于石油产品、水和化学品的运输等领域，以及制造天然气和石油生产系统的容器。碳钢具有成本低和优异的力学性能等优势（Hegazy et al，2016）。硫酸盐和氯离子具有极强的腐蚀性，能够加速碳钢管道的腐蚀。地层水对碳钢也有很强的腐蚀性。地层水也称为"采出水"，它天然存在于天然气和石油矿藏中。由于存在大量的硫酸盐和氯离子等溶解盐，地层水被认为是油田工业中最具腐蚀性的环境之一。除腐蚀性离子外，地层水中还存在二氧化碳、硫化氢等溶解性气体（Deyab and El-Rehim，2014；Migahed et al，2015）。根据 El-Gendy 等（2016）的报道，盐酸和硫酸是使用最广泛的酸，主要用于去除钢和铁基合金上形成的不需要的氧化层。这些酸也用于采油和石化过程中的除垢、除锈、酸洗、工业清洗以及油井酸化（Finšgar and Jackson，2014）。然而，这些酸对金属及其合金，特别是碳钢有很强的腐蚀性。

1.6.2　软钢

软钢被称为普通碳钢，它是在过去几十年里最为重要的建筑材料之一。因具有卓越的机械特性以及相对较低的成本，软钢被用于各行各业（Yadav et al，2016；Mashuga et al，2017）。软钢的技术应用范围很广，但其耐酸性腐蚀性能差，因而限制了其广泛应用。Gopiraman 等（2012）认为软钢稳定性不高，可被 HCl、H_2SO_4、HNO_3 等无机酸腐蚀。例如，酸（如盐酸）通常用于工业酸洗、浸酸、除垢和油井酸化过程（Heydari et al，2018）。而在这些工艺过程中使用的酸性溶液具有极强的腐蚀性，特别是使用盐酸时，软钢的腐蚀速度非常快。这导致了高昂的成本和材料损耗的严重后果（Muralisankar et al，2017）。

1.6.3　铁合金和钢合金

全球大约94%的金属材料的使用形式是钢铁或铸铁，且多用于石油和天然气行业。因此，除非有特定要求，工程材料的主要选择通常是铸铁或钢。一般来说，合金钢主要分为三类：低合金钢、高强度低合金钢和高合金钢。低合金钢指的是一种或多种合金元素含量约3%或4%的合金钢。与碳钢相比，它通常具有类似的微观结构，却有着更高的韧性和强度。高强度低合金钢是一组晶粒尺寸很小，拉伸屈服强度为 350~360MPa 的低合金钢。而高合金钢需要的热处理方式与普通碳钢有所不同。

1.6.4　有色金属

1.6.4.1　铝

铝具有密度低、耐腐蚀性好、导电性好等许多重要特性，是一种优良的工程替代材料。铝具有抗腐蚀性是因为其表面存在一层薄的氧化膜，它只有几个原子的厚度，却有阻止氧气渗透的能力，从而保护金属表面免受进一步的侵蚀。值得注意的是，高纯铝太软而无法使用，因此加入少量的铁提高其强度，以利于用作工程材料。

1.6.4.2　铜

铜是人类已知的古老金属之一。有趣的是，它的一种合金——青铜，大约在 5000 多年前就被使用了。纯铜可用于制造绕组所需的电线，用于热交换器的容器、储罐和油管。遗憾的是，铜合金价格很高，阻碍了其在工业上的应用，而被其他廉价的材料取代。铜可以与锌、锡、铝和镍等不同金属合金化，分别制成黄铜、青铜、铝青铜和铜镍合金。有趣的是，在铜中加入少量的铬或铍，可以制造出高抗蚀性合金。此外，把碲掺入铜中可得到一种可用于机器的优良合金。

1.6.4.3　铅、镍及其合金

铅被认为是一种软而可锻的元素，并且具有很高的耐腐蚀性。它已被用于制造水管道和废物处理系统。铅主要用于制造铅酸蓄电池，这约占世界每年铅消耗量的 30%。铅也用于消防系统。纯镍则对于几种碱和酸表现出惊人的耐腐蚀性。由于其成本低，因此用于软钢基底的覆盖层。应用于工业的主要镍基合金有蒙乃尔合金、镍铬合金、镍科乃尔合金和镍铬钛合金。

1.7　腐蚀测试

1.7.1　金属样品准备

金属试样的选择和金属表面制备是非常关键的，因为成分中的任何杂质和变化都会对腐蚀发生率产生不利影响（Olajire，2017）。金属成分应与涉及腐蚀问题的实际金属相关。而在样品制备方面，使用乙醇、丙酮或热碱等有机溶剂对待测金属样品做去油污处理，以清洁表面并去除任何黏附性杂

质（El-Gendy et al，2016、2018）。第二步是采用 200~400 号不同等级的砂纸进行机械抛光，以去除金属表面的粗糙斑点和深度划痕，使待测样本表面外观均匀（Qian et al，2013）。为了达到镜面效果，通常采用高磨砂，粒度达到 1200~1500。最后，将这些金属再进行去油污、彻底清洗和干燥处理以进一步使用（Qian et al，2013）。

1.7.2 腐蚀测试介质

天然海水通常被认为是理想的实验室测试介质（Olajire，2017）。然而，如果没有海水，根据 ASTM D1141 标准（2001），可用 3.5%（质量分数）NaCl 的合成海水溶液代替海水。一种 10L 溶液的典型组成为：245.34g NaCl、77.8g $MgCl_2 \cdot 6H_2O$、40.94g Na_2SO_4、0.296g $SiCl_2 \cdot 6H_2O$、8.112g 无水 $CaCl_2$、1.407g $NaHCO_3$、4.862g KCl、0.19g H_3BO_3、0.704g KBr 和 0.021g NaF（ASTM D1141 2001）。这种溶液通常是用 CO_2 或 H_2S 去氧，以模拟酸腐蚀和无硫腐蚀。

1.7.3 重量和电化学测试

腐蚀速率可以通过比较有无抑制剂时易腐蚀金属试件的重量损失来评估。同时，可以进行气体测定来测量氢气的释放速率。此外，还可以通过动态电位极化、温度测量和线性极化测试以及电化学阻抗谱（EIS）等电化学技术来确定腐蚀抑制效率（Olajire，2017）。

1.8 减缓腐蚀策略

1.8.1 涂料和涂层

自古以来，被称为"涂料"的天然有机层被用来保护金属免受腐蚀。公元 77 年，罗马作家 Pliny the Elder 指出，"铅白"（一种白色的碳酸铅）、石膏和焦油（涂料）的混合物具有防止腐蚀的作用（Kendig and Mills，2017）。涂料被广泛使用的原因很多，其中包括基材装饰、防止环境恶化、外观改善、防止表面变质、平滑表面和阻止水透过基材（Smith，1973）。它们适用于各种类型的材料，使其可暴露在水、紫外线辐射、酸、土壤和/或其他腐蚀性化合物中。这些材料主要包括金属、木材、塑料和砖石等。Kumar 等（2018）报道称：2015 年涂料和涂层的消耗超过 1290 亿美元；2016 年的消耗增加到近 1322 亿美元；从 2016 年到 2021 年，按每年增长 4.4% 计算，预计 2021 年的消耗将增加到 1641 亿美元。这些数字表明不同的工业领域对防护涂料涂层的需求日益增长。具体来说，40% 的直接费用用于涂料，而这部分费用的 88% 又用于保护海洋环境中材料和设备免受腐蚀和生物污染的有机涂层。

涂料通过形成一层屏障来防止或减少此类腐蚀剂的影响，从而起到保护作用。涂料分为两类：有机溶剂涂料和水性涂料。水性涂料因其环保特性而更受欢迎。而且，水性涂料具有气味小、易清理、低黄变和快速重涂能力等优点（Overbeek et al，2003）。然而，它们也有一些缺点，如遮盖力差、粗糙度高、干湿附着力差、耐水性和耐碱性差，而且它们比溶剂型涂料更容易分解（Overbeek et al，2003）。尽管水性涂料存在这些缺陷，但它仍在世界各地被用作室内涂料，特别是用于天花板和墙壁。典型的水性涂料含有水、树脂、颜料和其他添加剂（Karakaş et al，2015）。涂料中水的重要性在于使涂料易于使用和成膜。树脂是一种成膜材料，是使涂料表现出诸如耐划伤性、附着力、机械硬度和光学性能等化学和物理特性的主要成分。颜料包括氧化物或硅酸盐。二氧化钛或炭黑等底质颜料主要给涂料着色和增加不透明度。涂料添加剂则是在产品的制造、运输、储存和使用过程中，为了开发或改变产品的某些特性而少量添加的物质。

多年来，研究人员一直试图了解使用涂料防腐的机理。早期对完美涂料重要特征的猜测是由 Newman 提出的。他指出，涂料应该是极其均匀的、具有很强的黏附能力、紧密结合在裸露的铁或钢表面，并具有很好的弹性（Newman，1896）。此外，Newman 还提出了涂料保护作用的猜想，认为涂料可以作为绝缘体来抑制电化学反应。然而，经过多年的研究和经验积累，科学家们证明，要想产生保护作用，涂料必须解决四个重要问题，分别是电气性能、涂料的非均匀性、腐蚀和黏附损失的影响以及它们在释放腐蚀抑制剂中的作用（Kendig and Mills，2017）。电气性能主要基于 J. E. O Mayne 博士提出的假说，该假说讨论了涂料的电气性能的重要性，特别解释了涂料离子电阻在金属免受腐蚀中的作用。Mayne（1952）观察到有机涂层和涂料通过微观和宏观阳极与阴极之间建立高阻通道来抑制电化学反应。此外，涂料的非均质性在涂料保护的设计中具有显著作用。值得注意的是，涂料特性的局部差异为涂料金属腐蚀的开始和蔓延提供了线索。Mayne 和 Scantlebury（1970）发现，环境离子浓度直接（D）或间接（I）地影响着不同位置的电阻率。这些区域与交联程度相关（Mills and Mavne，1981）。有趣的是，D 区似乎与腐蚀的起始位点相关。扫描探针方法进一步证实了保护膜的非均质性。这些扫描方法包括扫描电化学阻抗（Isaacs and Kendig，1980；Standish and Leidheiser，

1980）、扫描开尔文探针（Stratmann et al，1994）和扫描振动电化学技术（Roe and Zin，1980）。另一个重要因素是所用涂料的湿附着力。有人认为，在实际腐蚀条件下的附着力可以调节涂层金属的寿命。另外，涂料还是腐蚀抑制剂的理想载体。与涂料混合的抑制颜料有助于电保护、金属钝化和碱性缓冲（Kendig and Mills，2017）。而最近，人们提出一种智能涂层，它们有助于通过电化学刺激一切腐蚀反应来帮助抑制剂释放。尽管如此，使用腐蚀抑制剂涂料面临一个麻烦，它们虽然在抑制腐蚀方面效果显著，但却可能是有毒的。从过去到现在，研究人员一直在尽最大的努力缓解或试图解决这个问题。1908 年，Livache（1908）成功设计出不含铅的涂料，并在涂料中加入了环保的锌/氧化锌。此外，人们还采取了一些策略去除涂料中的六价铬等有害溶剂。最常用来代替铬酸盐的颜料是磷酸盐（Bethencour et al，2003）和含稀土的无机物（Forsythe et al，2008）。此外，导电聚合物（Wessling，1994）和本征导电聚合物（ICP）杂化物（Sathiyanarayanan et al，2007）、钒酸盐（Zheludkevich et al，2010）、钼酸盐和有机/无机杂化物（Sinko，2001）也包括在内。

涂层用于防腐的历史已久。为了保护工具、设备、文物、海事结构和其他腐蚀性环境中的贵重物品，人们已经发现并测试了许多材料来开发具有防腐效果的配方。例如，黏土（如天然二氧化硅）或动物脂肪被用来保护金属免受腐蚀，这对避免铁基人工制品的氧化非常有帮助（Montemor and Vicente，2018）。此外，旧的涂层配方中含有多种矿物混合物和提取物，如蜂蜡、明胶以及来自不同水果、植物和树木的油提取物等。有趣的是，一些古老的添加剂正在被开发和改良，成为绿色化学的一个发展方向。

涂层也分为两类：粉末涂层和水性涂层。粉末涂层具有不含任何挥发性有机物、能够改良厚膜、非常高的防腐性能及非常容易应用等优点（Montemor and Vicente，2018）。这些涂层基本上是由无毒材料和低有机溶剂组成的。这种涂层特别适用于恶劣环境中，例如保护海上结构。但它们也存在缺点，例如对时间和温度具有依赖性。此外，粉末涂层需要良好的表面处理，确保附着力足够强，以保证长期耐腐蚀（Montemor and Vicente，2018）。同时，粉末涂层的某些特性仍需要大力发掘，如流动特性、应用于薄膜的柔韧性、对紫外线辐射和电子束固化的灵活性。水性涂层，特别是水性环氧涂层，正变得极具吸引力且被广泛应用，目前占有很大一部分市场份额（Montemor and Vicente，2018）。这种涂层不挥发、不含有机物，且能迅速成膜。水性环氧涂层性能稳定，可长期保存。它们适用于不同的厚度范围，能够提供极端的腐蚀保护，并且在恶劣的环境中仍然有效。然而，除了多种基底黏附性弱之外，还存在一些缺点，如在极端 pH 值即高酸性和高碱性条件下的耐化学性差（Montemor and Vicente，2018）。为了克服这些缺点，以硅氧烷为基础的技术以及纳米尺度上环氧树脂的化学改性成为非常有效的途径。

Shao 和 Zhao（2010）用 AgNO$_3$ 基化学镀液在不锈钢板上合成了三种银镀层。反应时间分别为 5min、15min 和 30min。结果表明，随着涂覆时间的增加，涂层厚度也增加。随着涂层厚度的增加，腐蚀速率有一定程度的降低。此外，不锈钢板上附着细菌的数量在镀银的情况下比裸露时低得多。Shao 和 Zhao 指出细菌黏附和总表面能之间存在很强的相关性。结果表明，黏附在具有较低表面能银镀层上的细菌数量比黏附在较高表面能的 SS 316L 上的细菌数量要少。Vejar 等（2013）研究了三种混合溶胶-凝胶涂层的 AA2024-T3 铝合金对铜绿假单胞菌的抗生物附着能力。将四乙氧基硅烷（TEOS）与三乙氧基丙基硅烷、三乙氧基戊基硅烷（TEPES）和三乙氧基辛基硅烷（TEOCS）等前驱物混合生成杂化聚合物。这三种前驱物在某一取代基的脂肪链长度上各不相同。利用扫描电子显微镜（SEM）对所制备的聚合物进行了形貌研究，利用动态电位极化测试评估了涂覆合成聚合物对 AA2024 合金的保护能力。电化学测试结果表明，涂层抑制了铜绿假单胞菌的生长，而铜绿假单胞菌是导致微生物腐蚀的主要原因。另外，还证明了脂肪链的长度与保护效果之间存在一定的关系，链的长度越长，保护作用越大。

以硅氧烷为基础的技术在开发挥发性有机化合物（VOC）取代芳香溶剂的涂层方面继续发挥着重要作用。以硅氧烷为基础的技术提高了力学性能，起到了最大限度的防腐保护（Montemor，2014）。Brusciotti 等（2013）研究了一种保护镁合金 AZ31 的环氧基框架。四种不同类型的硅氧烷与环氧树脂结合在一起，有助于获得对暴露于含氯溶液中合金的防腐性能。在 Bera（2016）和同事于 2016 年进行的一项最新研究中，环氧树脂和氨基硅烷之间取得了良好的相容性，从而改善了涂层性能。Lamaka 等（2015）通过不同的电化学技术研究了氨基硅烷在涂层中的作用，证明了环氧树脂涂层良好的化学和力学特性是其耐腐蚀的原因。Jiang 等（2015）也报道了相同的研究结果。Chrusciel 和 Lesniak（2015）综述了在环氧涂层中加入不同的硅氧烷，可以提高此类改良后涂层的抗腐蚀和耐候性。同样，研究发现用不同的有机基质对硅氧烷进行改性可以产生一些有趣和新颖的特征，如防污、防尘、抗菌、自清洁、超疏水、防指纹、防雾和防冰等。此外，这些涂层可应用于薄膜中，从而产生良好的防腐性能。然而，也存在一些如对其他添加剂敏感的缺点。

Claire 等（2016）表明，在环氧树脂溶胶-凝胶合成的涂层中加入不同数

量的 TiO_2、SiO_2 或 ZrO_2 等陶瓷纳米粒子（NP），会对离子和水分子的渗透形成很强的屏障，从而提高涂层的力学性能和防腐能力。此外，石墨烯还被用作硅氧烷改性涂层的填料以增强防腐性能。虽然确切的作用机制还不完全清楚，但石墨烯在增强腐蚀保护方面的积极作用已经被报道（Okafor et al，2015）。同样的结果也出现在用石墨烯装饰的 SiO_2 纳米粒子上（Ramzanzadeh et al，2016）。此外，研究发现，添加薄水铝石纳米粒子会形成稳定的氧化层，从而增加涂层对铝合金 2024 在侵蚀环境中的腐蚀防护能力（Tavandashti et al，2011）。而在硅氧烷涂料中添加丙烯酸、聚氨酯和聚酯，也有助于腐蚀防护（Montemor，2014）。

自修复涂层是一种非常重要的功能涂层。自修复可以定义为"当缺陷、老化和其他意外损伤破坏了涂层功能时，涂层特定功能部分或全部恢复"（Montemor，2014）。自修复是一个非常令人兴奋和具有挑战性的特性，如果存在，它可以显著提高对腐蚀的保护以及对腐蚀管理方法的印证。主要提出了两种改善自修复涂层的途径：一是修复聚合物基体，即恢复其阻隔性；二是抑制/钝化腐蚀区域，即保护腐蚀活性部位。值得一提的是，自修复并不是一个新概念，它在许多年前就已被提出。1965 年，Wlodek（1961）证明了一种应用于铌表面的无机涂料的自修复性能。Yasuda 等（2003）则研究了 Al_2O_3 -铌纳米复合材料在钢上的自修复行为。结果表明，Al_2O_3-铌纳米复合材料具有牺牲层的功能，可以防止铁的腐蚀。这种效应与"自修复"活动相关（Yasuda et al，2003）。尽管如此，最著名的自修复例子是含铬酸盐的腐蚀抑制剂以及基于铬酸盐的表面处理和涂层（Montemor and Vicente，2018）。Zhao 等（1998）采用不同的电化学和化学表征技术研究了基于铬酸盐涂层的自修复机理。结果表明，铬酸盐可以从涂层中浸出并迁移到金属合金的邻近部位。同时发现 Cr（IV 价）存在于被试合金的凹坑中。根据这项研究，铬酸盐的沉积对腐蚀部位有一定的选择性（Zhao et al，1998）。尽管铬酸盐在涂层中的使用已久，但其确切的保护机制仍不完全清楚。多年来由于缺乏替代品，以人类健康和环境安全为代价，铬酸盐一直被广泛使用。但在过去 20 年里，铬酸盐在许多工业应用中的使用量已大幅减少（Montemor and Vicente，2018）。而且，化学品的注册、评估、授权和限制限制了铬基涂层的使用，并以绿色环保产品替代。

1.8.2　腐蚀抑制剂

许多年前，人们广泛致力于寻找合适的有机腐蚀抑制剂，以减缓腐蚀性环境中的腐蚀。腐蚀抑制剂在含有酸、醛、硫醛、氮基材料、含硫化合物的环境中特别重要，可修复其副作用。在中性介质中，亚硝酸盐、铬酸盐、苯甲酸盐和磷酸盐是理想的腐蚀抑制剂。腐蚀抑制剂能减少或阻止金属与周围介质的反应，它们通常易于使用，并具有就地应用的优点。腐蚀抑制剂通过以下途径降低腐蚀速率：

（1）在金属表面吸附离子；

（2）减少或增加阳极和/或阴极反应；

（3）降低反应物到达金属表面的扩散速率；

（4）降低金属表面的电阻。

在选择抑制剂时需要考虑几个因素，如成本、数量、可用性和对环境的安全性。根据所选腐蚀抑制剂是抑制阳极反应还是阴极反应，可将其分为三类：阳极型、阴极型和混合型抑制剂（Sastri，2011）。首先，阴极抑制剂可阻止酸性溶液中的析氢反应，减少碱性和中性溶液中的析氧反应。通常，为了让阴极抑制剂效果显著，所选材料在酸性溶液中的电位应比氢高。阴极抑制剂的代表有硅酸盐、无机磷酸盐、碱性溶液中的硼酸盐以及镁和钙的碳酸盐，它们都能阻断活性阴极。相反，阳极抑制剂在 pH 值为 6~10.5（接近中性或碱性介质）的溶液中是有效的。高效阳极抑制剂的代表有铬酸盐、钨酸盐、钼酸盐和亚硝酸钠。人们认为这些氧离子有助于修复金属铁表面铁氧化物钝化膜的缺陷。需要指出的是，在使用铬酸盐或重铬酸盐时，抑制剂的浓度是十分关键的。而混合型抑制剂对阴极和阳极部位均有影响。有机化合物可作为混合型腐蚀抑制剂。有机抑制剂吸附在金属表面，在阳极上起到防止金属溶解的作用，在阴极上起到防止氧还原的作用。有机混合型抑制剂的保护官能团通常包括氨基、羧基和磷酸基。

有机抑制剂具有阻蚀作用的原因是具有较高的电子密度和碱度，它们一般含有 O、N、和 S 等杂原子。杂原子是帮助其吸附在金属表面的基本因素。大多数有机抑制剂通过取代金属表面的水分子而吸附在金属表面，并形成一个紧密的保护屏障。此外，当抑制剂分子中存在非键孤对电子和 p 电子时，将有利于电子从抑制剂转移到金属表面。化学吸附键的强度取决于供体原子官能团的电子密度以及该官能团的极化率。阻蚀性能随碳链中碳数的增加而增加，直至 10 个碳左右。这是因为碳烃链长度增加时，在水溶液中的溶解度就会降低。然而，分子中亲水官能团的存在可能会增加抑制剂的溶解度。值得指出的是，有机抑制剂的性能主要与其化学结构、供电子原子上的电子密度、分子电子结构、p 轨道性质以及存在的官能团的物理化学性质有关。这种抑制可能源于以下原因之一：①分子或其离子在阳极和/或阴极位置上的吸附；②阴极和/或阳极过电压的升高；③保护膜的形成。

抑制剂的基本原理是通过形成一个或几个分子层的屏障来阻止腐蚀发生。这种保护作用通常与化学和/或物理吸附有关。硫、磷、氧和/或含氮杂环化合物被认为是有效的腐蚀抑制剂。肼类衍生物和噻吩类衍生物在酸性介质中具有很强的抑制金属腐蚀的能力。无机物质如铬酸盐、磷酸盐、重铬酸盐、硅酸盐、硼酸盐、钼酸盐、钨酸盐和砷酸盐都可以作为有效的腐蚀抑制剂使用。腐蚀抑制剂在形成防腐涂层方面非常有用，但其主要缺点之一是具有毒性。因此，若干环境条例限制了它们在工业上的应用。含有如硫、氮和/或氧等极性功能原子的有机物可以作为腐蚀抑制剂的替代品，它们产生的吸附膜可作为屏障，将金属从腐蚀环境中隔离开来。众所周知，大多数合成有机抑制剂危害严重，人们迫切需要开发使用天然物质的廉价、无毒且环保的抑制剂。这促进了对绿色腐蚀抑制剂的研究。

不同的商业抑制剂都有商品名称。根据这些商品名称获得的成分信息非常少。商业腐蚀抑制剂的配方中含多种抑制剂化合物和其他添加剂，包括破乳剂、表面活性剂、除氧剂和成膜促进剂等。甲醛、聚磷酸盐、铬酸盐和砷化合物是早期使用的腐蚀抑制剂（Reiser, 1966）。这些类型分子大多具有长链碳氢化合物（C18）的结构。石油工业中最常用的腐蚀抑制剂是酰胺类/咪唑啉类、氮季铵盐、氮杂环类、酰胺类、咪唑啉类、含羧酸的含氮分子盐类、多氧烷基化胺类以及含 S、O 和 P 原子的化合物（El-Gendy et al, 2016、2018）。

1.8.2.1　作用机理

腐蚀抑制剂可分为屏障抑制剂和环境抑制剂（中和抑制剂和清除抑制剂）。

1. 屏障抑制剂

屏障抑制剂又称为成膜腐蚀抑制剂，有时也称为界面抑制剂。这类抑制剂通过化学吸附、静电吸附和 π-轨道吸附等强相互作用在金属表面形成保护屏障。因此，可以观察到腐蚀物质的渗透力降低（Kelland, 2014）。有趣的是，屏障抑制剂由两部分组成：一个是与金属表面发生反应的极性头；另一个是从金属表面延伸出去的疏水部分。疏水部分能与碳氢化合物气流相互作用，进一步阻止水溶液组分（Olajire, 2017）。它们构成了最大类别的抑制物质之一，并且不需要与酸发生任何进一步的相互作用就能起效。界面型或成膜型抑制剂又可分为液相和气相抑制剂，气相抑制剂又可分为阳极型、阴极型和混合型抑制剂。抑制剂的类型主要取决于被阻滞的电化学反应类型（Papavinasam, 2011；Dariva and Galio, 2015）。它们促进了抑制阳极金属溶解反应钝化膜的发展，因此它们也称为钝化抑制剂（Papavinasam, 2011）。阳极抑制剂的有效浓度取决于腐蚀性离子的浓度和性质。相反，阴极抑制剂的作用通常是通过降低还原速率（阴极毒物）或在阴极区域沉淀（阴极沉淀剂）来实现的。在阴极抑制剂存在的情况下，保护膜层建立在阴极位点，以防止在酸性条件下产氢或通过限制氧扩散到金属表面，降低在碱性溶液中阴极的反应速率。但需要注意的是，阴极抑制剂会导致氢脆、氢致开裂（HIC）或硫化物应力开裂（Papavinasam，2011）。因此，为了保证阴极抑制剂的效率，有必要对氢渗透进行研究（Umoren et al，2010）。另外，阴极沉淀剂使阴极位置的碱性增加，进而导致金属表面不溶性化合物析出。碳酸镁和碳酸钙是最常见的阴极沉淀物。大约80%的有机化合物属于混合型抑制剂。混合型抑制剂保护金属的途径主要有三种：化学吸附、物理性吸附（物理吸附）和成膜。物理吸附是通过抑制剂与金属表面的离子或静电相互作用而发生的。物理吸附抑制剂的相互作用非常迅速。然而，温度升高会导致物理吸附抑制剂的解吸附。化学吸附抑制剂是最有效的抑制剂。化学吸附是指抑制剂分子与金属表面之间的电荷共享或电荷转移，其吸附作用和抑制腐蚀性能会随着温度的升高而提高。化学吸附比物理吸附慢，而且不完全可逆（Olajire，2017）。只有当所制备的薄膜是非可溶性、附着力强，并且能够阻止溶液进入金属表面时，抑制才是有效的。混合型抑制剂形成的薄膜可以是导电的（自修复膜）或不导电的。

2. 中和抑制剂

中和抑制剂有助于减少酸的腐蚀作用，或减少腐蚀性环境中的氢离子浓度。氢氧化钠、氨、吗啡啉、多胺和烷基胺是最常用的中和抑制剂（Olajire，2017）。例如，氨是一种廉价的中和抑制剂。然而，它在缩合物中的不溶性和快速蒸发影响了它的阻蚀效率（Camp and Phillips，1950）。

3. 清除抑制剂

清除抑制剂用于石油和天然气生产设施中，以清除腐蚀性物质。亚硫酸钠和联氨是最常见的清除抑制剂（Saji，2020）。

1.8.2.2 腐蚀抑制剂举例

1. 表面活性剂作为腐蚀抑制剂

表面活性剂科学是一个有吸引力的科学领域，因为它可以广泛用于如洗涤剂、腐蚀抑制剂、药物、破乳剂、石油采收以及纳米科学（Vashishtha et al，2015；Falciglia et al，2016；Lee et al，2016；Zhang et al，2017）。一般来说，表面活性剂是由一类两亲分子组成的化合物；每一个都由亲水（极性）头部和疏水（非极性）尾部组成（Brown et al，2015；Asadov et al，2017）。两个表面活性剂单体通过共价键连接在一起，构成了一个双子表面活性剂分子（Li et al，2015；Tawfik，2015）。Pérez等（2014）在研究中提到，这些化合物于 1991 年被 Menger 和 Littau 命名为 "双子" (Gemini)。Tawfik 等 (2016) 制备了三种不同疏水间隔链长度的双子阳离子表面活性剂,分别标记为 G-2、G-6 和 G-12,并测试了这三种化合物在 1mol/L 的盐酸腐蚀介质中对碳钢的腐蚀抑制性能,效果排序依次为 G-12、G-6 和 G-2。这是由于在钢表面形成了一个更有效的保护层,从而增加了表面覆盖程度。这是通过增加间隔链长度来实现的。Park 和 Jeong (2016) 成功制备了四种双子阳离子表面活性剂,其酯基为 α,ω-烷烃-双 (N-肉豆蔻酰氧基乙基-N,N-二甲基溴化铵),其中酯基团存在于末端链中。合成的化合物分别称为 (16-3-16)、(16-4-16)、(16-5-16) 和 (16-6-16),具有可变的间隔链长度,分别为 3、4、5 和 6。采用失重法评价所制备的表面活性剂在 1mol/L 的盐酸环境下对低碳钢的腐蚀抑制性能。在 1×10^{-3} mol/L 的浓度下,(16-3-16)(16-4-16)(16-5-16) 和 (16-6-16) 的最大抑制效率分别为 99.1%、98.7%、98.9% 和 98.6%。结果表明,这些表面活性剂的腐蚀抑制效率与间隔长度无关。

Zhang 等 (2015) 成功制备了季铵盐双子表面活性剂,含有酯间隔剂 (己二酸二乙酯) 二酰基-α,ω-双 (二甲基十四烷基胺) 溴化物 (命名为 (14-DEHA-14))。结果表明,所合成的双子表面活性剂在 1mol/L 的盐酸溶液中对碳钢具有良好的腐蚀抑制性能,在 5×10^{-5} mol/L 浓度下,阻蚀率可达 95% 以上。通过与钢表面的化学吸附,并遵循 Langmuir 吸附等温线,产生抑制作用。Abd El-Lateef 等 (2016) 合成了三种新型的阳离子双子表面活性剂,代号为 CHOGS-8、CHOGS-12 和 CHOGS-16,它们具有不同端链长度,分别为辛基、十二烷基和十六烷基,并研究了它们在 15% 的盐酸中对碳钢的影响。结果表明,这些化合物的抑制效率 (IE%) 随抑制剂链长和浓度的增加而增加,在 200×10^{-6} 时达到最大抑制效率。CHOGS-8、CHOGS-12 和 CHOGS-16 的抑制效率分别为 97.51%、98.73% 和 99.61%。

2. 植物生物材料用作绿色腐蚀抑制剂 (环保型腐蚀抑制剂)

因为具有毒性和环境危害性,铬酸盐等化学抑制剂已被禁止使用。因此,必须尽量使用自然植物材料和工农业废料等无害环境、无毒或更低毒性的提取物作为腐蚀抑制剂和杀菌剂 (Sangeetha et al, 2011) (表 1.1)。然而,这些天然植物材料的提取物容易被生物降解,这就限制了它们作为腐蚀抑制剂和杀菌剂的储存和长期使用。但是,通过添加十二烷基硫酸钠和 N-十六烷基-N,N,N-三甲基溴化铵可使其不易被生物降解。这些植物材料的提取物中含有大量的有机化合物,这些化合物大多含有 P、N、S 和 O 等杂原子。这些原子通过它们的电子与腐蚀的金属原子发生反应。因此,在金属表面形成一层保护膜，从而控制和减缓腐蚀。不过，一些植物科学家建议不要使用它们作为腐蚀抑制剂和杀菌剂，因为植物王国将逐渐衰落，保护金属将以损害植物王国为代价。

表 1.1   一些用作绿色天然腐蚀抑制剂的植物提取物

植物材料	金属	媒介	实验测试和表征技术	吸附等温线	抑制剂类型	参考文献
虎尾草生物碱提取物	软钢	1M HCl	动态电位极化测量、电化学阻抗谱、傅里叶变换红外光谱（FTIR）、扫描电子显微镜	Langmuir	—	Raja 等（2013a）
西花蓟马甲醇提取物	碳钢	1M HCl	动态电位极化测量、EIS、失重法、紫外–可见光和红外分光光度测试、SEM 表面分析	Langmuir	混合型抑制剂	Alvareza 等（2018）
洋葱水提取物	碳钢	1M HCl	SEM、能谱仪、X 射线衍射（XRD）	Langmuir	混合型抑制剂	El-Gendy 等（2018）
印度无忧花提取物	软钢	$0.5MH_2SO_4$	失重法、动态电位极化测试、EIS、SEM、FTIR、紫外–可见光谱	Langmuir	混合型抑制剂	Saxena 等（2018）
米糠油	1018钢	海水–CO_2饱和溶液	动态电位极化、开路、线极化电阻、EIS、FTIR 以及薄层色谱等电化学技术	Langmuir	阴极型抑制剂	Salinas-Solano 等（2018）
枇杷	软钢	$0.5MH_2SO_4$	失重法、电化学测试、SEM	Langmuir	—	Zheng 等（2018）
报春花水提取物	软钢	1MHCl	FTIR、紫外可见光谱、SEM、原子力显微镜（AFM）、接触角测试（CA）、EIS 和动电位光谱	Langmuir	—	Majd 等（2019）
中国醋栗果壳酸性提取物	软钢	HCl	EIS 和动态电位极化测试、钢表面形貌SEM、AFM 和接触角测试	Langmuir	混合型抑制剂	Dehghani 等（2019）
油菜粉提取物（甘蓝型油菜）	软钢	自来水	失重法、极化技术、线性极化电阻（LPR）技术	—	—	Vasyliev 和 Vorobiova（2019）
生姜提取物	碳钢	盐水	立体显微镜和各种电化学测试、FTIR 和 X 射线光电子能谱学（XPS）	—	混合型抑制剂	Liu 等（2019）

续表

植物材料	金属	媒介	实验测试和表征技术	吸附等温线	抑制剂类型	参考文献
核桃绿果壳提取物	软钢	3.5%（质量分数）NaCl（生理盐水）	极化、EIS 和电化学电流噪声分析、场发射扫描电子显微镜（FESEM）、能谱仪、FTIR 分析	—	—	Haddadi 等（2019）
用过的咖啡渣的水酒精提取物	C38 钢	1mol/L HCl	开路电位测试、动态电位极化分析、EIS	Langmuir	混合型抑制剂	Bouhlal 等（2020）

随着全球对绿色化学的需求越来越大，开发绿色腐蚀抑制策略、杀菌剂和抑制剂变得尤为迫切。由于其生物和天然的来源，植物提取物被认为是绿色和可持续的腐蚀抑制剂，保护金属和合金在 HCl、H_3PO_4、H_2SO_4 和 HNO_3 等腐蚀性环境中不受腐蚀（Chemat et al，2012；El-Gendy et al，2016、2018）。然而，在制备植物提取物时有几个参数需要考虑。以下是两个最重要的参数：

（1）提取溶剂。溶剂扩散到植物组织中，然后溶解，最后提取存在的植物化学物质（Nasrollahzadeh et al，2014）。因此，选择合适的提取溶剂对提高提取效率具有重要意义。大量报告表明，水是最好的溶剂，因为其结构简单、易于获得、无危险性和不可燃（Sharghi et al，2009；Duan et al，2015；Varma，2016）。然而，一些植物提取物的制备可能需要甲醇和乙醇等有机溶剂。

（2）提取温度。温度是影响植物提取物制备的重要参数。研究发现，在极低温条件下获得的植物化学物质较少。此外，植物化学物质在非常高的温度下容易分解。为了达到最佳提取率，通常在 60~80℃ 的温度范围内进行提取（Mohamad et al，2014）。

植物生物材料在酸性环境（盐酸（HCl）和硫酸）、碱性环境（氢氧化钠和硫酸钠）和盐碱化环境中都可以用作绿色腐蚀抑制剂。HCl 是石油行业中消耗最多的酸洗酸（El-Gendy et al，2016）。由于酸洗所需的时间较短，以及在低温下获得的高表面质量，因此 HCl 比其他类型的酸更适合酸洗。使用HCl 酸洗的推荐浓度范围在 5%~15% 之间（Umoren et al，2019）。El Hamdani 等（2015）通过电化学和表面表征技术，研究了使用细枝豆属种子的生物碱（AERS）提取物在 1mol/L HCl 介质中减缓腐蚀的效果。结果表明，该植物提取物对 1mol/L HCl 溶液中的碳钢腐蚀抑制效果较好，当 AERS 浓度为 400mg/L 时，抑制效率最高可达 94.4%。阻抗结果证实，使用 AERS 降低了电荷电容，增加了界面的充放电功能，从而促进了钢表面保护层的形成。极化曲线表明，

AERS 为混合型腐蚀抑制剂。该生物碱提取物的吸附符合 Langmuir 吸附等温线。X 射线光电子能谱（XPS）表明，AERS 的腐蚀抑制机理主要为抑制剂的物理吸附模式，其保护层由氧化铁/氢氧化物组成，并掺入了 AERS 分子。

长花链珠藤（Alstonia angustifolia 变种 latifolia）属于夹竹桃科，广泛分布于马来西亚热带、亚热带地区。Raja 等（2013b）研究了小叶藤变种阔叶藤在 1mol/L 盐酸溶液中对软钢的腐蚀抑制性能。采用阻抗谱、动态电位极化、傅里叶变换红外光谱分析和扫描电子显微镜等多种方法，研究了腐蚀参数和表面特性。结果表明，阔叶松生物碱提取物具有良好的腐蚀抑制剂作用，且在 3~5mg/L 的浓度范围内，最大抑制效率可达 80%。极化测试结果表明，该抑制剂是混合型抑制剂。两种电化学方法得到的结果一致，且抑制剂的吸附遵循 Langmuir 吸附等温线。FTIR 研究证实了吲哚生物碱的存在并参与了腐蚀抑制过程。SEM 图像显示，在软钢表面形成了一个保护层。Bouknana 等（2014）研究了橄榄油加工厂废水提取物的橄榄油厂废水-有酚（OOMW-Ph）和橄榄油厂废水-无酚（OOMW-NPh）馏分的效果。数据表明，这两种化合物均降低了腐蚀速率。对 OOMW-Ph 和 OOMW-NPh 的最大抑制效率分别达到了 89.1%。随着温度的升高，两种化合物的抑制效率均有所降低。

l-瓜氨酸是一种具有酰胺、胺、羧基等多种官能团的有机化合物。通常认为它是一种非必需氨基酸，因为缺乏一种结构蛋白 l-瓜氨酸。西瓜（普通西瓜种）是 l-瓜氨酸的主要天然来源之一。此外，其他种类的水果和蔬菜，如黄瓜、苦瓜、南瓜和葫芦中也包含少量 l-瓜氨酸（Kaore et al，2013）。Odewunmi 等（2015）研究了从西瓜中提取的 l-瓜氨酸在 HCl 溶液中抑制软钢腐蚀的作用。采用电化学阻抗谱、动态电位极化和失重法（温度为 25℃ 和 60℃）等电化学技术对其腐蚀抑制效果进行了评价。结果表明，l-瓜氨酸浓度越大，抑制效率越高。同时，随着溶液温度升高，抑制效率降低。极化结果表明，l-瓜氨酸是一种混合型腐蚀抑制剂。

Nnaji 等（2014）报道腰果外种皮单宁（CASTAN）抑制了铝在 HCl 溶液中的腐蚀。主要采用了失重法、紫外线/可见分光光度法和测温法进行研究。在 0.5mol/L 和 2mol/L HCl 中，303K 下，吸附遵循 Langmuir 吸附等温线；在 0.1mol/L HCl 时，吸附遵循 Temkin 等温线。它也表现出一种对铝的物理吸附类型。它被归类为阴极抑制剂。紫外线/可见分光光度法分析表明槲皮素是 CASTAN 中的主要成分。Jokar 等（2016）将桑叶提取物（MAPLE）作为一种新型绿色腐蚀抑制剂，测试了其在不同温度（25~60℃）和不同浓度（0.1~0.4g/L）下对碳钢在 1mol/L HCl 溶液中的阻蚀作用。用紫外线/可见分光光度法研究了腐蚀抑制剂在溶液中的吸附/解吸行为。结果表明，在室温

（25℃）条件下，0.4g/L MAPLE 的抑制效率可达 93%。MAPLE 中含有桑椹、桑黄酮 C、桑黄酮 G 等类黄酮、酚酸和吡咯生物碱类成分，它们是 MAPLE 抑制效率高的主要原因。MAPLE 作为一种混合型腐蚀抑制剂，其抑制效率随着腐蚀抑制剂浓度的增加而提高。同时发现，吸附符合 Langmuir 吸附等温线。

Chevalier 等（2014）采用电化学方法研究了 1mol/L HCl 下玫瑰木生物碱提取物对 C38 钢的腐蚀抑制效果。该提取物作为一种混合型腐蚀抑制剂，能有效地延缓金属在腐蚀环境中的溶解。核磁共振（NMR）谱和 XPS 分析表明，玫瑰木生物碱提取物中存在的主要生物碱是蔷薇木碱，它是玫瑰木生物碱提取物具有抗腐蚀性能的主要原因。M'hiri 等（2016）研究了橙皮提取物对碳钢腐蚀的抑制作用。采用高效液相色谱法（HPLC）从橙皮提取液中鉴定出橙皮苷、芸香柚皮苷、新橙皮苷、柚皮苷、香蜂草苷等酚类化合物。而橘皮素、甜橙素、3,4,5,5,6,7,-六甲氧基黄酮、蜜橘黄素则属于多甲氧基黄酮类。选择了柚皮苷、抗坏血酸、新橙皮苷三种具有抗氧化性能的化合物，并与橙子皮的粗提取物一起进行电化学研究和表面表征。结果表明，粗提取物比所选择的抗氧化化合物具有更高的腐蚀抑制性能。

Ghazouani 等（2015）报道，以芦丁、新绿原酸和绿原酸为主的多酚类化合物是榅桲果肉提取物（QPE）中的活性化合物，有助于碳钢在 1mol/L HCl 溶液中的腐蚀抑制作用。它们占现存酚类化合物总数的 84%。极化测试结果表明，该提取物是一种混合型腐蚀抑制剂。在 5×10^{-1} g/L 时，最大抑制效率为 88%。吸附符合 Langmuir 吸附等温线。QPE 的抑制效率与温度无关。在黄菊花的提取物中发现了具有较强抗腐蚀性的化合物木犀草素-7-O-b-D-葡萄糖苷。研究发现，在 1mol/L HCl 溶液中，0.446m mol/L 的低浓度即可对软钢表面产生 94.8% 的保护作用（Alkhathlan et al，2015）。以西花蓟马的甲醇提取物和从同一提取物中分离出的两种聚乙酰精宁罗林素-1 和莫垂林的纯溶液为对照，对其在 1mol/L HCl 溶液中对碳钢的腐蚀抑制性能进行了测试（Alvarez et al，2018）。在 298～328K 范围内采用失重法测定腐蚀速率和腐蚀抑制效率。结果表明，提取物和聚乙酰精宁溶液在 1mol/L HCl 溶液中对碳钢均有较好的腐蚀抑制剂作用。结果表明，1g/L 粗提物的腐蚀抑制效率为 79.7%，而 0.007g/L 的莫特林和罗林司他丁的抑制效率分别为 59% 和 72%。此外，动态极化测试结果表明，西花蓟马和两种被测聚乙酰精宁均为混合型抑制剂。西花蓟马甲醇提取物和聚乙酰精宁溶液的吸附均遵循 Langmuir 等温吸附。

水稻（学名：栽培稻）是全球范围内的主要谷物，也是主要的食物来源。水稻有两种：一种呈白色；另一种呈彩色。从稻壳中可分离出一种化合物：

稻壳酮 A。Prabakaran 等（2017）首次测试了稻壳酮 A 在 1mol/L HCl 溶液中对软钢的腐蚀抑制性能。结果表明，稻壳酮 A 是一种有效的腐蚀抑制剂，1000×10^{-6}的稻壳酮 A 对软钢的腐蚀抑制效率为 88%。借助 SEM 的表面形态研究表明，在软钢表面覆盖了一层保护层。该腐蚀抑制剂影响了阴极位点，并降低了 H_2 的析出量。

生姜属于姜科植物，主要分布在热带和亚热带地区。生姜有许多优点，便宜、安全且容易获得，在一些亚洲国家可以作为传统药物使用（Chan et al, 2008）。生姜提取物成分分为挥发性成分和非挥发性成分两大类。非挥发性成分主要是酚类化合物，如姜黄素和 6-姜辣素。酚类成分可以很容易吸附在金属表面，从而有助于发挥腐蚀抑制作用。由于生姜提取物中有大量的芳香环，以及 p-电子和氧原子的存在，其腐蚀抑制性能显著提高（Nasibil et al, 2014）。Liu 等（2019）用液相色谱-质谱法（LC-MS）鉴定了姜提取物中的酚类成分。姜辣素、8-姜辣素、姜黄素、1-羟基-1,5-双（4-羟基-3-甲氧基苯基）戊烷-3-酮、1-羟基-1,5-双（4-羟基-3,5-二甲氧基苯基）戊-3-酮和精氨酸是姜提取物中主要的酚类化合物。采用立体显微镜分析、电化学测试和 XPS 等多种技术研究了生姜提取物的腐蚀抑制作用。立体显微镜和电化学研究结果表明，生姜提取物是一种有效的腐蚀抑制剂，可以降低氯化物引起的腐蚀。生姜提取物作为一种有效的混合型抑制剂，通过在钢表面的阳极和阴极部位形成碳质有机膜来发挥其阻蚀作用。衰减全反射-傅里叶变换红外（ATR-FTIR）数据和 XPS 数据证实了碳质有机膜的产生。

枇杷属蔷薇属，广泛分布于中国南方大部分地区。枇杷叶可用于治疗感冒、咳嗽、痰多、慢性支气管炎、胃肠疾病和高烧（Matalka et al, 2016）。据 Zheng 等（2018）报道，采用电化学和表面表征技术研究了枇杷叶热水提取物对碳钢在 HCl 中的防腐性能。结果表明，提取物通过物理吸附机制在碳钢表面形成了保护层，从而阻止了阴极析氢和阳极溶解反应的发生。枇杷叶提取物是一种混合型抑制剂，其化学成分主要是黄酮类化合物、齐墩果酸和熊果酸。值得一提的是，这些有机化合物都具有含 O、S 和 N 等杂原子的杂环结构，因此表现出防腐作用。这种杂环化合物具有有效的吸附中心。

El-Gendy 等（2016）的一项研究表明，洋葱皮（A）、大蒜皮（B）、橘子皮（C）和柑橘皮（D）四种生活废水提取物在 1mol/L HCl 溶液中对 C-钢有腐蚀抑制作用，并评价了它们对硫酸盐还原菌（SRB）的生物杀灭活性。结果表明，它们显著地降低了碳钢合金在 1mol/L HCl 中的腐蚀速率。四种绿色腐蚀抑制剂都是混合抑制剂（酸洗抑制剂）。动态电位极化结果表明，随各提取物浓度的增加，抑制效率依次为 C>B>A>D。扫描电子显微镜显示，在绿色抑制剂存在与否的情况下，C-钢在 1mol/L HCl 溶液中浸泡 35 天后的结果不同。当没有绿色腐蚀抑制剂时，目视观察到 C-钢表面破坏严重，出现了凹坑；当绿色腐蚀抑制剂存在时，凹坑明显消失，C-钢在 3000mg/L 的提取液中几乎没有腐蚀。根据提取物的化学结构，提出了腐蚀抑制作用的机理。洋葱皮（A）提取物的化学成分含有儿茶酚槲皮素（3,5,7,3′,4-五羟基黄酮）、原儿茶酸、槲皮素-3-葡萄糖苷和一些单宁。大蒜皮（B）提取物有烯丙基-丙基二硫化（$C_6H_{12}S_2$）、二烯丙基二硫（$C_6H_{10}S_2$）、两种额外的含硫化合物以及蛋白质和碳水化合物。此外，橘子皮和柑橘皮（C 和 D）提取物的主要成分是丁香酚、d-柠檬烯、4-乙烯基愈创木酚和其他酚类化合物（Omran et al，2013）。有趣的是，这些化合物含有硫原子、氧原子或氮原子等杂原子，它们可以作为吸附中心。极化测试结果表明，这些提取物通过阻断金属表面已存在的阴极和阳极位点来抑制腐蚀。正如 Abdel-Gaber 等（2009）所证明的，这一过程可以通过以下方式进行：①带正电荷的质子化的氮原子和带负电荷的碳钢表面（阴极位点）之间的静电吸引力；②氧原子非共享电子对之间的偶极相互作用或 π 电子与 Fe 表面原子（阳极位置）的空的、低能 d-轨道的相互作用；③以上两者的组合（混合型）。大量单宁的存在促进了金属表面钝化层的形成（Chaubey et al，2015）。

Khadom 等（2018）研究了绿色腐蚀抑制剂苍耳叶酸提取物在 1mol/L HCl 中对软钢的腐蚀抑制作用。采用失重法研究了温度和抑制剂浓度对性能的影响。结果表明，随着抑制剂浓度和温度的升高，腐蚀抑制效率逐渐提高。在 10mL/L 的最佳浓度时，抑制效率最高为 94.82%。结果表明，苍耳叶提取物的吸附符合 Langmuir 吸附等温模型，并且苍耳叶提取物的吸附是化学吸附和物理吸附相结合的结果。FTIR 分析结果表明，苍耳叶提取物中含有胺类、酰胺类、有机酸类和芳香族化合物的混合物。SEM 分析表明，未添加抑制剂的软钢表面存在严重的损伤、明显的空洞和凹坑，而处理后，表面的凹坑和裂纹较少。因为，在软钢表面形成了具有一定腐蚀抑制作用的保护性腐蚀抑制层。

Idouhli 等（2019）研究了 Senecio anteuphorbium（一种来自非洲北部和东北部从摩洛哥到阿拉伯半岛的夏季休眠落叶灌木，通常直立生长，高达 1～1.5m，长拱形浅灰绿色分段圆形茎，带有较深的纵线和沿茎尖贴伏的灰绿色披针形小叶。秋天出现芳香的无光花，花盘白色，柱头和花药黄色）乙醇提取物作为 S300 钢的绿色腐蚀抑制剂的性能。采用动态电位极化法和 EIS 法，在 1mol/L HCl 溶液中测定了该植物提取物作为混合型腐蚀抑制剂的性能。随着提取液浓度的增加，腐蚀抑制效果逐渐提高，在 30mg/L 的浓度下，抑制效率最高可达 91%。该腐蚀抑制剂符合 Langmuir 吸附等温线。作者还研究了不同的活化能、焓和熵等动力学参数。活化能值表明吸附机理为物理化学吸附。FTIR 检测到一些杂原子官能团。H_2SO_4 同 HCl 一样是另一种必需的工业酸，但是价格更低，因此用于磷酸盐、磷酸铵和磷酸二氢钙等肥料的制造（Umeron et al，2019）。H_2SO_4 的第二大应用是在酸洗、清洗等金属加工过程中。H_2SO_4 作为酸洗剂的有效性在很大程度上取决于温度。酸洗时，推荐的 H_2SO_4 浓度范围为 5%~10%（Maanonen，2014）。如前所述，在酸性溶液中加入腐蚀抑制剂是必要的，以保护金属并减缓在腐蚀性环境中的腐蚀。但也有研究表明，植物提取物对 HCl 腐蚀的抑制作用比 H_2SO_4 介质更有效。例如，Benahmed 等（2015）报道 500×10^{-6} 柴胡（菊科植物）提取物在 H_2SO_4 溶液中对碳钢腐蚀的抑制率为 80%，在 HCl 介质中对碳钢腐蚀的抑制率为 92.2%。Umoren 等（2015）研究发现，草莓果提取物在 HCl 介质中对软钢的抑制效果优于在 H_2SO_4 溶液中。Odewunmi 等（2015）、Swaroop 等（2016）、Prabakaran 等（2017）、Tasic 等（2018）、Chen 和 Zhang（2018）等其他公开发表的结果都与以上结论一致。这清楚地阐明了氯化物和硫酸盐阴离子对有机抑制剂吸附过程的影响。与硫酸根离子相比，氯离子的水合性较差，吸附在金属表面的趋势很强（Odewunmi et al，2015）。

Ebenso 等（2008）通过重量、温度和气体测试技术研究了几内亚胡椒乙醇提取物（EEPG）对软钢的腐蚀抑制作用。几内亚胡椒是一种非洲灌木胡椒，种植于尼日利亚、马来亚岛、印度和一些西非国家等地区。值得注意的是，该植物的果实、根和叶广泛用于治疗哮喘、支气管炎、腹部发热疼痛及痔疮感染。因其辛辣口感，人们经常生吃它的新鲜果实。而当果实被晒干、研磨和筛分后，产生的粉末可进一步添加到茶或咖啡中（Daglip，2004）。实验结果表明，该提取物的抑制效率随温度、抑制剂浓度和时间的变化而变化。热力学数据表明，EEPG 在软钢表面的吸附遵循 Langmuir 吸附等温线和物理吸附机理。

Hassan 等（2016）研究了绿色腐蚀抑制剂柑橘叶提取物在 1mol/L H_2SO_4 中对软钢的腐蚀抑制效果。采用重量法研究了时间、温度和抑制剂浓度的影响。结果表明，柑橘叶提取物在 H_2SO_4 中作为低碳钢腐蚀抑制剂具有一定的抑制作用，使腐蚀速率降低。抑制效率随抑制剂浓度的增加而增大，随温度的升高而减小。当腐蚀抑制剂浓度为 10mL/L，温度为 40℃时，抑制效率可达 89%。结果表明，柑橘叶提取物的吸附符合 Langmuir 吸附等温线。柑橘叶提取物的带电分子与带电金属表面发生物理吸附，其吸附自由能约为 20kJ/mol。

这表明带电分子和带电金属表面发生了物理吸附。最后，利用 SEM 和对该腐蚀抑制剂的表面形貌和分子结构进行了分析。SEM 图像显示，在 1mol/L H_2SO_4 存在下，软钢表面发生了严重腐蚀。与之相反，柑橘叶提取物对金属表面有较好的保护作用，表明绿色腐蚀抑制剂在金属表面形成了一层保护吸附层。

NaOH 是一种大量应用于工业的强碱。它用于木材制浆、造纸、纤维制造和组织消化等。此外，它还用作酯化和酯交换试剂，以及用于食品制备和碱性酸洗及清洗（Maanonen，2014）。NaOH 的另一个重要应用是制造空气/金属电池（Egan et al，2013；Yisi et al，2017）。根据 Singh 等（2016）的研究，减缓空气电池中铝的腐蚀至关重要，因为金属腐蚀会造成极大的危险。Singh 等（2016）研究了胡椒水籽提取物的腐蚀抑制作用。在 1mol/L NaOH 溶液中，利用动态电位极化和重量分析技术，对种子提取物减缓铝腐蚀的效果进行了评估。结果表明，胡椒水籽提取物是一种有效的腐蚀抑制剂，并通过极化实验验证了失重实验得到的腐蚀抑制性能。该提取物是一种混合型腐蚀抑制剂，且对金属表面的阴极和阳极反应均有抑制作用。Irshedat 等（2013）和 Bataineh 等（2014）发表的其他研究结果也证实了该植物提取物作为绿色腐蚀抑制剂的有效性。根据 Chaubey 等（2015，2017）的研究结果，在 1mol/L NaOH 溶液中，豌豆、马铃薯、柑橘、穿心莲和黄梁木提取物对铝表面的保护达到 80%。Bataineh 等（2014）和 Irshedat 等（2013）证明了在 1mol/L NaOH 腐蚀介质中，白芥和羽扇扁豆提取物对铝的腐蚀抑制率分别为 97.98% 和 93.73%。

氯化钠（NaCl）是一种多用途盐，具有广泛的应用和用途。在石油和天然气工业中，NaCl 是钻井液中的一种重要的化学物质。它有助于增加钻井液密度，降低井内气体压力（Lyons et al，2016）。多项研究聚焦并讨论了金属在 NaCl 介质中的腐蚀（Chen and zhang，2018；Tasic et al，2018）。研究和评价了不同植物提取物在 NaCl 溶液中作为绿色腐蚀抑制剂的性能，包括薰衣草棉(Shabani - Nooshabadi and Ghandchi，2015)，印楝（尼姆树）（Swaroop et al，2016）、回芹（大茴香）、香菜（葛缕子）、孜然（孜然芹）和木槿（木槿花）（Nagiub，2017）等。

近年来，多组分反应、微波、超声波合成的化合物和离子溶液以及各种植物提取物成为抑制金属腐蚀的绿色途径。植物提取物作为绿色金属腐蚀抑制剂，具有低成本、可生物降解、易获得、生态环保、生物相容和高效率等优点，值得进一步研究。然而，在将其应用于实际环境和领域之前，还需要考虑几个问题。在实际使用之前，有必要了解它们的毒性、生物可降解性和生物累积性以确保它们的安全性。经证实，植物提取物中只有少数特定成分起到抑制金属腐蚀的作用，因此强烈建议分离出这些植物化学物质。而利用高效液相色谱法-质谱法（HPLC-MS）和气相色谱法-质谱法（GC-MS）可以很容易地分离和鉴定植物提取物中的植物化学物质。但是，提取过程的时间长、温度高，影响了实际应用，故而，提取方法也是研究的重点之一。此外，由于有机溶剂对人体和环境的毒性极大，因此需要考虑用于提取的溶剂对周围环境的影响。

3. 氨基酸

氨基酸完全溶于水介质，是一种环保的化合物，生产纯度高、成本低。一些报道表明氨基酸可以抑制铁（Kandemirli and Bingul，2009）、铜（Amin and Khaled，2010）、铝合金（Wang et al，2016）和碳钢（Zhang et al，2016）的腐蚀。表 1.2 列举了几个具有腐蚀抑制潜力的氨基酸的典型例子。

表 1.2　一些用作绿色天然腐蚀抑制剂的植物提取物

金属	介质	腐蚀抑制剂	实验过程和表征技术	结　果	参考文献
铜镍合金	氯盐溶液	甘氨酸、丙氨酸、亮氨酸、组氨酸、半胱氨酸	极化和阻抗技术	半胱氨酸为最佳腐蚀抑制剂	Badawy 等（2006）
铜	0.5mol/L HCl	天冬氨酸、谷氨酸、天冬酰胺、谷氨酰胺	动态电位极化和电化学阻抗谱	谷氨酰胺>天冬酰胺>谷氨酸>天冬氨酸	Zhang 等（2008a、2008b）
铜	0.5mol/L HCl	丝氨酸、苏氨酸、谷氨酸	—	苏氨酸和谷氨酸具有良好的腐蚀抑制率	Zhang 等（2008a、2008b）
铜	HCl 溶液	谷氨酸、半胱氨酸、甘氨酸	电化学阻抗谱、循环伏安法和量子化学计算	谷胱甘肽>半胱氨酸>半胱氨酸+谷氨酸+甘氨酸>谷氨酸>甘氨酸	Zhang 等（2011）
铜	硝酸溶液	天冬氨酸、谷氨酸、丙氨酸、天冬酰胺、谷氨酰胺、亮氨酸、蛋氨酸、苏氨酸	失重法和电化学极化测试	蛋氨酸的保护作用最强（80.38%）	Barouni 等（2014）
铅及其合金	H₂SO₄	谷氨酸、丙氨酸、缬氨酸、甘氨酸、组氨酸、半胱氨酸	极化和阻抗技术	谷氨酸>丙氨酸>缬氨酸>甘氨酸>组氨酸>半胱氨酸	Kiani 等（2008）
NST-44 碳钢	木薯液体	亮氨酸、丙氨酸、蛋氨酸、谷氨酸	失重浸泡法和光学显微镜技术	丙氨酸的腐蚀抑制率最高（50%），谷氨酸的阻蚀率最低（23%）	Alagbe 等（2009）

续表

金属	介质	腐蚀抑制剂	实验过程和表征技术	结　果	参考文献
黄铜（由铜和锌组成）	0.6mol/L NaCl 溶液	甘氨酸、乳糖酸、L-谷氨酸及其苯磺酰衍生物	—	谷氨酸（59.5%）>天冬氨酸（47.7%）>甘氨酸（32%），苯磺酰衍生物的变化趋势相同	Ranjana 和 Banerjee（2010）
钢铁	0.5mol/L HCl	甘氨酸、苏氨酸、苯丙氨酸、谷氨酸	电化学方法	谷氨酸未能形成阻塞屏障	Makarenko 等（2011）
M3 铜	0.5mol/L HCl	甘氨酸、苏氨酸、苯丙氨酸、谷氨酸	电化学方法	谷氨酸达到了 53.6%的保护	
铝	HCl 溶液	谷氨酸	线性极化动态电位极化	混合型腐蚀抑制剂	Zapata-Lori 和 Pech-Canul（2014）
	HCl 溶液	谷氨酸	失重法、气体计量和温度计量方法	良好的腐蚀抑制剂	Xhanari 和 Finšgar（2016）
软钢	1mol/L HCl	2-(3-(羧基甲基)-1H-咪唑-3-ium-1-基)乙酸酯（AIZ-1）、2-(3-(1-羧基乙基)-1H-咪唑-3-ium-1-基)丙酸酯（AIZ-2）和 2-(3-(1-羧基-2-苯基乙基)-1H-咪唑-3-ium-1-基)-3-苯基丙酸酯（AIZ-3）	动态电位极化、EIS、SEM、AFM 和能量色散 X 射线（EDX）谱	AIZ-1 为阴极型腐蚀抑制剂，AIZ-2 和 AIZ-3 为混合型腐蚀抑制剂	Srivastava 等（2017）
	0.5mol/L H₂SO₄、1mol/L HCl	2-氨基-4-(4-甲氧基苯基)-噻唑（MPT）	动态电位极化、EIS、紫外-可见分光光度计	抑制软钢在 HCl 溶液中的阳极腐蚀和 H₂SO₄ 溶液中的阴极腐蚀	Gong 等（2019）

1.8.3　阴极保护

Humpbrey Davy 爵士被认为是第一个应用阴极保护技术的人，这可以追溯到 1824 年，远远早于理论本身的建立（Grovysman，2017）。阴极保护的基本原理是通过减小阳极和阴极之间的电位差来减少腐蚀。这可以通过从外部源对需要保护的结构（如管道）施加电流来实现。通过施加足够的电流，整个结构变成一个电势；因此，阳极和阴极位点将不复存在（Powell，2004）。阴极保护通常与涂层结合使用。阴极保护可以用来根除氧气控制和微生物造成的腐蚀（Popoola et al，2013），可采取两种方法实现：牺牲阳极阴极保护（SACP），外加电流阴极保护（ICCP）。这两种技术的主要区别是，ICCP 依赖于使用具有惰性阳极的外部电源，而 SACP 通过使用不同金属元素之间自然产生的电化学电位差来提供保护。SACP 是基于牺牲阳极的使用，即阳极将被溶解掉，并将金属结构转变为不腐蚀的阴极。第二种 ICCP 是连接到整流器的负极并施加外电流。这种方法有时称为"主动阴极保护方法"。

阴极保护是目前应用最广泛的水下和地下金属结构以及设备的防腐技术之一。值得一提的是，阴极保护只涉及不与流动或存储的介质（如天然气、石油、燃料或水，在需要保护的结构内部）接触的外部表面。可能使阴极保护失效的因素，包括高温、屏蔽层和涂层破坏、微生物侵蚀等（Grovsman，2017）。重要的是，当下列条件有一个缺失时，阴极保护将不起作用：阳极、阴极、电解质和一个完整的电路。在 1928 年和 20 世纪 30 年代，Robert Kuhn 是第一个在美国天然气运输管道上应用阴极保护的工程师（Heidersbach，2011）。还有一点要记住，阴极保护结构的腐蚀速率永远不会为 0，而是非常低的值，这使得它可以安全使用，没有腐蚀风险。然而，阴极保护也会引起以下问题：涂层的分离、氢脆和铝的腐蚀（在阴极保护过程中形成的氢氧离子对铝有腐蚀性）。

1.8.4 耐腐蚀合金的使用

为了维护和确保石油与天然气行业的平稳运行以及产品的安全生产，选择耐腐蚀性高的材料和优于耐腐蚀性低的材料是至关重要的。抗腐蚀合金（CRA）是一种非常适合勘探和生产领域需求的先进技术。CRA 是优良的合金，具有突出的耐腐蚀特性。它们具有抵抗高温和压力等恶劣工作条件的潜力和能力（Makhlouf et al，2018）。

1.9 结论

天然气、石油工厂和炼油厂的建筑及金属设备与天然气、石油产品、燃料、原油、水、溶剂、大气和土壤始终在接触。这种密切接触导致了毁灭性腐蚀破坏的出现。原油和天然气都可能含有大量具有广泛腐蚀性的高浓度杂质。二氧化碳（CO_2）、硫化氢（H_2S）和游离水是油气井和管道中腐蚀性最强的试剂。腐蚀会引起材料的失效和延性、强度、冲击强度等力学特性的丧失，从而导致材料损耗、厚度减少和最终失效。通常，有多种减缓腐蚀的方法，如阴极保护、降低金属杂质含量、过程控制、应用表面处理技术（即涂料和涂层）、掺入适当的合金以及使用腐蚀抑制剂。不过，使用腐蚀抑制剂已被证明是抑制和预防腐蚀最佳和最便宜的方法。这些腐蚀抑制剂降低了腐蚀速率，从而防止在工业容器、设备或表面发生腐蚀造成的经济损失。无机和有机腐蚀抑制剂都是危险且昂贵的。因此，近年来的研究重点是开发植物类生物材料和氨基酸等环境无害的腐蚀抑制剂。事实上，材料和涂层的选择至关重要，它可以有效地杜绝腐蚀，保护环境和工作人员。

参考文献

H. M. Abd El-Lateef, M. A. Abo-Riya, A. H. Tantawy, Corros. Sci. **108**, 94（2016）

A. M. Abdel-Gaber, B. A. Abd-El-Nabey, M. Saadawy, Corros. Sci. **51**, 1038（2009）

Z. Ahmad, *Principles of Corrosion Engineering and Corrosion Control*（Elsevier, 2006）, p. 275

M. Alagbe, L. E. Umoru, A. A. Afonja, E. E. Olorunniwo, Anti-Corros. Methods Mater. **56**, 1157（2009）

H. Z. Alkhathlan, M. Khan, M. M. S. Abdullah, RSC Adv. **5**, 54283（2015）

H. A. Al-Mazeedi, A. Al-Farhan, N. Tanoli, L. Abraham, Int. J. Corros. **2019**（2019）

P. E. Alvarez, M. V. Fiori-Bimbi, A. Neske, S. A. Brandán, C. A. Gervasi, J. Ind. Eng. Chem. **58**, 92（2018）

M. A. Amin, K. F. Khaled, Corros. Sci. **52**, 1684（2010）

Z. H. Asadov, S. M. Nasibova, R. A. Rahimov, R. A. Rahimov, G. A. Ahmadova, S. M. Huseynova J. Mol. Liq. **22**, 451（2017）

ASTM D1141-981, Standard Practice for the Preparation of Substitute Ocean Water（ASTM International, West Conshohocken, PA, 2001）

W. A. Badawy, K. M. Ismail, A. M. Fathi, Electrochim. Acta **51**, 4182（2006）

A. Bahadori, Corrosion and materials selection（Wiley, 2014）

K. Barouni, A. Kassale, A. Albourine, J. Mater. Environ. Sci. **5**, 456（2014）

T. T. Bataineh, M. A. Al-Qudah, E. M. Nawafleh, N. A. F. Al-Rawashdeh, Int. J. Electrochem. Sci. **9**, 3543（2014）

M. Benahmed, I. Selatnia, A. Achouri, Indian Inst. Metals **68**, 393（2015）

S. Bera, T. K. Rout, G. Udayabhanu, R. Narayan, Prog. Org. Coat. **101**, 24（2016）

M. Bethencourt, F. J. Botana, M. Marcos, R. M. Osunaa, J. M. Sánchez-Amaya, Prog. Org. Coat. **46**, 280 (2003)

F. Bouhlal, N. Labjar, F. Abdoun, A. Mazkour, M. Serghini-Idrissi, M. El Mahi, M. Lotfi, S. El Hajjaji, Int. J. Corros **2020**, Article ID 4045802, 14 (2020). https://doi.org/10.1155/2020/404 5802

D. Bouknana, B. Hammouti, M. Messali, A. Aouniti, M. Sbaa, Electrochim. Acta **32**, 1 (2014)

P. Brown, T. A. Hatton, J. Eastoe, Magnetic surfactants. Curr. Opin. Colloid Interface Sci. **20**, 140 (2015)

F. Brusciotti, D. V. Snihirova, H. Xue, M. F. Montemor, S. V. Lamaka, M. G. S. Ferreira, Corros. Sci. **67**, 82 (2013)

E. Q. Camp, C. Phillips, Corrosion **6**, 39 (1950)

E. W. C. Chan, Y. Y. Lim, L. F. Wong, F. S. Lianto, S. K. Wong, K. K. Lim, C. E. Joe, T. Y. Lim, Food Chem. **109**, 477 (2008)

N. Chaubey, V. K. Singh, M. A. Quraishi, E. E. Ebenso, Int. J. Ind. Chem. **6**, 317 (2015)

N. Chaubey, Savita, V. K. Singh, M. A. Quraishi, J. Assoc. Arab Univ. Basic Appl. **22**, 38 (2017)

F. Chemat, M. A. Vian, G. Cravotto, Int. J. Mol. Sci. **13**, 8615 (2012)

S. Chen, D. Zhang, Corros. Sci. **136**, 275 (2018)

M. Chevalier, F. Robert, N. Amusant, M. Traisnel, C. Roos, M. Lebrini, Electrochim. Acta **131**, 96 (2014)

G. V. Chilingar, C. M. Beeso, Surface operations in petroleum production (American Elsevier, New York, 1969), p. 397

J. J. Chrusciel, E. Lesniak, Prog. Polym. Sci. **41**, 67 (2015)

L. Claire, G. Marie, G. Julien, S. Jean-Michel, R. Jean, M. Marie-Joëlle, R. Stefanod, F. Micheled, Prog. Org. Coat. **99**, 337 (2016)

S. Daglip, KSU J. Sci. Engr. **7**, 107 (2004)

S. Dai, J. Chen, Y. Ren, Z. Liu, J. Chen, C. Li, X. Zhang, X. Zhang, T. Zeng, Int. J. Electrochem. Sci. **12**, 10589 (2017)

C. G. Dariva, A. F. Galio (2015). http://dx.doi.org/10.5772/57255

H. Davy, Nicholson's J. **4**, 337 (1800)

A. Dehghani, G. Bahlakeh, B. Ramezanzadeh, J. Mol. Liq. **282**, 366 (2019)

C. de Waard, U. Lotz, *Prediction of CO$_2$ corrosion of carbon steel* (The Institute of Materials, London, 1994)

M. A. Deyab, S. S. A. El-Rehim, J. Taiwan Inst. Chem. Eng. **45**, 1065 (2014)

H. Duan, D. Wang, Y. Li, Chem. Soc. Rev. **44**, 5778 (2015)

E. E. Ebenso, N. O. Eddy, A. O. Odiongenyi, African J. Pure Appl. Chem. **2**, 107 (2008)

U. Eduok, J. Szpunar, in *Corrosion Inhibitors in the Oil and Gas Industry*, ed. by V. S. Saji, S. A. Umoren (Wiley-VCH Verlag GmbH & Co. KGaA, 2020), p. 177-227

D. R. Egan, C. Ponce de Leoh, R. L. Wood, R. L. Jones, K. R. Stokesb, F. C. Walsha, J. Power Sources **236**, 293 (2013)

N. Sh. El-Gendy, A. Hamdy, N. A. Fatthallah, B. A. Omran, Energy sources, part A recover util. Environ. Eff. **38**, 3722 (2016)

N. Sh. El-Gendy, A. Hamdy, B. A. Omran, Energy sources, part A recover util. Environ. Eff. **40**, 905 (2018)

N. El Hamdani, R. Fdil, M. Tourabi, C. Jama, F. Bentiss, Appl. Surf. Sci. **357**, 1294 (2015)

F. El-Taib Heakal, A. E. Elkholy AE, J. Mol. Liq. **230**, 395 (2018)

P. P. Falciglia, D. Malarbì, F. G. A. Vagliasindi, Electrochim. Acta **222**, 1569 (2016)

M. Finšgar, J. Jackson, Corros. Sci. **86**, 17 (2014)

M. G. Fontana, N. D. Greene, *Corrosion Engineering*, 1st edn. (McGraw Hill Book Company, 1967)

M. Forsythe, T. Markley, D. Ho, G. B. Deacon, P. Junk, B. Hinton, A. Hughes, Corrosion **64**, 191 (2008)

T. Ghazouani, D. B. Hmamou, E. Meddeb, Res. Chem. Intermed. **41**, 7463 (2015)

W. Gong, X. Yin, Y. Liu, Prog. Org. Coatings **126**, 150 (2019)

M. Gopiraman, N. Selvakumaran, D. Kesavan, R. Karvembu, Prog. Org. Coat. **73**, 104 (2012)

A. Groysman, Koroze a ochrana materiálu **61**, 100 (2017)

N. Hackerman, in *Corrosion 93*, ed. by R. D. Gundry. Plenary and Keynote Lectures (NACE, 1993)

S. A. Haddadi, E. Alibakhshi, G. Bahlakeh, J. Mol. Liq. **284**, 682 (2019)

K. Haruna, I. B. Obot, N. K. Ankah, J. Mol. Liq. **264**, 515 (2018)

K. H. Hassan, A. A. Khadom, N. H. Kurshed, South African J. Chem. Eng. **22**, 1 (2016)

M. A. Hegazy, A. Y. El-Etre, M. El-Shafaie, J. Mol. Liq. **214**, 347 (2016)

R. Heidersbach, *Metallurgy and Corrosion Control on Oil and Gas Production* (Wiley, Hoboken, New Jersey, USA, 2011)

H. Heydari, M. Talebian, Z. Salarvand, K. Raeissi, M. Bagheri, M. A. Golozar, J. Mol. Liq. **254**, 177 (2018)

B. Hou, X. Li, X. Ma X, C. Du, D. Zhang, M. Zheng, W. Xu, D. Lu, F. Ma, Materials Degradation **1**, 1 (2017)

R. Idouhli, Y. Koumya, M. Khadiri, A. Aityoub, A. Abouelfida, A. Benyaich, Int. J. Ind. Chem. **10**, 133 (2019)

M. K. Irshedat, E. M. Nawafleh, T. T. Bataineh, R. Muhaidat, M. A. Al-Qudah, A. A. Alomarya Port. Electrochim. Acta **31**, 1（2013）

H. Isaacs, M. Kendig, Corrosion **36**, 269（1980）

M. Y. Jiang, L. -K. Wu, J. -M. Hu, J. -Q. Zhang, Corros. Sci. **92**, 127（2015）

M. Jian, Y. Juntao, H. Yan, X. Xiuqing, L. Lei, W. Ke, Rare Metal Mat. Eng. **47**, 965
（2018）

M. Jokar, T. ShahrabiFarahani, B. Ramezanzadeh, Taiwan Inst. Chem. Eng. **63**, 436（2016）

Z. S. Kandemirli, F. Bingul, Prot. Met. Phys. Chem. **45**, 46（2009）

S. N. Kaore, H. S. Amane, N. M. Kaore, Fundam. Clin. Pharmacol. **27**, 35（2013）

F. Karakaş, B. V. Hassas, M. S. Celik, Prog. Org. Coat. **83**, 64（2015）

M. A. Kelland, *Production Chemicals for the Oil and Gas Industry*, 2nd edn.（CRC Press, 2014）

M. Kendig, D. J. Mills, Prog. Org. Coat. **102**, 53（2017）

A. A. Khadom, A. N. Abd, N. A. Ahmed, S. Afr, J. Chem. Eng. **25**, 13（2018）

M. A. Kiani, M. F. Mousavi, S. Ghasemi, M. Shamsipur, S. H. Kazemi, Corros. Sci. **50**, 1035
（2008）

A. M. Kumar, A. Khan, R. Suleiman, Pro. Org. Coat. **114**, 9（2018）

S. V. Lamaka, H. -B. Xue, N. N. A. H. Meis, A. C. C. Esteves, M. G. S. Ferreira, Prog. Org.
Coat. **80**, 98（2015）

S. M. Lee, J. Y. Lee, H. P. Yu, J. C. Lim, J. Ind. Eng. Chem. **38**, 157（2016）

Y. Liu, Z. Song, W. Wang, L. Jiang, Y. Zhang, M. Guo, F. Song, N. Xu, J. Clean. Prod.
214, 298（2019）

A. Livache, Bull. Soc. Encourag. **109**, 369（1908）

B. Li, Q. Zhang, Y. Xia, Z. Gao, Colloids Surf. A Physicochem. Eng. Asp. **470**, 211（2015）

W. Lynes, J. Electrochem. Soc. **98C**, 3（1951）

W. Lyons, B. S. G. Plisga, M. *Lorenz, Standard Handbook of Petroleum and Natural Gas Engi-
neering*, 3rd edn.（Gulf Professional Publishing, United States of America, 2016）

P. Maab, P. Peibker, Corrosion and corrosion protection, in *Handbook of Hot-dip Galvanization*
（Wiley, 2011）

M. Maanonen, Steel pickling in challenging conditions, Thesis, Materials Technology and Surface
Engineering, Helsinki Metropolia University of Applied Sciences（2014）

M. T. Majd, S. Asaldoust, G. Bahlakeh, B. Ramezanzadeh, M. Ramezanzadeh, J. Mol. Liq.
284, 658（2019）

N. V. Makarenko, U. V. Kharchenko, L. A. Zemnukhova, Russ. J. Appl. Chem. **84**, 1362
（2011）

A. S. H. Makhlouf, M. A. Botello, Failure of the metallic structures due to microbiologically in-
duced corrosion and the techniques for protection. Handbook of Materials Failure Analysis,
（2018）, p. 1-18

A. H. Makhlouf, V. Herrera, E. Muñoz, Corrosion and protection of the metallic structures in the petroleum industry due to corrosion and the techniques for protectionin: Handbook of Materials Failure Analysis（2018）

M. E. Mashuga, L. O. Olasunkanmi, E. E. Ebenso, J. Mol. Liq. **1136**, 127（2017）

K. Z. Matalka, N. A. Abdulridha, M. M. Badr, K. Mansoor, N. A. Qinna, F. Qadan, Molecules **21**, 722（2016）

J. E. O. Mayne, Off Dig. **24**, 127（1952）

J. E. O. Mayne, J. D. Scantlebury, Br. Polym. J. **2**, 240（1970）

R. E. Melchers, npj Mater. Degrad **3**, 4（2019）

M. A. Migahed, M. M. Shaban, A. A. Fadda, T. A. Ali, N. A. Negm, RSC Adv. **5**, 104480（2015）

D. J. Mills, J. E. O. Mayne, in *Corrosion Control by Organic Coatings*, ed. by H. Leidheiser（NACE, Houston, 1981）, p. 12

N. A. N. Mohamad, N. A. Arham, J. Jai, A. Hadi, Adv. Mater. Res. Trans. Tech. Publ. **83**, 350（2014）

M. F. Montemor, Surf. Coat. Technol. **258**, 17（2014）

M. F. Montemor, C. Vicente, Functional self-healing coatings: a new trend in corrosion protection by organic coatings（Elsevier Inc, 2018）

M. Muralisankar, R. Sreedharan, S. Sujith, N. S. Bhuvanesh, A. Sreekanth, J. Alloys Compd. **695**, 171（2017）

N. M'hiri, D. Veys-Renaux, E. Rocca, I. Ioannou, N. M. Boudhriou, M. Ghoula, Corros. Sci. **102**, 55（2016）

A. M. Nagiub, Port. Electrochim. Acta **35**, 201（2017）

M. Nasibi, M. Mohammady, A. Ashrafi, A. A. D. Khalajid, M. Moshrefifare, E. Rafiee, J. Adhes. Sci. Technol. **28**, 2001（2014）

M. Nasrollahzadeh, S. M. Sajadi, M. Khalaj, RSC Adv. **4**, 47313（2014）

J. Newman, *Corrosion and Fouling and Their Prevention*（E. and F. N. Spon, London, 1896）

N. J. N. Nnaji, N. O. Obi-Egbedi, C. O. B. Okoye, Port. Electrochim Acta **32**, 157（2014）

N. A. Odewunmi, S. A. Umoren, Z. M. Gasem, S. A. Ganiyu, Q. Muhammad, J. Taiwan Inst. Chem. Eng. **51**, 177（2015）

P. A. Okafor, J. Singh-Beemat, I. O. Iroh, Prog. Org. Coat. **88**, 237（2015）

A. A. Olajire, J. Mol. Liq. **248**, 775（2017）

B. A. Omran, N. A. Fatthalah, NSh El-Gendy, E. H. El-Shatoury, M. A. Abouzeid, J. Pure Appl. Microbiol. **7**, 2219（2013）

B. A. Omran, H. N. Nassar, S. A. Younis, N. A. Fatthallah, A. Hamdy, E. H. El-Shatoury, N. Sh, El-Gendy. J. Appl. Microbiol. **126**, 138（2018）

A. Overbeek, F. Buckmann, E. Martin, P. Steenwinkel, T. Annable, Prog. Org. Coat. **48**, 125（2003）

H. Panahi, A. Eslami, M. A. Golozar, Nat. Gas Sci. Eng. **55**, 106 (2018)

S. Papavinasam, in *Uhligs Corros Handbook*, ed. by R. W. Revie (Wiley, 2011), pp. 1021–1032

R. N. Parkins, Stress corrosion cracking, in *Uhlig's Corrosion Handbook*, ed. by R. W. Revie, 3rd edn. (Wiley 2011), pp. 171–181

J. K. Park, N. H. Jeong, Iran. J. Chem. Eng. **35**, 85 (2016)

L. Pérez, A. Pinazo, R. Pons, Adv. Colloid Interf. Sci. **05**, 134 (2014)

L. T. Popoola, A. S. Grema, G. K. Latinwo GK, Int. J. Ind. Chem. **4**, 35 (2013)

D. E. Powell, Methodology for designing field tests to evaluate different types of corrosion in crude oil production systems, Paper no. 04367, CORROSION 2004 (NACE International, Houston, TX, USA, 2004), p. 17

M. Prabakaran, S. H. Kim, Y. T. Oh, V. Raj, I. –M. Chung, J. Ind. Eng. Chem. **45**, 380 (2017)

B. Qian, J. Wang, M. Zheng, B. Hou, Corros. Sci. **75**, 184 (2013)

P. B. Raja, A. K. Qureshi, A. A. Rahim, K. Awang, M. R. Mukhtar, H. Osman, J. Mater. Eng. Perform. **22**, 1072 (2013a)

P. B. Raja, M. Faḍaeinasa, A. K. Qureshi, Ind. Eng. Chem. Res. **52**, 1058 (2013b)

B. Ramezanzadeh, Z. Haeri, M. Ramezanzadeh, Chem. Eng. J. **303**, 511 (2016)

R. Ranjana, M. M. Banerjee, Indian J. Chem. Technol. **17**, 176 (2010)

K. Reiser, Proceedings of 2nd SEIC, Ann Univ Ferrara, n. s. , Sez V. , suppl. no. 4, 459 (1966)

J. O. Robertson, G. V. Chilingar, *Environmental Aspects of Oil and Gas Production*, Scrivener Publishing LLC (Wiley, 2017)

R. –J. Roe, W. –C. Zin, Macromolecules **13**, 1221 (1980)

W. D. Rummel, G. A. Matzkanin, *Nondestructive Evaluation (NDE) Capabilities Data Book*. 3rd edn. (Austin, TX: Nondestructive Testing Information Analysis Center (NTIAC), 1997)

V. S. Saji, in *Corrosion Inhibitors in the Oil and Gas Industry*, 1st edn. , ed. by V. S. Saji, S. A. Umoren (Wiley–VCH Verlag GmbH & Co. KGaA, 2020)

G. Salinas–Solano, J. Porcayo–Calderonc, L. M. M. de la Escalera, Ind. Crop Prod. **119**, 111 (2018)

M. Sangeetha, S. Rajendran, T. Muthumegala, A. Krishnaveni, Aštita Materijala **52**, 1 (2011)

V. S. Sastri, *Green Corrosion Inhibitors*, *Theory and Practice* (Wiley, 2011)

S. Sathiyanarayanan, S. S. Azim, G. Venkatachari, Synth. Met. **157**, 205 (2007)

A. Saxena, D. Prasad, R. Haldhar, G. Singh, A. Kumar, J. Mol. Liq. **258**, 89 (2018)

M. Shabani–Nooshabadi, M. S. Ghandchi, J. Ind. Eng. Chem. **31**, 231 (2015)

W. Shao, Q. Zhao, Colloids Surf. B Biointerfaces **76**, 98 (2010)

H. Sharghi, R. Khalifeh, N. M. Doroodmand, Adv. Synth. Catal. **351**, 207 (2009)

A. Singh, I. Ahamad, M. A. Quraishi, Arabian J. Chem. **9**, S1584 (2016)

J. Sinko, Prog. Org. Coat. **42**, 267 (2001)

F. G. Smith, Pigmentation of masonry coatings (Wiley, 1973)

V. Srivastava, J. Haque, C. Verma, J. Mol. Liq. **244**, 340 (2017)

J. Standish, H. Leidheiser, Corrosion **36**, 390 (1980)

J. Stratmann, R. Feser, A. Leng, Electrochim. Acta **39**, 1207 (1994)

B. S. Swaroop, S. N. Victoria, R. Manivannan, J. Taiwan Inst. Chem. Eng. **64**, 269 (2016)

Z. Z. Tasic, M. B. P. Mihajlovic, M. B. Radovanovic, A. T. Simonović, M. M. Antonijevi, J. Mol. Struct. **1159**, 46 (2018)

N. P. Tavandashti, S. Sanjabi, T. Shahrabi, Corros. Eng. Sci. Technol. **46**, 661 (2011)

S. M. Tawfik, J. Ind. Eng. Chem. **28**, 171 (2015)

S. M. Tawfik, A. A. Abd−Elaal, I. Aiad, Res. Chem. Intermed. **2**, 1101 (2016)

R. S. Treseder, B. P. Badrack, Corrosion' 97, Paper 41 (NACE, Houston, TX, 1997)

H. H. Uhlig, R. W. Revie, *Corrosion and Corrosion Control*, 4th edn. (Wiley, 2008)

S. A. Umoren, M. M. Solomon, I. I. Udosoro, A. P. Udoh, Cellulose **17**, 635 (2010)

S. A. Umoren, M. M. Solomon, I. B. Obot, R. K. Suleiman, J. Ind. Eng. Chem. **76**, 91 (2019)

S. A. Umoren, I. B. Obot, Z. M. Gasem, Ionics **21**, 1171 (2015)

R. S. Varma, Chem. Eng. **4**, 5866 (2016)

M. Vashishtha, M. Mishra, S. Undre, M. Singh, D. O. Shah, J. Mol. Catal. A: Chem. **396**, 143 (2015)

G. Vasyliev, V. Vorobiova, Mater. Today Proc. **6**, 178 (2019)

N. D. Vejar, M. A. Azocar, L. A. Tamay et al. , Int. J. Electrochem. Sci. **8**, 12062 (2013)

D. Wang, L. Gao, D. Zhang, D. Yang, H. Wang, T. Lin, Mater. Chem. Phys. **169**, 142 (2016)

B. Wessling, Adv. Mater. **6**, 226 (1994)

S. T. J. Wlodek, Electrochem. Soc. **108**, 177 (1961)

K. Xhanari, M. Finšgar, RSC Adv. **6**, 62833 (2016)

M. Yadav, L. Gope, N. Kumari, P. Yadav, J. Mol. Liq. **216**, 78 (2016)

M. Yasuda, N. Akao, N. Hara et al. , Electrochem. Soc. **150**, B481 (2003)

L. Yisi, S. Qian, L. Wenzhang, K. R. Adair, J. Li, X. Sun, Green. Energy Environ. **2**, 246 (2017)

A. D. Zapata−Lori, M. A. Pech−Canul, Chem. Eng. Commun **201**, 855 (2014)

D. Zhang, Q. Cai, L. X. Gao, K. Y. Lee, Corros. Sci. **50**, 3615 (2008a)

D. Zhang, Q. Cai, X. M. He, L. −X. Gao, G. −D. Zhou, Mater. Chem. Phys. **112**, 353 (2008b)

D. Q. Zhang, B. Xie, L. X. Gao, Q. −R. Cai, H. G. Joo, K. Y. Lee, Thin Solid Films **520**, 356 (2011)

T. Zhang, Z. Pan, H. Gao, J. Surfactant Deterg. **18**, 1003（2015）

Z. Zhang, N. Tian, W. Zhang, X. Huang, L. Ruan, L. Wu, Corros. Sci. **111**, 675（2016）

R. Zhang, J. Huo, Z. Peng, Q. Feng, J. Zhang, J. Wang, Colloids Surf. A Physicochem. Eng. Asp. **520**, 855（2017）

J. Zhao, G. Frankel, R. L. J. McCreery, Electrochem. Soc. **145**, 2258（1998）

M. L. Zheludkevich, S. K. Poznyak, L. M. Rodrigues, D. Raps, T. Hack, L. F. Dick, T. Nunes, M. G. S. Ferreira, Corros. Sci. **52**, 602（2010）

X. Zheng, M. Gong, Q. Li, Sci. Rep. **8**, 9140（2018）

第 2 章　石油和天然气设施中生物污垢的灾难战：影响、历史、涉及的微生物，防止生物污垢的杀菌剂和聚合物涂层

摘要：生物污垢可发生于许多领域，是一种长期存在但希望避免的现象。生物污垢是指微生物、藻类和无脊椎动物在人造表面寄生造成的有害影响。生物污垢主要分为两大类：微生物污垢和大型生物污垢。两者都对环境、卫生、工业和安全领域产生日益恶化的影响。通常，杀菌剂被用于对抗和处理生物污垢导致的破坏性后果，可分为氧化性杀菌剂和非氧化性杀菌剂。不过，由于这些化学合成杀菌剂的高毒性，有研究人员探索出了新的环保配方，仿生防污剂也在研究当中。人们从植物型生物材料、微藻和大型藻类、海藻、微生物和噬菌体中提取了不同的化合物，并证明了这些化合物具有抗生物污垢的作用。本章重点介绍了可能受到生物污垢影响的不同领域，如海洋、石油和天然气工业部门。本章还探讨了生物污垢的有害后果。此外，详细研究了生物污垢的类型、影响生物污垢现象的因素以及用于评价微生物腐蚀的常用分析技术。本章也强调了最近用于根除生物污垢的最新技术的研究趋势。

关键词：微生物污垢和大型生物污垢；硫酸盐还原菌；评估；防治；杀菌剂；绿色杀菌剂

2.1　引言

自人类制造船只并用它们旅行以来，人类就开始遭受生物污垢之苦，同时这也是对抗生物污垢的起点。1952 年，Anon 报道称，早在希腊和罗马文明时期，就有文献证实了使用铜或铅作为木船的外层保护层（Anon，1952）。生物污垢被定义为"由微生物和大型生物以及天然水中其他成分引起的生物生长并有害积累，导致工业设备和操作的性能及效率方面的下降"（Rao，2015）。生物或非生物成分对系统设备的表面或内部的破坏性附着是一种全球性现象（Mikhaylin and Bazinet，2016）。这种现象是不同领域（包括石油、天

然气、化学、医疗、制药、农业和食品领域）的研究人员和工作人员面临的一个巨大问题。由于水和被浸没表面之间的相互作用，微生物易于在其表面定植，促使生物污垢发生（Debiemme-Chouv and Cachet，2018）。许多结构都容易遭受生物污垢的影响，如船体、发动机、海洋平台及设备。海洋生物污垢是航行和海洋基础设施面临的一个巨大问题，它会加重海事结构疲劳、燃料消耗以及生物腐蚀（Telegdi et al，2017）。它也会造成灾难性后果和重大经济损失。根据 Townsin（2003）的说法，船体污垢导致航速下降了 10%。而且，所有受污染船舶的燃料消耗增加了约 40%，从而导致燃料消耗增高，其费用可能高达 200 亿欧元/年。此外，温室气体排放量也可能高达 2000 万 t/年。Railkin（2004）和 Jones（2009）报道称，因生物污垢，已损失了近 330 万桶石油。船舶、浮桥、浮标、海上结构、海水冷却系统、石油设施、水下电缆、水生仪器及平台都可能受到生物污垢侵袭。根据 Lebret 等（2009a）的研究，船舶水线及轮毂等高曝气率的部位受到生物污垢侵袭更严重。此外，Omran 等（2013）与 El-Gendy 等（2016）证明，生物污垢（即微生物污垢与大型生物污垢）会严重影响石油工业。细菌、酵母、真菌、微藻和无脊椎动物等微生物对人造表面的不良定植会对其表面产生致命的生物致劣。Yebra 等（2004）论证了生物污垢过程的几个步骤，从最初通过有机和无机分子对表面进行作用，到微生物的定植（微生物污垢），到最后大型生物的出现和生长（大型生物污垢）。在工业方面，生物污垢会影响热交换机及微孔滤膜，从而降低其效率。此外，饮用水系统也会受到微生物病原体的污染，还会发生摩擦损失和产出燃料污染。相应地，工作人员可能也会受到严重的伤害。此外，在医学方面，生物污垢会影响多种医疗植入物，如牙齿、骨科整形、隐形眼镜、导管和种植牙，导致诸如眼部和尿路感染、牙周疾病、牙龈炎和呼吸机相关性肺炎等致命后果。因此，生物污垢对人类健康、环境和世界经济都有着巨大的不利影响。

根除腐蚀和生物污垢仍然是研究人员与工程师面临的一个重大挑战。他们采用了不同的减缓策略，如使用油漆和涂层、腐蚀抑制剂和杀菌剂。应用杀菌剂是减缓生物污垢最实用的策略。若干文献将注意力集中在几个研究方面来解决该问题（Murthy et al，2005；Kaur et al，2009；Bautista et al，2016；Deyab，2018）。当一个工业系统（如运行中的工业装置）受到生物污垢时，紧急控制将变得难以实施且代价高昂。Clare（1998）证明采用某些方法，如不同结构和尺寸的遮蔽物、热处理和使用杀菌剂，有助于预防和控制生物污垢。此外，氯化是最有效的抗生物污垢方法之一，其有效性、低成本和可用性已得到证明。人们已用氯来控制黏液和大型污垢生物的生长。氯是一种氧化剂，可扩散并穿过微生物细胞壁，导致酶变性并阻止其进一步的代谢活动（Rao，2015）。此外，它对藤壶和贻贝有致命的影响，能抑制它们的生长。对于双壳类动物，氯会切断食物和氧气供应（Rajagopal，2012）。氯以气体形式添加在分配器装置中的冷凝部分之前和预冷凝器部分开始处，使余氯浓度达到 1.5~2mg/L（在偶尔使用时）或 0.5mg/L（在连续使用时），以控制藤壶幼虫和贻贝的积累繁殖。在大多数冷却系统中，氯化被认为是控制污染生物生长的主要方法（Rajagopal，2012）。除氯外，如二氧化氯、溴、氯化溴、臭氧以及有机杀菌剂等不同的杀菌剂也用于生物污垢控制（Petrucci，2005；Sweta et al，2013）。此类杀菌剂大多用于自抛光涂层、耗损涂料和金属嵌入聚丙烯酸酯中，以解决微生物污垢（Fathima et al，2017）。但值得注意的是，广谱杀菌剂如三丁基锡（TBT）、敌草隆、四羟甲基鏻磺酸钠、苄基三甲基氯化铵和甲醛、戊二醛等对水生动物和非目标底栖生物具有极高的毒性（Fitridge et al，2012）。化学杀菌剂的使用后果十分严重，以至于国际海事组织、欧盟生物杀灭剂法规（EU 528/2012）等大多数海洋监管机构已禁止其应用（Tralau et al，2015）。因此，当务之急是探索这些有毒化学物质更好的替代品——天然物质和纳米粒子（NP）的抗生物污垢特性（Carvalho et al，2017；Pugazhendhi et al，2018）。然而，由于对生态环境影响的重视，化学杀菌剂的使用水平已有所下降（Rao，2015）。重要的是需要一直牢记，使用一种特定的控制策略可能不会长期有效。因此，必须考虑到定期改变杀菌剂的类型和剂量。

2.2　生物污垢的定义和影响

自然界中存在大量微生物，并且无处不在（空气、土壤和水中）。生物污垢、生物致劣和生物腐蚀过程中涉及的微生物通常是极端微生物，意味着它们能够忍受极端条件，如温度、pH 值、压力和金属浓度的极端变化。

如前所述，腐蚀被定义为"通过化学或电化学反应导致的金属和合金的破坏或者恶化变质"。相反，微生物参与金属腐蚀被称为"生物腐蚀"，或者更加具体化地称为"微生物腐蚀"（Omran et al，2013）。微生物腐蚀或生物腐蚀可定义为"微生物引发、加速或促进阳极与/或阴极反应的电化学过程"。在微生物腐蚀过程中，微生物通常起到电化学催化剂的作用。微生物腐蚀可以在各种不同的条件（如有氧、缺氧、酸性、中性或碱性）下开始并持续发生。局部腐蚀可能是微生物腐蚀的结果，如脱合金腐蚀、点腐蚀、沉积腐蚀、裂隙腐蚀、电偶腐蚀、应力腐蚀和氢开裂。生物污垢是一个总称，指的是"微生物与大型生物在水（如海水）下结构的不利黏附和积累"（Liengen et al，2014）。微生物和大型生物牢固地附着在表面，形成污垢，即发生生物污垢。其中，微生物污垢是由细菌等微生物的附着引起的，其次是由真菌、藻类、海胆、贝壳等附着引起的大型生物污垢。根据美国防蚀工程师协会的数据，美国油气行业每年因生物污垢产生的花费高达 13.72 亿美元（Campbell，2017）。据评估，微生物腐蚀在所有内部腐蚀问题中占 40%～50%以上。在石油和天然气工业中，微生物的存在会导致许多问题，包括储层酸化、岩石孔隙堵塞并造成产量减少、地层损害以及形成降低流线和管道寿命的乳化液（Enzien et al，2011）。

生物污垢会对医疗、海洋和工业领域造成严重后果，导致健康风险、经济损失和环境危害。下面将列举生物污垢对医疗、海洋和工业领域的破坏性影响。

2.2.1　医疗领域

据估计，45%的医院感染与医疗器械上形成的生物膜有关。导管是最常用的医疗器械之一，非常容易出现感染（Chan and Wong，2010）。受生物污垢影响的医疗器械主要有两类：永久性器械和临时性器械（Bixler and Bhushan，2012）。一般来说，永久性器械在植入后计划长期使用（非一次性），而临时性器械仅用于短期使用（一次性）（Bixler and Bhushan，2012）。据报道，临床植入物如导尿管、气管导管或血管导管可导致患者感染。Bixler and Bhushan（2012）证明，感染也会通过呼吸机发生，引发呼吸机相关性肺炎。通常来说，外科手术中的置换物对治疗医疗设备引发的生物膜感染是不可避免的，而这反过来又可能导致抗体耐药性和死亡风险的增加。

例如，致病性耐甲氧西林金黄色葡萄球菌（MRSA）因耐甲氧西林而引起的感染是一种可怕的感染（Gajdács，2019）。使用抗生素来消除生物膜通常是无效的，并可能导致囊性纤维化等复杂的医疗状况。此外，生物植入物上的蛋白质污染可能导致血栓形成。固定植入物和骨板对于在灾难性伤害中遭受重度创伤的患者至关重要。而由于受污染的伤口周围存在金黄色葡萄球菌等微生物，此类医疗植入物很容易形成生物膜（Khatoon et al，2018）。值得注意的是，当这些植入物被感染时，不能再用抗生素治疗，必须加以更换。植牙可能是一个感染源，特别是在手术期间。牙菌斑生物膜由口腔中多种微生物组成，包括变形链球菌等多种细菌。蛀牙是由于牙齿、牙龈、舌头以及脸颊上的菌斑生长而产生的牙周病。唾液中的微生物侵袭牙釉质、牙种植体和牙骨质并生长繁殖。菌斑也可以在牙槽内产生，这里的微生物不易被唾液、咀嚼、刷牙和漱口等常见清洁方法去除。

2.2.2　海洋领域

海洋环境中的生物污垢最为明显。船舶、声纳设备、浮标、支架、海上基础设施、平台、石油设施、水下电缆、声学设备、海水冷却结构和码头通常都会受到生物污垢侵袭。当远洋船舶浸入海水中时，生物污垢就开始发生了。首先，细菌和单细胞微生物沉降并开始形成黏质层（Hakim et al，2019）。随后，释放出大量的化学分泌物，引起多细胞和大型污染生物的附着，从而导致生物污垢的发生。生物污垢增加船舶燃料消耗，进而导致 CO_2、SO_2 和 NO_x 等温室气体排放增多（Dobretsov，2009）。由生物污垢造成的大量温室气体排放会导致气候变化。而在环境安全方面，受污染的海事结构承载了形成生物污垢的各种微生物，当它们从一个地方转移到另一个地方时，可导致污染生物的侵入性传播（Hakim et al，2019）。

2.2.3　工业领域

从核电站到石油工业和食品生产，工业污染会对不同的工业部门造成严重后果（Somerscales and Knudsen，1981；Walker et al，2000；Chan and Wong，2010；Omran et al，2013、2018）。传热效率的降低以及高能耗的摩擦是生物污垢造成的影响之一（Richardson，1984）。在饮用水系统中，生物膜也可能含有有害的病原微生物。遗憾的是，大多数供水系统，甚至是不锈钢管道，都容易形成生物膜（Lebret et al，2009b）。而在油气作业中，由于受到微生物腐蚀的影响，管道经常发生故障。据估计，超过 40%~50% 的此类故障是由微生物引发的。在炼油厂、管道系统、气体分馏装置以及储存终端等油气处理设施中，同样发现存在微生物腐蚀。而由此释放的 H_2S 会导致原油酸化。

2.3　微生物污垢

由活体微生物与大型生物存在带来的研究困难，使微生物污垢或微生物腐蚀成为腐蚀科学与工程中一个极其神秘的问题（Telegdi et al，2017）。这预示了微生物可能是导致金属以及合金材料恶化变质的原因。值得注意的是，此过程中必须有水存在，即使水的含量非常低（Little and Lee，2014）。

Borenstein（1994）将微生物腐蚀定义为"当微生物或其代谢物存在时，发生的导致金属恶化变质的腐蚀过程"（Brondel et al，1994）。根据 Mahat 等（2012）的研究，微生物腐蚀在许多行业中都是一个严重的问题，如化工加工、航空、石化、石油、天然气、核电、供水、冷却水系统、储存和地下储罐、船舶、医疗设备、铁路系统以及核废料的储存设施。微生物腐蚀是石油行业油气管道故障的重要原因之一。尽管在正常情况下的腐蚀与微生物腐蚀难以区分，但一些研究者称，20%的管道腐蚀主要由微生物腐蚀引起（Flemming，1996；Beech and Gaylarde，1989；Li et al，2018）。在埃及，石油工业因微生物腐蚀而遭受损失。Ateya 等（2008）报道称，苏伊士海湾石油公司（GUPCO）每年需花费 100 多万美元解决微生物腐蚀问题，这主要归咎于在注入生产井以提高石油采收率的处理海水中发现的微生物。为了确定腐蚀是否由微生物引起，必须考虑到各种情况（Lutey，1995），包括：

（1）点腐蚀是微生物腐蚀中最典型的形式；

（2）存在黏液；

（3）存在硫化氢（H_2S）；

（4）存在真菌和/或细菌种群。

为了更好地理解微生物腐蚀及其对管道、储罐、储层和金属结构的影响，有必要确定引起微生物腐蚀的微生物、它们的类型及其对金属的有害影响。正如前面提到，微生物腐蚀存在已久，但微生物及其代谢物、胞外聚合物（EPS）的参与和侵蚀性对金属等材料的影响是极其剧烈的。一些代谢物（有机酸、硫化物）的存在会与 EPS 共同作用，引起局部腐蚀。严重的生物腐蚀通常伴随有多种微生物存在，它们包括产甲烷菌、硫氧化菌、产酸菌、铁氧化菌、铁还原菌、锰氧化菌以及硫酸盐还原菌。

2.3.1 微生物腐蚀的研究历史

直到 19 世纪末，人们才开始研究微生物在腐蚀中的作用。Garret（1891）首次提出微生物可能导致和参与腐蚀。Garret 认为细菌代谢物与铅电缆的相互作用导致了腐蚀的发生。1910 年，Gaines 将微生物活性可能造成的破坏性与作为腐蚀产物的硫关联到一起（Gaines，1910）。微生物腐蚀现象最早出现在美国 Castgill 水渠。1934 年，von Wolzogen Kuhr 和 va der Flugt 提出了"阴极去极化理论"（CDT），该理论解释了微生物腐蚀的电化学反应。此后，从 1934 年到 20 世纪 60 年代，许多实际案例的调查报告都证实细菌参与了腐蚀的发生（Videla and Herrera，2015）。在 20 世纪 60 年代和 70 年代初，科学家们将腐蚀研究的重点放在了微生物腐蚀上（Javaherdashti，2008）。在此期间，基于电化学技术的各种实验（如极化测量）被用于研究微生物腐蚀。到 20 世纪 80 年代，得益于冶金学、材料学、微生物学与化学等不同学科之间的共同配合，研究取得了重大进展。到了 20 世纪 90 年代，一些新技术使得研究人员能够监测细菌黏附在受影响金属表面的情况。然而，主要的研究还是起始于 20 世纪中叶，自那时起确定了微生物腐蚀的真实存在。

2.3.2　生物/好氧型微生物腐蚀相关的机制和微生物

由于好氧环境中不同微生物群落的代谢活性，好氧微生物腐蚀包括不同的复杂化学过程和微生物过程。顾名思义，好氧微生物消耗氧气并产生代谢副产物，作为厌氧菌的营养物质，从而产生厌氧生态位。已知铁具有两种氧化态，即亚铁（Fe^{+2}）和三价铁（Fe^{+3}）（Gu et al，2018）。当有分子氧（O_2）时，它有助于金属铁（Fe）的氧化。微生物菌群下方的金属区域充当阳极，而远离菌群且氧浓度相对较高的区域充当阴极。随后，电子开始从阳极流向引发腐蚀的阴极，从而导致铁的溶解。根据存在细菌的类型与化学反应的性质，游离的金属离子会生成氢氧化亚铁、氢氧化铁以及其他含铁矿物。阳极和阴极之间的距离受周围电解质的影响。此外，金属基质中的污染物和杂质会在初始阶段形成差异电池并加速电化学反应，进而加速腐蚀（Gu et al，2018）。在有氧条件下，腐蚀产物形成"结节"，这是最具侵蚀性的腐蚀形式之一。其原因可能是在材料表面形成了氧浓差电池。结节由内、中、外三层组成，通常内层是绿色的，多含有氢氧化亚铁（$Fe(OH)_2$），而外层则含有橙色的氢氧化铁（$Fe(OH)_3$）。在这两层之间，磁铁矿（Fe_3O_4）形成一个黑色层（Lee et al，1995）。整个反应参考式（2.1）~式（2.3）：

$$Fe^0 \longrightarrow Fe^{+2} + 2e^- （阳极） \tag{2.1}$$

$$O_2 + 2H_2O + 4e^- \longrightarrow 4OH^- （阴极） \tag{2.2}$$

$$2Fe^{2+} + 4OH^- + \frac{1}{2}O_2 + H_2O \longrightarrow 2Fe(OH)_3 （结节） \tag{2.3}$$

好氧微生物腐蚀涉及不同类型的微生物，包括以下几种。

2.3.2.1　硫氧化菌

硫氧化菌（SOB）是一种好氧、光合营养/化能无机营养细菌，它有助于硫化物的生物氧化。光合自养型 SOB 依靠光能进行新陈代谢。而化能无机营养型 SOB 通过氧化反应获得能量，在该反应中氧（氧化微生物）、亚硝酸盐或硝酸盐（无氧微生物）充当电子受体。根据 Janssen et al（1998）的研究，SOB 的特点是硫化物氧化率高、营养要求低以及对氧和硫化物的亲和力极高。因此，这些特性使它们能够有效地与自然环境和生物反应器中硫化物的化学氧化相竞争。SOB 将 H_2S 氧化为单质硫，同时 CO_2 被还原并与有机化合物结合。所需的光能强度主要取决于硫化物浓度，可通过 van Niel 曲线（Cork et al, 1985）表示。该曲线反映了将硫化物氧化为单质硫所需的光能强度。在一定的光照强度下，当硫化物浓度较高时，会在光反应器内积累；反之，当硫化物浓度低于某个值时，则会被氧化成硫酸盐。这些细菌的氢源通常是硫化氢或氢分子。光合自养型 SOB 可分为绿色硫氧化菌（GSOB）和紫色硫氧化菌（PSOB）（Pokorna and Zabranska, 2015），两者都依赖光和 CO_2 来形成新的细胞物质，以及诸如铵盐、硫酸盐、磷酸盐或氯化物之类的无机营养物质。GSOB 将硫化物氧化为单质硫，再生成硫酸盐。值得一提的是，GSOB 可在极低光照强度和缺氧条件下发挥作用，但无法在黑暗中增殖。GSOB 包括若干属，如绿爬菌属、绿菌属、暗网菌属、突柄绿菌属以及臂绿菌属。相对地，PSOB 包括着色菌属、等着色菌属、硫红球菌属、硫碱球菌属、硫囊菌属、硫球菌属以及硫螺菌属。反应生成的硫以圆形颗粒储存在细胞中，随后发生氧化，生成的硫酸盐从细胞中释放出来。PSOB 能够消耗有机化合物，因此被认为是兼性光合自养型细菌。此外，如硫红螺旋菌属、外硫红螺菌属以及盐红螺菌属等 SOB 能够在细胞外产生硫。

化能自养型 SOB 没有颜色，以 CO_2 为碳源组成新的细胞物质。它们是革兰氏阴性菌，最适宜生长温度为 4~90℃，pH 值为 1~9。根据 Cattaneo 等（2003）的研究，化能自养型 SOB 依赖于无机硫化合物（如单质硫、硫代硫酸盐、硫化氢或亚硫酸盐）还原产生的能量，而在某些情况下，它们也能够利用有机硫化合物（如二甲基硫醚、甲烷硫醇或二甲基二硫醚）。化能自养型 SOB 由两个不同的簇组成：细小短棒状的硫杆菌属（脱氮硫杆菌、排硫硫杆菌或氧化硫硫杆菌）以及长丝状的硫发菌属和贝氏硫菌属。这类长丝状细菌将 H_2S 氧化为 S^0，然后储存在细胞内，随后可氧化成硫酸盐。硫杆菌属是 SOB 中被研究最多的属，它在不同 pH 值下的生长情况如表 2.1 所列。据 Pokorna 与 Zabranska（2015）报道，硫杆菌属可造成混凝土下水道生物致劣，因为细菌分泌的硫酸和亚硫酸对混凝土具有极大的破坏作用。

表 2.1　硫杆菌属的 pH 值范围

硫 杆 菌 属	pH 值范围
氧化硫硫杆菌	2.0~3.5
氧化亚铁硫杆菌	1.3~4.5
脱氮硫杆菌、新型硫杆菌	6~8
排硫硫杆菌	5~9（最佳为 7.5）

2.3.2.2　锰氧化菌与铁氧化菌

铁氧化菌（IOB）与锰氧化菌（MOB）是好氧菌群落，它们分别通过氧化利用亚铁离子和/或锰离子，通常生成铁盐沉淀（棕色）和/或锰盐沉淀（粉红色）及其氢氧化物。据推测，这种氢氧化物会使钝化金属的腐蚀电位向惰性方向移动，导致腐蚀电位增加（Chan et al, 2011）。球衣菌属、披毛菌属、泉发菌属以及纤发菌属是 IOB 中最常见的属（Ehrlich, 1996）。由于亚铁离子被氧化成铁离子，IOB 和 MOB 都能产生高侵蚀性的氯化铁。Telegdi 等（2017）证明，不锈钢和碳钢是最容易受到 IOB 和 MOB 严重侵袭的金属结构。

Kielemoes 等（2002）证明了根特－特尔纽曾（Ghent-Terneuzen）运河的淡盐河水中存在不同的微生物群落，它们参与了生物膜的形成和生物腐蚀。显微和变性梯度凝胶电泳（DGGE）分析表明，该水存在金属沉积的纤毛菌属锰氧化菌。研究人员使用 316L 不锈钢作为实验材料，采用流动/停滞/流动交替模式，在含盐水表面的中试规模系统中研究生物膜的形成。通过对生物膜的化学鉴定，发现了大量的铁和锰。而 DGGE 结果表明，在生物膜内铁锰氧化物的沉积和积累过程中存在微生物。2004 年，Chamritski 等探究了 IOB 对不锈钢的作用情况。选用的不锈钢（SS）类型为 UNS S30403，并将其置于新西兰的天然泉水中。结果表明，最大开路电位超过 $200mV_{SCE}$，非常接近于微生物影响下的电位正移量。同时，在 UNS S30403 SS 表面形成了生物膜，表明有 α-FeOOH、γ-FeOOH 以及 Fe_3O_4 或 γ-Fe_2O_3 混合物的存在。他们强调，UNS S30403 SS 不是只受到由铁氧化菌一种微生物引起的微生物腐蚀。他们称可能有其他类型的细菌参与其中，如 MOB。

2.3.2.3　黏液形成菌

黏液形成菌中最常见的是假单胞菌属、大肠杆菌属、黄杆菌属、气杆菌属和芽孢杆菌属（Borenstein, 1994）。有氧与无氧环境中均存在黏液形成物，它们通过在金属表面产生黏液层而引起微生物腐蚀，浓厚的黏液也促进了厌氧菌生存的厌氧环境的产生。假单胞菌属是工业用水系统中最常见的细菌种类。假单胞菌属，尤其是荧光假单胞菌和铜绿假单胞菌，可产生大量有助于其黏附的胞外多糖，进而导致细菌在金属表面的定植。铜绿假单胞菌是革兰氏阴性能动杆菌，在自然界分布广泛（Mansouri et al, 2012）。铜绿假单胞菌是引起水生环境中钢表面的微生物腐蚀的一种主要微生物。San 等（2014）证明，假单胞菌属通常参与腐蚀过程，并被认为是生物膜形成过程中最早定植的。Mahat 等（2012）则报道称，铜绿假单胞菌有增加软钢和金属合金在水环境中腐蚀速率的趋势。

在最近的一项研究中，Khan 等（2019）研究了海洋好氧细菌铜绿假单胞菌对纯钛造成的强腐蚀和严重恶化变质效果。结果表明，由铜绿假单胞菌产生的生物膜加速了生物腐蚀。电化学测试被用于检测铜绿假单胞菌对钛的腐蚀作用，极化曲线显示腐蚀电流密度 i_{corr} 增加，EIS 显示电荷转移电阻 R_{ct} 降低。此外，利用 SEM、共聚焦激光扫描显微镜（CLSM）和 XPS 对钛的表面进行研究，结果表明，钛易受微生物腐蚀，且由于点腐蚀的出现而无法免受其害。Ti_2O_3 氧化膜的形成使腐蚀加速。Ti_2O_3 氧化膜是一种不稳定的氧化物，会导致钝化膜产生缺陷，从而引起局部点腐蚀。

2.3.2.4 产酸菌

产酸菌（APB）可分泌有机酸（如丁酸和乙酸）以及无机酸（如被认为是最具腐蚀性的代谢物之一的硫酸）（Xu et al, 2016）。有机酸是非常弱的酸，但腐蚀性很强，因为有机酸往往具有缓冲能力，可提供更多的质子（Kryachko and Hemmingsen, 2017）。此外，它们产生的脂肪酸主要被硫酸盐还原菌消耗，以支持它们的生长。而酸的产生会导致周围环境的 pH 值下降，这就解释了为什么生物膜下方区域的 pH 值会比液流主体部分的 pH 值低得多。质子攻击在热力学上是可发生的，尤其是与铁氧化结合时。

在这种情况下，浮游细胞会通过产生质子来维持酸性环境，进而引起腐蚀。由于酸是厌氧发酵的常见产物，因此 APB 在缺氧情况下会变成发酵菌。好氧 APB 包括嗜酸硫杆菌等属，通常由于自养生长而造成生物浸出。它们可使 pH 值降低至 1（Gu et al, 2018）。Dong 等（2018）报道称，喜温嗜酸硫杆菌造成了优质不锈钢的严重腐蚀。因此，必须采取预防措施，以防止 APB 对不锈钢壁的腐蚀。

2.3.2.5 真菌

真菌是一种大量存在于世界各地的真核微生物。真菌细胞比细菌细胞大得多，并且以致密团簇的形式生长。丝状真菌在自然界中是好氧的，并参与生物致劣，却少有真菌及其在微生物腐蚀中作用的相关报道。真菌能够产生有机酸，从而导致周围环境的 pH 值降低。众所周知，它所产生的柠檬酸等有机酸能够导致微生物腐蚀。这些有机酸可使管道破裂或腐蚀，或作为营养物质来支持如硫酸盐还原菌等其他微生物的生长。因此，金属会受到酸腐蚀的直接影响。另外，在缺氧真菌群落覆盖的金属区域和不存在真菌的区域会产生氧浓差电池，该电化学电池导致真菌覆盖区域下方的金属溶蚀。当硫酸盐还原菌等厌氧微生物在真菌簇下的缺氧区中繁殖时，会发生更复杂的情况。因此，金属会在酸腐蚀和硫化物腐蚀的共同作用下退化（Usher et al, 2014）。引起生物腐蚀的真菌包括镰刀菌、青霉菌与黑曲霉菌。但迄今为止，树脂枝孢霉是最令人棘手的真菌属，给工程系统带来了严重的问题。目前它被归类

为树脂枝孢霉，其产生的孢子可耐受极端环境因素。树脂枝孢霉给燃料储罐
与飞机的铝制燃料箱带来严重问题。值得注意的是，棕色的树脂枝孢霉黏液
团覆盖了大面积的铝合金，其产生的有机酸导致点腐蚀和晶间腐蚀（Stott and
Abdullah，2018）。根据 Cojocaru 等（2016）和 Lugauskas 等（2016）的研究，
真菌参与了碳钢、铜、铝和不锈钢等多种金属的微生物腐蚀。Qu 等（2015）
报道称，黑曲霉菌是镁合金中微生物型点腐蚀的原因。

2.3.2.6 古细菌

古细菌同细菌一样，缺少膜结合细胞器和细胞核（Gupta，1998）。不
同的是，古细菌的细胞壁没有肽聚糖（Willey et al，2009）。一些古细菌
是硫酸盐或硝酸盐的还原菌（Li et al，2016），一些是产甲烷菌（Thauer
et al，2008）。

2.3.3 非生物/厌氧型微生物腐蚀相关的机制和微生物

地下结构和管道非常容易受到由不同的厌氧微生物种群引起的生物腐蚀，
这些厌氧微生物有以下几种。

2.3.3.1 硫酸盐还原菌

有些细菌可通过氧化有机化合物或氢（H_2），或通过还原硫酸盐（SO_4^{2-}）
为 H_2S 获得生长所需的能量，这类细菌统称为硫酸盐还原菌（SRB）。常见的
大多数种类是嗜中温的，在 20~30℃ 之间生长，但也可以在 50~60℃ 下生存。
大多数 SRB 更适应于中性环境，而在 pH 值低于 5 的酸性中或在 pH 值高于 9
的碱性中时，其生长通常受到抑制。属于 SRB 类型的微生物分为四个子类：
变形菌门（脱硫弧菌目、脱硫杆菌目、互营杆菌目）、厚壁菌门、热脱硫杆菌
门以及古细菌。SRB 的分类基本上是在 20 世纪 60 年代建立的，根据细胞形
态和孢子形成能力划分。虽然 SRB 是一组具有不同细胞形态（如杆状、球状、
弧菌状、椭圆状、丝状和细胞聚集体）类型的原核生物，但这些细菌最初根
据形态分为两个主要属：棒状孢子形成的脱硫肠状菌属和弧菌状非孢子形成
的脱硫弧菌属。后来发现了其他属，如脱硫菌属、脱硫杆菌属、脱硫鼠孢菌
属、脱硫叠球菌属、脱硫球菌属、脱硫芽孢弯曲菌属以及脱硫线菌属。

SRB 在淡水和海水沉积物、油井内部以及地下管道内部等自然环境中大
量存在。SRB 存在于石油生产设施中，在没有空气的情况下引起铁的腐蚀，
造成严重的经济损失。SRB 被认为是厌氧微生物腐蚀的关键因素，特别是在
海水等硫酸盐浓度较高的环境中。在天然气、石油和航运领域中，SRB 是涉
及钢铁和其他金属腐蚀的所有微生物中最令人棘手的一类。由于 SRB 的存在，

会产生酸化过程中的油层酸化、二次采油和油层堵塞等毁灭性后果（Korenblum et al，2013）。

根据 Walch（1992）的研究，超过 75% 的生产油井的生物腐蚀和超过 50% 的埋地管道的失效都与 SRB 的硫酸盐还原活性相关。Wang 等（2017）报道称，SRB 的存在促进了 X80 管线钢应力腐蚀开裂（SCC）的发生。据观察，SRB 在生长的第 8 天达到了约 1.42×10^3 个细胞/g 的最大值，此时的腐蚀现象极为严重。

关于 SRB 的侵蚀性腐蚀作用，已提出了许多理论，包括 VonWolzogenKuhr 和 VanderVlugt（1934）的经典理论。von Wolzogen Kuehr 和 van der Vlugt（1934）提出了 SRB 在微生物腐蚀中的作用机理。该理论表明，阴极去极化是通过阴极氢的氧化发生的。当金属受到水的作用时，会因失去金属阳离子（阳极反应）而极化。水产生的质子会在缺氧情况下被电子还原（阴极反应），从而生成 H_2S。SRB 正是利用形成的氢，导致了铁的氧化。这种机理促进了阳极金属的溶解，进而形成硫化铁（FeS）和氢氧化亚铁（Fe(OH)$_2$）等腐蚀副产物。根据这一理论，细菌可分泌一种氢化酶并消耗阴极氢。因此，SRB 对金属表面腐蚀的主要影响是去除了金属表面的氢。

还有其他的理论，如硫化亚铁膜与该膜下的钢之间的电偶腐蚀（Stümper，1923）。King 和 Miller 于 1971 年提出，氢化酶与生成的硫化铁可能会同时发挥作用（King and Miller，1971）。Iverson（2001）认为磷代谢物的存在可能导致严重的微生物腐蚀。SRB 的电化学反应包括在阳极和阴极位点的反应（式（2.4）~式（2.10））。在阳极位点，铁转化为从表面分离的亚铁离子（Fe^{2+}），而电子（e^-）不受束缚并移动到阴极。由于铁离子颗粒在阳极的脱离，形成了一个凹坑。这些（Fe^{2+}）与 SRB 产生的硫化物（S^{2-}）反应生成硫化亚铁（FeS）。在阴极，电子向表面移动，并与氢离子（H^+）反应形成氢气（H_2）。氢离子使生物膜内的 pH 值向酸性状态变化。氢氧根离子则与亚铁离子反应生成氢氧化亚铁（Fe(OH)$_2$），或者铁锈（图 2.1）。

阳极：

$$4Fe \longrightarrow 4Fe^{2+} + 8e^- \qquad (2.4)$$

$$8H^+ + 8e^- \longrightarrow 8H \qquad (2.5)$$

阴极去极化：

$$SO_4^{2-} + 8H \longrightarrow S^{2-} + 4H_2O \qquad (2.6)$$

水的电离：

$$8H_2O \longrightarrow 8H^+ + 8OH^- \qquad (2.7)$$

腐蚀产物：

$$Fe^{2+}+S^{2-}\longrightarrow FeS \tag{2.8}$$

$$3Fe^{2+}+6OH^{-}\longrightarrow 3Fe(OH)_2 \tag{2.9}$$

整体腐蚀反应：

$$4Fe+SO_4^{2-}+4H_2O\longrightarrow FeS+3Fe(OH)_2+2OH^{-} \tag{2.10}$$

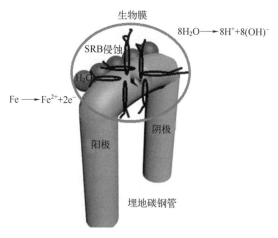

图 2.1　SRB 对埋地管道的侵蚀示意图

2.3.3.2　硝酸盐还原菌

为减轻油田中由于存在 SRB 而产生硫化物的负面作用，常用策略是向注入油田的水中添加硝酸盐（Suri et al，2017）。挥发性脂肪酸，乙酸、丁酸、丙酸和低分子量烃类（如烷基苯）的混合物是用于硝酸盐还原菌（NRB）还原硝酸盐的首选石油有机物（Fida et al，2016）。NRB 也称为反硝化菌，是厌氧微生物群落的重要成员。它们是一类可将硝酸盐或亚硝酸盐还原为含氮气体的细菌。最近，人们认识到，NRB 同 SRB 一样在微生物腐蚀中起了很大作用（Wan et al，2018）。Xu 等（2013）在 7 天的实验测试中发现，碳钢上的地衣芽孢杆菌生物膜比含硫酸盐还原菌普通脱硫弧菌的生物膜更具腐蚀性。因此，应小心监测硝酸盐的注入，以免其进入管道。

Al-Nabulsi 等（2015）进行了一项研究，揭示了在使用未处理海水的不同消防栓中检测到的过早开裂失效的主要原因。研究通过定量聚合酶链反应（qPCR）检测不合格材料的微生物多样性，利用扫描电子显微镜结合 X 射线能量色散谱（EDS）分析其腐蚀机理。qPCR 数据显示，主要的微生物群落是NRB，SRB 等其他引起腐蚀的微生物数量较少。同时，检测到两种不同的失效模式，分别是应力腐蚀开裂和选择性浸出（脱锌）。SEM 观察结果表明，晶间腐蚀的形成对晶界有优先侵蚀作用。EDS 则表明断口表面锌已耗尽。铜合金 C86300 的开裂是由 NRB 代谢活动产生的氨所致。

Etiquea 与其合作者在另一项研究中证明了 NRB 的作用（Etique et al，2018）。该研究的主要目的是探究产气肠杆菌（NRB 的代表）对碳钢试片的腐蚀作用。首先，在三种不同条件下通过阳极极化产生腐蚀双层，这三种条件包括：①0.05mol/L NaCl + 0.5mol/L NaHCO$_3$，200μA/cm^2，25℃下反应72h；②0.01mol/L NaCl + 0.01mol/L NaHCO$_3$，50μA/cm^2，80℃下反应168h；③0.05mol/L NaCl + 0.1mol/L NaHCO$_3$，500μA/cm^2，80℃下反应72h。拉曼光谱仪、X 射线衍射和 SEM/EDS 分析表明，形成了主要由外层为菱铁矿与内层为磁铁矿组成的双层结构。一旦这些腐蚀双层形成，就将碳钢试片与产气肠杆菌在厌氧条件下培养三周。结果表明，通过产气肠杆菌还原硫酸盐生成硫化物，磁铁矿内层间接转变为马基诺矿（和硫复铁矿）。产气肠杆菌将硫酸盐还原为硫化物，以满足其在硫化胺中的需要。Yuk 等（2020）从油田水中分离出 NRB，并鉴定为海杆菌 YB03。YB03 的碳源和电子供体一般为甲苯、间二甲苯、对二甲苯及挥发性脂肪酸（VFA）。研究发现海杆菌 YB03 可促进酸化和腐蚀，在第 90 天发现点腐蚀。

2.4 大型生物污垢

大型生物污垢被称为"由微生物污垢发展引起的大型生物沉积和生长"（Jakob et al，2008；Shan et al，2011）。与微生物污垢一样，大型生物污垢也引起了人们的广泛关注，受其影响最严重的是船舶、仪器、海洋结构和海洋设备（Omran et al，2013）。大型积垢生物的类型很多，横跨植物界到动物界，通常分为"软"积垢生物和"硬"积垢生物。硬积垢生物的特征是具有贝壳或钙质管，如钙质藻类、藤壶、贻贝、牡蛎、结壳海绵和管状蠕虫（Omran et al，2013），这种外壳有助于保护身体内部。相反，软积垢生物没有这种保护，它们包括苔藓虫、海绵、海藻、软珊瑚和海葵。

通常可在水深 20m 处发现贻贝，藤壶通常存在于 60~210m 的水深范围内，而水螅、藻类和海葵则存在于较大的深度范围内。这类大型积垢生物有时可达到非常大的尺寸。苔藓虫是一种大型生物污垢生物。总合草苔虫等苔藓虫的栖息地十分灵活，成年后会释放出有性繁殖的幼虫。这些幼虫会寻找新的栖息地并通过无性出芽形成新的群体（Mihm et al，1981）。幼虫在选择合适的基底后开始附着。之后，它们分泌出富含黏多糖（黏蛋白）的生物黏附物质（Loeb and Walker，1977）。除干净的表面外，总合草苔虫的幼虫更喜欢附着于潮下区域和含有生物膜的基底（Dahms et al，2004；Dobretsov et al，2006）。

　　生物污垢发生的过程如图 2.2 所示。首先，沉降于表面的主要定植者是各种微生物，如细菌（硫杆菌属、假单胞菌属和脱硫弧菌属等）和微藻（颤藻属和舟形藻属等）。它们是开拓型微生物，未受保护的表面浸泡不到数小时，即可在其表面生存。由于金属表面、微生物细胞、微生物代谢产物和非生物腐蚀产物之间的协同作用，这些微生物与生物腐蚀/微生物污垢直接相关。其中，微生物代谢产物包括氨、硫化氢、无机酸和有机酸等挥发性化合物。第二批定植者包括大型藻类和原生动物的孢子。人造结构的环境和机械特定破坏通常与藻类污垢有关。第三批定植者是坚硬的大型生物污垢物，在 2~3 周后可沉积在表面上。它们种类繁多，主要有软体动物（贻贝、蛤、腹足类等）、藤壶、苔藓虫、鞭毛类、多毛、水生动物和海鞘。它们是导致"大型生物污垢"发生的主要生物。

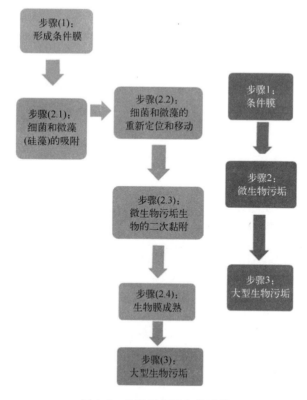

图 2.2　生物污垢发生的过程

2.5　生物污垢发生过程的影响因素

生物污垢的发生是表 2.2 中所讨论的一些化学和物理参数共同作用的最终结果。

表 2.2　生物污垢发生过程的影响因素

因　　素	影　　响
地理位置	在热带地区，由于海水温暖，更有利于生物污垢发生，且强度更大，从而引起持续繁殖
季节与温度	季节和温度在积垢过程中起着至关重要的作用。值得注意的是，产卵和积垢的增长主要发生在 4 月至 9 月。随着温度升高，群落的生长速率普遍增加。而在冬季的温和与寒冷海水中，一些软质海洋物种会死亡，但某些物种会适应环境因素并存活下来
水流与潮汐状况	水流有助于为生物体提供大量的氧气和营养物质。一些生物的定植和生长十分依赖于水流。例如，藻类会受到暴露于水波程度的影响
水的盐度	海水的总盐度约为 35%，而河流中盐度约为 10%。例如，蠕虫等一些生物对多种盐度（2%~40%）具有相当的耐受性
光照	植物系统受光照影响很大。例如，藻类需避免极端光照，故通常生长在水面以下 10~20m 的深度。然而，水体浑浊度以及天然有机物、浮游生物的存在或人类活动都会影响光照强度

2.6　易受生物污垢影响的金属

目前，尚不存在能够完全抵抗生物污垢和生物膜形成的金属。下面列出了一些可能受到生物污垢影响的金属和合金。

2.6.1　铜及铜合金

一直以来人们都认为铜及铜合金对微生物有毒性，因此不易受到微生物腐蚀（Stott and Abdullahi，2018）。然而，遗憾的是事实并非如此。铜及铜合金经常用于水泵、热交换器、冷凝器和阀门。微生物与微生物腐蚀产生的细胞外代谢产物，通过选择性溶解、差异充气、点腐蚀和应力开裂等方式腐蚀铜基合金。例如，SRB 在铜合金上产生富含硫化物的水垢，从而导致结节的形成。嗜酸硫杆菌属对铜离子有很强的耐受性。值得一提的是，由引起微生物腐蚀的细菌产生的氨会导致许多铜合金的应力腐蚀开裂。人们还注意到，有些发生点腐蚀的热交换器管是由铜镍组成的，特别是在海洋环境中容易出现此种情况。此类故障多是由 SRB 产生的生物硫化物造成的。铜镍合金很容易受到微生物（SRB 生成的硫化物）腐蚀。自 20 世纪 80 年代以来，Campbell 等在铜管中观察到一种独特的局部腐蚀类型（Campbell et al，1993）。这种现象首先在英国、德国、瑞典和中东报道，大多伴随有来自微生物的、主要由多糖组成的胶状薄膜存在。研究表明这种铜腐蚀现象与生物膜的存在有关，这些生物膜包含由好氧异养细菌分泌的胞外聚合物，而这些细菌大多属于假单胞菌属、鞘氨醇单胞菌属或食酸菌属（Critchlay et al，2004）。

2.6.2　碳钢

据报道，碳钢易受由 SRB 引起的厌氧微生物腐蚀（El-Gendy et al，2016）。Videla（1988）用生物电化学原理解释了碳钢在厌氧环境中的生物腐蚀行为。所产生的生物硫化物与非生物硫化物一样，会破坏碳钢的钝性。另外，中性介质中硫离子的存在会导致马基诺矿表面弱保护膜的形成；发生在阳极钝化膜上的破坏被认为是腐蚀的第一阶段。因此，SRB 可以通过释放侵蚀性物质（如硫化物、硫化氢或二硫化物）或其他中间代谢化合物（如硫代硫酸盐和连多硫酸盐）来间接发挥作用。

2.6.3　不锈钢

不锈钢广泛用于在淡水和海水环境中建造核电站。研究表明，IOB、MOB 以及锰沉积菌对不锈钢具有潜在的腐蚀作用，通常以点腐蚀的形式发生，并出现在焊接处附近区域。此外，SRB 也对不锈钢以及双相钢、钼钢等超级不锈钢具有一定的腐蚀作用。

2.6.4　铝基与镍基合金

铝及铝合金表面的保护性氧化膜会被微生物破坏。用于飞机和燃料箱的铝、2024 和 7075 合金很容易受到微生物腐蚀。细菌和真菌产生的水溶性有机/无机酸会导致铝合金的点腐蚀和晶间腐蚀。用于海洋应用的铝镁（5000 系列）合金会因生物污垢而发生点腐蚀、晶间腐蚀、剥落和应力腐蚀。由铝及铝合金制成的飞机油箱和海水基础设施会受到假单胞菌、纤毛菌、SRB 和真菌等微生物的侵蚀。其中真菌是树脂枝孢霉，生长在石油产品、煤油或石蜡上，并将其作为唯一的碳源，形成粉棕色的菌落。燃油箱，尤其是地面飞机的燃油箱，受真菌和细菌生长的影响严重。例如，从飞机油箱污泥中分离出了以下微生物：铜绿假单胞菌、产气杆菌、梭菌属、芽孢杆菌属、脱硫弧菌属、镰刀菌属、曲霉属、枝孢霉属和青霉属。微生物的黏附以及与真菌产生的有机酸的相互作用可以降低铝合金的点腐蚀电位。

2.6.5 钛基合金

钛及钛合金以其优异的机械强度和高化学稳定性而著称（Yan et al, 2018）。另外，钛具有重量轻的特点，非常适合于海水工程应用的建筑材料。例如，钛已被用于海洋工业（如紧固件）、海上石油化学工业（如烃类提取装置）、海水淡化厂（如热交换器）和海水冷却发电厂（如冷却系统）（Wake et al, 2006）。虽然钛具有很强的耐腐蚀性，但同样易遭受生物污垢。由 SRB 和 APB 组成的生物膜会产生差异充气电池，导致钛及钛合金的点腐蚀（Rao et al, 2005）。此外，海洋环境中的钛基合金易受 MOB、IOB 以及 SRB 形成生物膜的影响。Zhang 等（2015）研究了在高湿度大气环境中，接触宛氏拟青霉和黑曲霉的 304 不锈钢和钛在 28 天和 60 天的抗腐蚀表现。通过扫描开尔文探针（SKP）和立体显微镜对腐蚀行为进行分析，发现真菌的存在降低了 304 不锈钢和钛的耐腐蚀性。另外，由于真菌在钛表面的黏附性较差，因此钛比 304 不锈钢更耐腐蚀。

2.7 评估微生物腐蚀的分析技术和工具

微生物腐蚀是一个十分复杂的过程。如今可通过一些现代分析方法和技术来评估和研究生物腐蚀。

2.7.1 微生物分析

在油气行业中，最大或然数（MPN）是微生物生长评估的首选技术（Skovhus et al, 2017）。MPN 是最流行的培养技术之一，需设置多个不同培养基，用于检测引起微生物腐蚀的微生物。它成本不高，在工业中也得到很好的应用。该方法的缺点之一是可能需要 24h 至几周的培养时间，这取决于被测样品的种类和初始浓度。此外，一些报告表明，浮游生物种群可能与表面发生的腐蚀过程无关（DallAgnol et al, 2014）。MPN 等微生物技术的某些缺点使它们难以单独应用，例如混合培养样品可能会得到误导性结果（Amann et al, 1995）。MPN 的另一个主要缺点是准确度低，因为它主要按数量级进行细胞计数。

还有一些其他微生物技术，如在研究油田中的杀菌剂功效方面受到关注的流式细胞术（Tidwell et al，2015）。此外，在计数过程中，为了区分细菌细胞，通常使用免疫荧光染料（Douterelo et al，2014）。生化技术是确定与微生物腐蚀相关的微生物代谢活性极为有用的工具。生化测试项目包括脱氧核糖核酸（DNA）分析、细胞色素、细胞壁蛋白质及成分、光色素、三磷酸腺苷（ATP）以及辅酶F420和NADH2（Wang and Ivanov，2010）。其中ATP测量是评估微生物整体代谢活性的重要工具（Jia et al，2019），对提供有关微生物群落的信息有非常大的帮助，通过它可以估计样品中的存活生物总量（Douterelo et al，2014）。另外，硫酸盐等代谢物也可用于测定微生物的生长活性。值得注意的是，硫酸盐是SRB理想生长的末端电子受体。通过评估硫化物生成量，可以追踪SRB处理中的杀菌剂功效（Jia et al，2019）。此外，酶联免疫吸附测定（ELIZA）、腺苷酰硫酸（APS）还原酶、ATP和氢化酶的测定以及显微镜检查也是常用的微生物分析技术。

2.7.2　电化学分析

电化学技术可提供油田内部的数据，只要无故障发生，便能持续不断地获取数据结果。它们不仅用于微生物腐蚀现象的研究，还可用于杀菌剂功效评估（Jia et al，2019）。电化学方法包括开路电势（OCP，一种易于评估腐蚀的技术）、塔菲尔极化、动态电位极化、电化学阻抗谱、电化学噪声、扫描振动电极技术以及线性极化电阻（Dall' Agnol et al，2014）。需要强调的是，使用电化学技术需要专门技能，以便解释所得数据，并对系统有良好了解，能够在可能发生的每一特定条件下选择适当的设置。尽管OCP和电化学噪声方法在现场设置起来是简单安全的，但其他技术如点腐蚀深度和失重法，则需要几天甚至更长的时间才能获得测量结果。

LPR是一种无损检测技术，通常用于材料的腐蚀研究。该方法能提供接近真实的腐蚀数据，因此在油田中具有应用价值。该技术采用线性直流（DC）电位扫描，扫描范围在±10mV内，或与OCP一样在±5mV内。随后利用恒电位仪软件计算极化电阻 R_p，R_p 与腐蚀速率间接成正比（Jia et al，2019）。根据Jia等（2017c）的实验，将 100×10^{-6} 分别标记为D-met、D-tyr、D-trp、D-leu四种D-氨基酸与杀菌剂进行混合，以增强 100×10^{-6} 四羟甲基硫酸磷（THPS）的功效。将该混合物作用在C1018型碳钢上，测试其抑制生物膜性能。结果正如Jia等（2017c）所证明的那样，对照组（未处理）的极化电阻 R_p 小于处理组的极化电阻，这意味着未处理的部分发生了严重的腐蚀。对瞬时 R_p 的测量有助于掌握所使用的杀菌剂是否有效或何时不再产生作用。

EIS 是另一种用于研究微生物腐蚀的技术。该技术采用 5～10mV 的交流电，可适用 10MHz～100kHz 的大频率范围。有报道称，在 21 天的培养期中，氯化苯甲烃胺（BKC）可抑制由致黑脱硫肠状菌在 Q235 碳钢上引起的微生物腐蚀（Liu et al, 2017）。使用 EIS 观察有无 BKC 参与的腐蚀过程，其结果与失重法以及表面分析图像相一致。

动态电位极化测量使用正负几百毫伏范围内的直流电压来检测系统的腐蚀现象，测量的是阳极和阴极的塔菲尔（Tafel）斜率 β_a 值与 β_c 值。用塔菲尔分析得到的腐蚀电流密度 i_{corr} 来计算腐蚀速率。在 Jia 等（2017d）进行的一项研究中，使用标记为 D-mix 的 100×10^{-6} D-氨基酸（D-met、D-tyr、D-trp 和 D-leu）来增强 60×10^{-6} 烷基二甲基苄基氯化铵（ADBAC）在 C1018 碳钢上的抗生物膜功效。研究发现，60×10^{-6} ADBAC 与 100×10^{-6} D-mix 混合使用所测得的 i_{corr} 低于单独使用 60×10^{-6} ADBAC 的 i_{corr}，证明 D-mix 对杀菌剂有增强作用。需要注意的是，动态电位极化可能会破坏被检测的生物膜，因此它的使用有一定的局限性。

2.7.3　表面分析法

显微镜是研究腐蚀的常规技术，可用于生物腐蚀的研究。显微镜分析通常只需少量的被测样品，更大的优点是它可以将活细胞与死细胞区分开。例如，可以用扫描电子显微镜—能量色散 X 射线（SEM-EDX）分析来分析半定量元素。还有其他表面分析技术，如 XPS、飞行时间二次离子质谱（ToF-SIMS）、XRD、环境扫描电子显微镜（ESEM）、原子力显微镜、共聚焦激光扫描显微镜以及微自动放射线照相术（MAR）。所有这些技术都用于对目标表面元素、化学和相的表征。每种技术都有独特的优点和对样品的要求。

Liu 等（2018）认为，SEM 是一种用于观察生物膜结构和确定产生腐蚀产物的基本的显微分析方法。SEM 提供高分辨率图像，可清晰地显示出某一生物膜团簇中的不同细胞形状（Jia et al, 2017a）。利用 SEM 可以明确生物膜的处理效果，但无法区分活细胞与死细胞（Jia et al, 2017b）。金属表面的生物膜首先需要通过强杀菌剂进行固定，再用酒精脱水，随后在特定临界点干燥器中利用 CO_2 干燥（Jia et al, 2017b），最后在不导电的生物膜上包覆薄的铂或金薄膜。Usher 等（2014）证明，可以通过环境 SEM 和冷冻 SEM 来研究水合样品，特别是含有胞外聚合物的样品，因为它们可能会被常规 SEM 破坏。

根据 Xu 等（2017a）的报道，CLSM 在近些年广泛用于微生物腐蚀研究。为了研究生物膜，在检查前需用不同激发波长的染料染色。通过使用存活/死亡Ⓡ BacLightT 细菌生存能力试剂盒 L7012（生命技术公司，位于美国纽约州格兰德岛）染色，在 CLSM 下，活细胞呈现绿点，而死细胞呈现红点（Jia et al，2019）。CLSM 的另一项重要功能是测量生物膜的厚度。获得的图像以三维（3D）或二维（2D）形式呈现，使用 Image J 等某些图像分析软件可以对三维图像中的活细胞和死细胞进行计数（Xia et al，2015）。CLSM 可以确认死细胞是仅仅位于生物膜的表层还是在更深的地方，从而提供有关杀菌剂处理效果的证据（Tidwell et al，2015）。

透射电子显微镜（TEM）可提供高分辨率的生物膜结构和元素分析图像（Narenkumar et al，2018），生物膜样品需要加入环氧树脂并切割成截面。AFM 则通过微探针检测表面形貌（Jia et al，2019）。

2.7.4　分子微生物学分析

分子微生物学方法（MMM）是近年来用于研究微生物腐蚀的新方法，包括聚合酶链反应（PCR）、定量 PCR、变性梯度凝胶电泳、DNA 微阵列、荧光原位杂交（FISH）、测序和质谱分析（MS）。MMMs 使鉴定任意含大量复杂物种的样品更容易。这些方法依赖于核糖体基因（16S rDNA 或 23S rDNA），甚至是负责重要反应（如 APS 还原酶的 apsA）或有关生物腐蚀过程中的功能基因。此外，他们还通过研究 RNA 或表达蛋白来简化代谢活动的评估（Suflita et al，2012）。

2.7.5　其他光谱分析

拉曼光谱、傅里叶变换红外光谱以及电子顺磁共振（EPR）等其他分析技术在微生物腐蚀检测中应用较少。应当注意的是，样品的收集和转移对于成功的分析和准确的结果至关重要，因为某些试验要求样品保持低温和/或甚至缺氧的环境。这是必需的，可以避免某些可能存在于表面或体相介质中的化合物被氧化。

2.8　使用杀菌剂防治生物污垢

微生物通常广泛存在于油气生产系统中，常常对管道和容器的完好性构成威胁。除了产生对生物有害的 H_2S 以外，油气设施中的微生物污垢还会导致膜、管道和容器的积垢。尽管我们在工程、冶金、生物以及化学等不同的科学领域都取得了巨大进步，但微生物腐蚀仍然是许多行业面临的世界性难题，对油气设施构成了严峻挑战（Keasler et al，2017）。储层酸化是另一个由微生物引起的常见问题，它是由地层水中硫还原微生物的大量增殖引起的。在二次采油过程中，通常需注入水以维持储层压力。令人棘手的储层酸化问题主要出现在注入富含硫酸盐海水的海上系统，但也发生在陆上油田，这些油田的采出水在注入前用淡水进行混合。由于能够还原硫的微生物具有多样性，一旦它们存在于地下，储层酸化就成为一个大问题。储层中的微生物数量通常难以控制。此外，由于 H_2S 应力开裂，产生的 H_2S 等气体可能会导致严重腐蚀，还会引发严重的健康和环境问题。

在数百年前，常常被加入化妆品、消毒剂、杀虫剂、防腐剂和抗菌剂等多种产品中的杀菌剂就已被普遍用于控制细菌（Paulus，2012）。因此，杀菌剂被认为是对有害细菌具有抑制作用的活性物质和制剂，是用于消毒、灭菌和杀死微生物的化学品。杀菌剂的功效在很大程度上取决于与目标微生物接触的时间以及所用化学物质的浓度。在低浓度的情况下，大多数杀菌剂会产生抑制作用，微生物的生长会受到阻碍，但不会受到阻断，一旦将杀菌剂从系统中去除，细菌就会重新生长。此外，某些杀菌剂在以低剂量使用时会成为营养来源，可能促进细菌生长。在油田设施中，杀菌剂可以永久注入，也可以分批注入，后者是最常用的方式。可根据作用机理对油田杀菌剂进行分类：一般来说，非氧化性杀菌剂作用于微生物的细胞膜和细胞壁，而氧化性杀菌剂则通过与细胞成分的一系列氧化反应发生作用。Narenkumar 等（2019）研究了苏云金芽孢杆菌 EN2 和蔬菜芽孢杆菌 EN9 在冷却水系统（1%氯化物）中对铜金属 CW024A（Cu）的生物腐蚀行为。采用失重法、EIS 和表面分析技术评估腐蚀情况。与对照样品（0.004mm/年）相比，细菌的存在导致 EN2 和 EN9 的腐蚀速率分别高达约 0.021mm/年和 0.032mm/年。然而，同时添加 2-巯基吡啶（2-MCP）与两种细菌（EN2 和 EN9）后，生物膜受到抑制，腐蚀速率下降到 0.004mm/年。原子力显微镜表征结果显示，在 EN2 和 EN9 存在的情况下，有更多的点腐蚀出现。

2.8.1 氧化性杀菌剂

2.8.1.1 次氯酸盐

单纯的次氯酸盐（ClO⁻）是一种不稳定的化合物，故通常以溶液态存在。它在水处理中广泛用作抗菌剂（Gray，2014），是一种比二氧化氯（ClO_2）更

具氧化性的化合物。当水中含有高浓度的还原性化合物时，次氯酸盐的消耗
往往会更多。

2.8.1.2　过氧乙酸

过氧乙酸（PAA）（过乙酸或过氧酸）是通过过氧化氢与乙酸等短链有机
酸反应生成的（Kitis，2004）。20 世纪 80 年代，PAA 首次在美国被注册为一
种抗菌药物，此后其应用范围不断扩大，广泛应用于各种领域，如食品加工、
医院、农业、设备以及工业用水系统。近年来，PAA 作为次氯酸盐和二氧化
氯的替代品，在油田中得到广泛应用。PAA 可降解为无毒成分，分解为过氧
化氢和乙酸，然后转化为水、二氧化碳和氧气。因此，这些无毒成分易溶
于水。

2.8.1.3　二氧化氯

二氧化氯（ClO_2）是一种不带电荷的氯化合物，通常以气体或饱和水溶
液形式存在。二氧化氯极易溶于水，这也是它广泛用作漂白剂和有效的抗菌
剂的原因（Omran et al，2013）。然而，二氧化氯的溶解度随着温度的升高而
大大降低。最重要的是，二氧化氯浓度不可超过 30%，因为这可能导致严重
爆炸并释放氧气与氯气。因此，在制备二氧化氯时必须顾及所有安全因素，
避免意外事故发生。由于这些安全问题与规定，二氧化氯并未广泛应用于石
油工业。

2.8.2　非氧化性杀菌剂

戊二醛、季铵化合物（Quats）、四羟甲基硫酸磷以及 2，2-二溴-3-次氮
基丙酰胺（DBNPA）是使用最为广泛的非氧化性杀菌剂（Omran et al，
2013）。其他使用较少的杀菌剂有 2-溴-2-硝基丙烷-1，3-二醇（溴硝醇）
和丙烯醛。需要注意的是，大多数杀菌剂的功效在很大程度上受到水化学、
盐度、温度、氧含量以及与其他化学物质的不相容性的影响。

2.8.2.1　戊二醛

戊二醛是一种醛类有机化合物，对蛋白质具有特别强的吸引力，尤其易
与酰胺、胺和巯基发生反应。这是它在实验室操作中作为固定剂用途的原因。
戊二醛毒性较甲醛低，但比甲醛贵。它主要在限制使用甲醛的国家应用。戊
二醛极易溶于水，并具有热稳定性，因此在高温（50℃以上）下仍表现出较
高的抗菌功效。一般来说，戊二醛与腐蚀和积垢抑制剂等大多数化学品具有
很好的兼容性，但依旧可能受到某些化学品的干扰，如氨、伯胺和亚硫酸氢
盐除氧剂等（Jordan et al，1993；Omran et al，2013）。然而，可以在现场应

用中进行调整（如交替使用或注入到系统的不同位置），以缓解潜在的兼容性问题。此外，据 Stewart 等（1998）报道，某些研究表明戊二醛在渗透和控制微生物生物膜方面的作用有限。

2.8.2.2　四羟甲基硫酸磷

THPS 是石油领域中常用的杀菌剂。除了螯合硫化铁垢中的铁以外，它还可以控制微生物的生长（Campbell，2017）。它被视为一种广谱杀菌剂，具有通过与细胞膜上的特定氨基酸靶向作用和阻断硫化物还原途径来控制 SRB 的双重机制。因此，THPS 往往被指定用于对受 SRB 污染的系统的处理。与戊二醛相比，THPS 在约 160℃（320F）仍具有优异的热稳定性。而 THPS 在与铵、亚硫酸氢盐除氧剂等其他化学物质同时使用时也会产生干扰。此外，它在处理生物膜方面也存在局限性。需要注意的是，高浓度的 THPS 可能会导致严重的腐蚀。

2.8.2.3　2，2-二溴-3-次氮基丙酰胺

DBNPA 是一种溴基化合物，能快速地减轻微生物危害。但遗憾的是，DBNPA 会迅速分解生成许多副产物，如溴离子、氨、二溴乙酸和二溴乙腈（Campbell，2017）。DBNPA 广泛应用于海水注入系统，主要用于膜的清洗。需要指出的是，DBNPA 可能不是处理生物膜系统的最佳杀菌剂，因为它能够与 H_2S 发生反应，从而降低其作为杀菌剂的功效。

2.8.2.4　季铵化合物

Quats 的特点是具有表面活性剂的特性，可以与腐蚀抑制剂结合使用。Quats 是含有芳基或烷基的带正电荷的含氮离子。在一些工业领域，Quats 广泛用作抗菌剂和表面活性剂。作为石油领域中的一种杀菌剂，Quats 对微生物生物膜具有很好的控制作用。它们通常与戊二醛和 THPS 等其他杀菌剂结合使用，能快速控制微生物数量。然而，由于其表面成膜的特性，Quats 可能不是用于高水平矿床系统的首选。此外，它们的表面活性剂特性可能会通过乳化作用破坏油水分离状态，导致泡沫形成。

2.9　绿色杀菌剂研究进展

2.9.1　植物型生物材料提取物作为杀菌剂

尽管乙二醇、甲醛、钼酸钠、戊二醛和季铵盐等化学抑制剂在有效限制微生物活性和控制生物膜形成方面具有很大潜力，然而，有关此类化学杀菌

剂应用的环境问题和法律规定阻碍了它们在工业中的应用（Narenkumar et al，2017、2018）。最近，从植物材料和工农业废料提取物中获取的天然杀菌剂/抑制剂得到了人们的广泛关注（Omran et al，2013；El-Gendy et al，2016）。

　　浸没在海洋环境中的海事基础设施和设备的性能极易受到藤壶、贻贝、蛤和水螅等大型污染生物积累的影响（Omran et al，2013）。这些海洋积垢生物以幼虫或伪幼虫的形态进入水中，并通过流动与洋流造成的迁移远离其产生的地方（Lyons et al，1988）。在这个过程中，它们在管道中达到成年期，从而导致堵塞问题。短齿蛤属、偏顶蛤属、贻贝属、股贻贝属、饰贝属以及蚬属是最主要的大型生物污垢物。Omran 等（2013）进行的一项研究，评估了非食用生活废弃物中的三种天然的水提取物对非耐盐性食皂脱硫弧菌（ATCC[①] 33892）和嗜盐性脱硫弧菌（ATCC 51179）等浮游 SRB 的杀菌活性，以及对三种 SRB 混合培养物（SRB1、SRB2 和 SRB3）和作为大型积垢生物的典型代表——短齿蛤的杀菌活性。这三种天然提取物分别是埃及羽扇豆（Lupinus termis）种子的废弃苦水提取物、柑橘（Citrus reticulum）以及橙（Citrus sinensis）皮热水提取物，其中白羽扇豆碱是埃及羽扇豆苦水提取物的主要成分。使用气相色谱/质谱法检测和鉴定每种提取物（天然杀菌剂）的化学成分（图 2.3~图 2.5）（Omran et al，2013）。在橙皮的热水提取物中检测到 17 种化合物，以下 5 种化合物含量最多，分别为衣康酸酐、5 二羟基-6-甲基-4H-吡喃-4-酮（DDMP）、2，4-二羟基-2，5-二甲基-3（2H）-呋喃-3-酮、2，3-二氢-3 和 2，3-二氢-苯并呋喃以及 2-甲氧基-4-乙烯基苯酚（4-乙烯基愈创木酚）。此外，还检测到其他 12 种次要化合物：1，2-环戊二酮、戊二酸酐、3，5-二羟基-2-甲基，4H-吡喃-4-酮、甲基甲烷硫代硫磺酸盐（MMTSO）、2-（3，4-二甲氧基苯基)-6-甲基-3，4-苯二酚、正十六烷酸、5-羟甲基糠醛（HMF）、13-十七烷-1-醇、苯酚，2，2′-亚甲基双（6-叔丁基-4-乙基）、丁子香酚、4-雄烯二酮，12-[（三甲基硅）氧]基-，双（O-甲基肟）以及 5，5′-二甲氧基-3，3′-二甲基-2，2′-联萘-1，1′，4，4′-四酮。从柑橘皮热水提取物中检测到 20 种化合物，主要成分为以下 8 种：d-柠檬烯、2，4-二羟基-2，5-二甲基-3（2H）-呋喃-3-酮、2，3-二氢-3，5-二羟基-6 甲基-4H-吡喃-4-酮（DDMP）、5-羟甲基糠醛、2-甲氧基-4-乙烯基苯酚（4-乙烯基愈创木酚）、正十六烷酸以及 5-甲基-2-呋喃甲醛。此外，还确定了其他 12 种次要化学成分，分别是：戊二酸酐、S-甲基甲烷硫代硫磺酸盐（MMTS）、苯甲酸、N，N′-双苯甲酰氧基庚二酰胺、MMTSO、

---

　　① ATCC——美国标准菌库。

1-丙酮，1-(5-甲基-2-呋喃基)、2-甲氧基-5-(1-丙烯基) 苯酚（异丁香酚）、十四烷酸（肉豆蔻酸）、十五烷酸、Z-11，十六碳烯酸、2-(3，4-二甲氧基苯基)-5，6，7-三甲氧基-4H 铬-4-酮以及 5，5′-二甲氧基-3，3′-二甲基-2，2′-联萘-1，1′，4，4′-四酮。MPN 结果表明，三种水提取物对嗜盐性脱硫弧菌（ATCC（美国标准菌库）51179）和高盐度混合培养物 SRB3 的杀菌活性均低于对非耐盐性食皂脱硫弧菌（ATCC 33892）和低盐度混合培养物 SRB1 及 SRB2 的杀菌活性。作者认为，嗜盐菌具有某种方法，使它们不仅能够承受渗透压，还能够承受高盐度。部分原因是形成了相容的溶质，使它们能够平衡渗透压（Omran et al，2013）。这或许是嗜盐菌对杀菌剂具有高抗性，能够在恶劣条件下生存的原因。此外，与化学杀菌剂相比，所测试的 3 种提取物对短齿蛤具有良好的杀菌活性，而对片足类、等足类和十足类等非目标海洋生物的毒性作用较小。

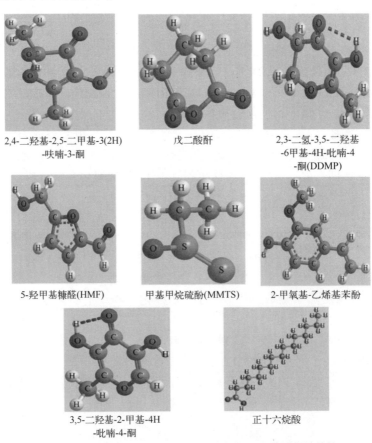

2,4-二羟基-2,5-二甲基-3(2H)
-呋喃-3-酮

戊二酸酐

2,3-二氢-3,5-二羟基
-6甲基-4H-吡喃-4
-酮(DDMP)

5-羟甲基糠醛(HMF)

甲基甲烷硫酚(MMTS)

2-甲氧基-乙烯基苯酚

3,5-二羟基-2-甲基-4H
-吡喃-4-酮

正十六烷酸

图 2.3　橙皮与柑橘皮的热水提取物中主要成分的化学结构

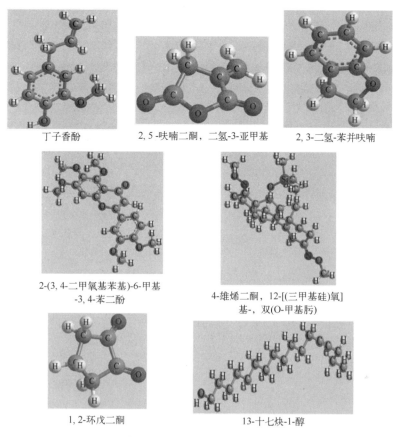

丁子香酚　　　　2, 5-呋喃二酮，二氢-3-亚甲基　　　2, 3-二氢-苯并呋喃

2-(3, 4-二甲氧基苯基)-6-甲基
-3, 4-苯二酚

4-雄烯二酮，12-[(三甲基硅)氧]
基-，双(O-甲基肟)

1, 2-环戊二酮

13-十七炔-1-醇

图 2.4　橙皮热水提取物主要成分的化学结构

Narenkumar 等（2017）研究了姜（生姜）水提取物作为绿色杀菌剂，对在冷却水系统中由苏云金芽孢杆菌 EN2 引起的低碳钢 1010 的微生物腐蚀的抑制能力。采用极化和失重法、表面分析、XRD 以及傅里叶变换红外光谱等方法，测定了 4 周内不同培养时期下的生物腐蚀行为。结果显示，在培养期结束时，EN2 在软钢表面形成了一层较厚的生物膜，在第四周的失重达到 993mg，而在浸泡开始时的失重仅为（194±2）mg。在添加生姜水提取物后，失重有所减少，腐蚀速率也降低到约（41±2）mg/dm^2。GC-MS 分析表明，生姜的活性成分（即 b-姜黄酮）在低软钢表面吸附，这有助于形成保护层以防止触发形成生物膜。添加的最佳浓度为 $20×10^{-6}$，此时腐蚀抑制效率可达 80%。而 XRD 分析表明，生姜存在时所生成的腐蚀产物较少。Parthipan 等（2018）研究了大蒜提取物（GAE）作为绿色杀菌剂，在小链霉菌 B7 和枯草芽孢杆菌 A1 的存在下，控制微生物对不锈钢 316 和碳钢 API 5LX 的腐蚀效

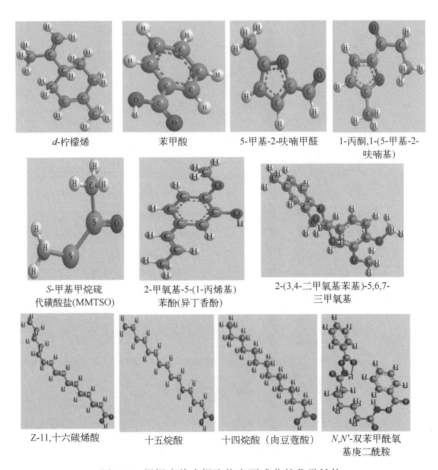

d-柠檬烯　　　　苯甲酸　　　　5-甲基-2-呋喃甲醛　　　1-丙酮,1-(5-甲基-2-呋喃基)

S-甲基甲烷硫　　　2-甲氧基-5-(1-丙烯基)　　　2-(3,4-二甲氧基苯基)-5,6,7-
代磺酸盐(MMTSO)　　苯酚(异丁香酚)　　　　　　三甲氧基

Z-11,十六碳烯酸　　　十五烷酸　　　十四烷酸（肉豆蔻酸）　　N,N'-双苯甲酰氧
　　　　　　　　　　　　　　　　　　　　　　　　　基庚二酰胺

图 2.5　柑橘皮热水提取物主要成分的化学结构

果。采用琼脂孔扩散法测定 GAE 的抗菌活性。结果表明，100×10^{-6} 的 GAE 是抑制细菌生长的最低抑制浓度。在 A1、B7 两种菌株单独存在及混合存在的情况下，两种金属均发生了严重的微生物腐蚀。而无论有无细菌存在，GAE 都具有抑制腐蚀的作用：在非生物系统中，它对碳钢和不锈钢 316 的抑制效率（IE%）分别为（81 ± 3）% 和（75 ± 3）%，而在混合细菌体（生物系统）的存在下，抑制率分别为（72 ± 3）% 和（69 ± 3）%。GC-MS 结果表明，GAE 富硫，对抑制腐蚀与微生物腐蚀有重要的作用。相对于已发现的硫化合物如二烯丙基二硫、三硫化物、二-2-丙烯基、二正癸基砜、2-呋喃甲醛和 5-（羟甲基），这是首次报道在含生物污垢微生物的高盐腐蚀环境中，大蒜提取物可作为绿色腐蚀抑制剂和杀菌剂来控制生物腐蚀。

304L 型不锈钢因其耐腐蚀性好，广泛应用于工业。人们常在这种不锈钢的表面覆盖一层氢氧化铬保护膜，使其具有高电阻。然而，在侵蚀性腐蚀环境中，304L SS 仍易受腐蚀（Yuan and Pehkonen，2009）。假单胞菌属和芽孢杆菌属是好氧细菌，可通过破坏钝化膜来加速腐蚀速率（Morales et al，1993）。假单胞菌属的优势菌种是铜绿假单胞菌，它是一种革兰氏阴性好氧细菌，在海洋环境中分布广泛。铜绿假单胞菌可在金属及合金表面形成生物膜，并加速其腐蚀速率（Jia et al，2017e；Xu et al，2017b）。Pedersen 等（1988）认为，假单胞菌属能够分泌有机酸，有助于钝化膜的破坏，从而加快腐蚀速率。在 Lekbach 等（2018）进行的一项研究中，通过表面分析技术和电化学测量方法，评估了在铜绿假单胞菌存在下，岩蔷薇的醇提取物对缓解 304L 不锈钢（SS）腐蚀的功效。岩蔷薇是一种芳香灌木，属半日花科，具有抗菌特性（Barros et al，2013）。检测结果表明：铜绿假单胞菌在 304L SS 试样表面形成生物膜并加速腐蚀速率，形成点腐蚀，最大点腐蚀深度为 19.4μm；使用岩蔷薇提取物处理后，铜绿假单胞菌浮游细胞的生长受到抑制，形成的生物膜减少，生物腐蚀速率也大大降低。采用高压液相色谱-四极杆-飞行时间质谱（HPLC-Q-TOF-MS）对植物提取物的结构成分进行鉴定和表征。共鉴定出 16 种酚类和黄酮类化合物，以及单宁、酚酸、鞣花酸及其衍生物、鞣花单宁以及黄酮醇。该研究表明，其中多数成分都具有抗菌特性。这些成分有助于岩蔷薇提取物产生优异的防腐和抗生物膜性能。

为寻找一种环保且安全的天然化合物以防止微生物腐蚀，Lekbach 及其同事（Lekbach et al，2019）对鼠尾草的醇提取物进行了研究。鼠尾草属唇形科，广泛用于化妆品配方、药物、食品调味剂以及杀虫剂的制备中（Kamatou et al，2008）。已有研究报道指出，鼠尾草富含大量酚类化合物，因此是用于缓解微生物腐蚀的一个理想选择（Zimmermann et al，2011；Martins et al，2014）。结果显示，鼠尾草提取物中含有一些抗菌和防腐的化合物，并发现它在抑制生物膜形成和阻碍生物膜成熟方面具有非常显著的作用。

HPLC-Q-TOF-MS 结果表明，提取物中的大部分化合物属于氧化脂类和酚类。电化学结果表明，铜绿假单胞菌可加速 304L 不锈钢的微生物腐蚀，而该提取物对腐蚀有抑制作用，抑制率为（97.5±1.5)%。这归功于提取物成分在 304L 不锈钢表面吸附而形成了保护层。共聚焦激光扫描显微镜和电化学分析的结果则证明了其对试片表面发生点腐蚀的防护作用。

2.9.2　微藻、大型藻类以及海藻

生物污垢不仅发生在人造结构中，海洋生物也面临同样的问题（Dahms

and Dobretsov，2017）。Wahl 等（2012）报道称，大多数海洋生物没有受到海洋生物污垢，因此推断这些生物具有一定的防积垢机制。通过研究这些海洋生物所采取的自我保护机制，将有助于改进现有的防积垢方法。报道最多的两种防积垢机制是表面微观结构和表面润湿性（Wahl et al，2012）。此外，海洋生物会产生一些次级代谢物，有助于驱除或减少引起生物污垢的物种（Qian et al，2009）。令人惊讶的是，研究发现存在于海洋海绵、藻类和珊瑚表面的某些微生物有助于监测导致积垢生物对宿主的定殖（Dobretsov et al，2006；Wahl et al，2012）。这些物种依靠不同的生物、化学和物理方法来减缓生物污垢（Dobretsov et al，2013）。大型藻类属于包含光合作用真核生物的多细胞多系统群（Lee，2008）。根据现存质体的谱系，大型藻类可分为三大类：绿色大型藻类（绿藻门）、褐色大型藻类（褐藻门）以及红色大型藻类（红藻门）（Lee，2008）。一些研究者也将原核蓝绿藻（蓝藻门）包含在内。大型海藻通常可存在于不同类型的水体中，如极地、临时性和热带等水体（Lee，2008）。根据 Bhadury 和 Wright（2004）进行的一项研究，大量的大型海藻未被利用，只有极少数被用于化妆品、人类食品、肥料、生物燃料以及作为天然产品的原料。

2.9.2.1　绿色大型藻类（绿藻门)

不同的防积垢化合物已经从绿藻门藻类中提取得到，这些藻类包括：石莼属，如硬石莼（Chapman et al，2014）、孔石莼（Yingying et al，2015）、网石莼与石莼（Prabhakaran et al，2012）；松藻属，如刺松藻（Águila-Ramírez et al，2012）；蕨藻属，如管状绿藻（Smyrniotopoulos et al，2003）与总状蕨藻（Batista et al，2014）；绿球藻属，如土生绿球藻（Bhagavathy et al，2011）。所提取化合物的性质从生物碱酚酸到有机提取物、极性萃取物和非极性萃取物等不一而足。Prabhakaran 等（2012）进行了一项研究，筛选和评估各种海藻提取物对于一些海洋积垢细菌的灭杀作用，这些海藻包括围氏马尾藻、网石莼、大叶仙掌藻、羽叶二药藻、锯齿叶水丝草等海草，以及红树、红茄苳、白骨壤等红树林植物。采集所测种类的海藻、海草和红树林样品，彻底清洗、风干和细粉，然后用乙醇和甲醇等溶剂提取。将提取物中的活性组分用乙醇洗脱，并通过 FTIR 进行分析。再刮取海洋环境中聚氯乙烯（PVC）板上的生物膜，分离出生物污垢细菌。从分离出的 10 个菌株中选取 4 个进行研究，它们分别是黄杆菌属、假单胞菌属、芽孢杆菌属和噬细胞菌属。记录显示，白骨壤提取物对黄杆菌属（16mm）和芽孢杆菌属（20mm）的生长具有抑制作用，而红茄苳提取物可限制黄杆菌属（18mm）和芽孢杆菌属（28mm）的生长。有趣的是，相比于海藻与海草，红树林植物提取物对初级生物膜形成菌表现出最强的灭杀活性。抑菌活性在很大程度上取决于所得到的提取物中存在的主要官能团，如羟基、氨基、羰基和磷酰基官能团、NH_2（酰胺 I 和酰胺 II）以及脂肪族（脂肪酸）。因此，这项研究为利用此类天然资源来抑制生物污垢提供了一些思路。

2.9.2.2　褐色大型藻类（褐藻门）

已对不同属的褐藻进行了研究，包括马尾藻属，如钝马尾藻（Plouguerné et al，2010；Silkina et al，2012）、鼠尾藻（Li et al，2013）、铜藻（Cho，2013）、海藻分枝（Batista et al，2014）以及普通马尾藻（Carvalho et al，2016）。这些藻类的醇提取物大多被证明具有抗菌（包括抗群体感应）、抗硅藻、抗海藻和抗幼虫的作用。从褐色大型藻类中提取到防积垢化合物的代表有：①微电雀尾藻中的倍半萜（-）-皂荚醇；②微电雀尾藻与苦叶属中的 sn-3-O-（香叶基香叶酯）甘油；③墨角藻中的二甲基巯基丙酸；④欧囊链藻中的单环杂二萜类化合物。Prabhakaran 等（2012）报道称，围氏马尾藻的乙醇提取物对芽孢杆菌属和黄杆菌属具有很高的杀菌活性，与绿藻类大叶仙掌藻与网石莼的提取物类似。Lachnit 等（2010a，b）以及 Saha 与 Wahl（2013）研究了墨角藻的抗真菌活性。从墨角藻中分离出的两种化合物分别为脯氨酸和二甲基巯基丙酸（DMSP）。Schwartz 等（2017）则证明，相比于天然马尾藻属，钝马尾藻提取物具有较高的灭菌活性，能够抑制细菌、硅藻的生长和总合草苔虫幼虫的定植。

2.9.2.3　红色大型藻类（红藻门）

如海门冬属和凹顶藻属的一些红色大型藻类被证明具有抗微生物活性，特别是具有抗菌、抗硅藻、抗孢子和抗幼虫等活性。沉积在透明凹顶藻表面的化合物主要是十六烷酸、二十二烷酸和胆固醇三甲基硅醚（Paradas et al，2016）。Al-Lihaibi 等（2015）设法确定了钝凹顶藻中的某些成分，即 2，10-二溴-3-氯-7-花柏烯和 12-羟基异月桂烯。这些化合物在浓度低于硫酸铜 1/3 时即可阻止纹藤壶的沉降。在 Cen-Pacheco 等（2015）进行的一项研究中，对某些化学成分进行了分离鉴定，即 28-hydroxysaiyacenols B 和 A、saiyacenols B 和 C（具有海洋细胞毒性的溴三萜类化合物，更多详细信息和分子结构参见文献 Hans Uwe Dahms et al，Mar. Drugs，2017，15（9），265；https：//doi. org/10. 3390/md15090265）以及 dehydrothyrsiferol（一种从海洋藻类中提取出来的萜类化合物，化学式为 $C_{30}H_{51}BrO_6$）。所有化合物仅对硅藻类盐地舟形藻和细柱藻属有效，而 28-hydroxysaiyacenols B and A 还可抑制 *Gayralia oxysperma*（属于丝藻目的一种海藻）孢子的萌发。

　　值得一提的是，大型海藻的表面往往覆盖着几种细菌、真菌和微藻，通常称为"体表寄生生物"。这些体表寄生生物的组成会因藻类成分和周围环境条件而有所不同（Saha and Wahl，2013）。Da Gama 等（2014）报道称，在某些情况下，一些体表寄生生物会穿透大型藻类的藻体。大量调查显示，与藻类伴生的体表寄生生物能够产生防积垢化合物，有助于保护宿主（Holmstrøm and Kjelleberg，1999；Burgess et al，2003；De Oliveira et al，2012；Satheesh et al，2016）。Dobretsov 和 Qian（2002），以及 Harder 等（2004）证明，从绿藻类网石莼中分离出的弧菌属产生了一种防积垢化合物。另一项由 Kanagasabhapathy 等（2009）进行的研究表明，存在于褐藻类囊藻表面的细菌产生了不同的群体感应（QS）抑制化合物。Batista 等（2014）通过乙醇处理，分离了附着的硅藻和表面附着的细菌，数据结果表明存在于某些藻类表面的微生物可能是 QS 抑制分子产生的原因。

　　海藻可产生不同种类的生物活性代谢物，这些代谢物可用于合成商业产品，例如抗生素、细胞毒素、抗炎药、免疫抑制剂和化妆品（Dahms and Dobretsov，2017）。这些生物活性物质的分离物也可用于开发环保型防积垢涂料，这些物质属于酰胺类、脂肪酸类、脂肽类、类固醇类、生物碱类、内酯类、吡咯类和萜类。有趣的是，藻类次生代谢产物可以通过代谢和基因工程技术进行商业化生产。大型藻类代表了光合真核生物的一个大型多细胞生物类群（Lee，2008）。Dahms 和 Dobretsov（2017）报道称，已从褐藻中分离并鉴定出几种具有防积垢作用的代谢物，它们是：从微电雀尾藻和网地藻属中分离的 sn-3-O-(香叶基香叶酯) 甘油、从微电雀尾藻中分离的倍半萜 (-)-皂荚醇、从欧囊链藻中分离的单环杂二萜、从墨角藻中分离的二甲基巯基丙酸、1-(3，5-二羟基苯氧基)-7 (2，4，6-三羟基苯氧基)-2，4，9-三羟基二苯并-1，4-二恶英以及 6，6 双鹅掌菜酚。另外，一些研究人员还研究了马尾藻属中的防积垢化合物，有褐藻多酚、半乳糖甘油脂类、豆甾-5，22-E，28-三烯-3β、24α-二醇以及色原烷醇（Plouguerné et al，2010；Li et al，2013；Cho，2013；Nakajima et al，2016）。

　　受大型藻类生物防积垢机制的启发，Chapman 等（2014）研究了相关防积垢机制。糖海带（糖海藻）和墨角藻（黑角藻）通常存在于爱尔兰都柏林的爱尔兰海岸等一些地区。实验选择这些大型藻类是因为它们在高、低积垢季节都能够抵抗生物污垢。将预提取的溴化呋喃酮掺入基质（0.05μg/mL）中。溴化呋喃酮提取自硬石莼，基质则由相同的大型藻类样品与溴化呋喃酮化合物组成，随后测试它们的抗积垢活性。结果表明，表面形貌相同的呋喃酮掺杂材料，阻止了生物污垢的发生。Paradas 等（2016）报道称，凹顶藻属、海门冬属（属于红藻）等几个属具有抗菌、抗硅藻、抗幼虫以及抗积垢效果，并对群体感应过程具有抑制作用。红藻中已鉴定的防积垢化合物有钝凹顶藻中的 2，10-二溴-3-氯-7 花柏烯、凹顶藻属中的 Omaezallene、钝凹顶藻中的 12-羟基异构体、Dehydrothyrsiferol、Saiyacenols B、Saiyacenols C，以及凹顶藻绿中的 28-羟基赛亚酚 A 和 28-羟基赛亚酚 B（Dahms and Dobretsov，2017）（从海洋藻类中提取出来的萜类化合物，同上所述）。

Oktaviani 等（2019）研究了硬毛藻和喇叭藻这两种海藻对 14 种积垢细菌分离物（标记为 F1-F14）可能表现出的潜在抗菌活性。分别用正己烷、甲醇和乙酸乙酯提取两种海藻，然后进行植物化学分析。研究发现，硬毛藻提取物中含有较多的酚类、类固醇、黄酮类、三萜类、皂苷和生物碱等植物化学成分，而喇叭藻提取物中仅含有皂苷、酚类、类固醇和生物碱。细菌 F5、F6、F7、F8、F10、F11、F12、F13 和 F14 没有受到海藻提取物的影响。硬毛藻提取物比喇叭藻提取物具有更好的杀菌作用。在浓度为 10μL/盘时，硬毛藻提取物与喇叭藻提取物的抑菌圈直径分别为 6mm 和 2mm。

2.9.3　抑制群体感应对抗生物污垢

Rocha-Estrada 等（2010）和 Grandclément 等（2016）证明，QS 是有利于微生物信息传递的一种机制。这种机制协调了它们的行为，如运动、产孢、生物膜形成以及对杀菌剂和生物发光的阻抗（Jia et al，2019）。QS 主要取决于信号分子和微生物群的浓度（Bhargava et al，2010）。研究最多的三种 QS 系统分别是：出现在革兰氏阴性菌中的基于 N-酰基高丝氨酸内酯（AHL）的信号系统、出现在革兰氏阳性菌和革兰氏阴性菌中的 luxS 编码的二型自诱导物（AI-2）的 QS 系统（Kalia，2013），以及出现在革兰氏阳性菌中的基于寡肽的 QS 系统。据 Christiaen 等（2014）报道称，群体感应抑制（QSI）是监测生物膜形成的有效途径。QSI 通过不同的机制阻碍 QS（Lade et al，2014），包括以下几种机制：

（1）通过抑制或降低 QS 分子合成基因的活性来控制 QS 分子的合成；

（2）降解信号分子；

（3）修改信号分子与受体位点的结合；

（4）用拮抗分子阻断受体位点。

大型海藻具有增强、阻止或破坏细菌中 QS 信号分子的能力（Saurav et al，2017）。然而，尚未有明确证据表明，大型海藻中 QS 抑制剂的真正生物合成来源是藻类本身，还是与之相关的细菌，或者两者都有（Goecke et al，2010）。在多数情况下，藻类代谢物抑制 QS 的机制尚不清楚，有待进一步研究。Borchard 等（2001）证明，褐藻类掌状海带产生的次溴酸可干扰细菌的 QS 信号与基因。Kanagasabhapathy 等（2009）报道称，绿藻类石莼属和灰色平裂藻表面存在的细菌具有抑制 QS 的作用，从而抑制生物污垢。这种藻类可分泌抑制 AHL 细菌信号的呋喃酮类物质。Dobretso 等（2011）发现，褐藻类海篦藻属可产生卫矛醇，起到 QS 抑制剂的作用。在 AHL 信号存在的情况下，这种分离出的化合物可导致基于大肠杆菌的探针分子的发光受到抑制。Jha 等（2013）从红藻类紫杉状海门冬中提取到了 2-十二酰氧基乙磺酸，具有抑制液化沙雷菌 MG44 和青紫色素杆菌 CV026 中 QS 的作用。Batista 与其同事（2014）发现，91% 的红藻类紫杉状海门冬的极性（甲醇/水）提取物抑制了青紫色素杆菌 CV017 的 QS（Batista et al，2014）。在 Carvalho 等（2016）开展的一项研究中，从巴西海岸分离到的大型绿藻、红藻和褐藻对青紫色素杆菌 CV017 的 QS 有抑制作用。Saurav 等（2017）首次报道称，从大型红藻帕氏藻分离出了一种 QS 抑制化合物。

根据 Dahms 和 Dobretsov（2017）的研究，藻类极性提取物对形成生物膜的细菌具有相当大的抗菌潜力。有趣的是，相比于藻类极性提取物还发现非极性提取物的最低抑菌浓度（MIC）的效率提高了 10~1000 倍。

Kalia 和 Purohit（2011）报道称，AHL 的酶降解是研究最多的 QSI 策略。还有报道称，各种天然合成的抑制剂会干扰 QS 机制。细菌、真菌、动物、植物和海洋生物都是用于抑制 QS 信号分子的天然来源（Kalia，2013；Tang and Zhang，2014）。许多天然存在的成分，如大蒜中的大蒜烯以及辣根中的 3-甲磺酰基丙基异硫代氰酸酯都被证实对铜绿假单胞菌具有 QSI 效应（Jakobsen et al，2012）。此外，Choo 等（2006）测试证明，香草醛是一种对铜绿假单胞菌 QS 的天然抑制剂。Paczkowski 等（2017）报道了一些天然植物成分具有抑制 QS 的能力，如香豆素、单宁、酚类、生物碱、奎宁、萜类和皂苷等。然而，大多数天然 QS 抑制剂的产量很少，且可能带有毒性。而且，成本问题也是这种方法应用于抑制工业生物膜的另一个不利因素（Jia et al，2019）。

2.9.4 微生物对生物污垢的抑制

一个有趣的研究领域是利用微生物来抑制其他引起腐蚀的微生物。这种作用可以通过硝酸盐还原细菌和噬菌体来实现。

2.9.4.1　硝酸盐还原菌对微生物腐蚀的抑制

为了消除 SRB 的显著影响，人们提出了一种采用注入硝酸盐的解决方案，该方案可促进异养硝酸盐还原菌（hNRB）和硫氧化-硝酸盐还原菌（SO-NRB）的生长。这两种细菌通常称为硝酸盐还原菌。Grigoryan 等（2008）报道称，当 SRB 存在于含有丁酸盐、丙酸盐和乙酸盐混合物的微观环境中，观察到 SRB 先氧化丙酸盐与丁酸盐，然后是乙酸盐。然而，hNRB 的存在有助于同时利用这三种化合物。因此，SRB 与 NRB 之间出现竞争，而 hNRB 将胜于 SRB（Thauer et al，1977）。SO-NRB 是自养细菌，不会与 SRB 发生竞争。事实上，SO-NRB 将硝酸盐还原为亚硝酸盐、一氧化二氮、一氧化氮和氮（Hubert and Voordouw，2007）。生成的亚硝酸盐对 SRB 有毒性，因为它能抑制异化亚硫酸盐还原酶（Dsr）的合成。Dsr 是一种催化亚硫酸盐还原为硫化物的酶。此外，一氧化二氮可以消除 SRB。当一氧化二氮将氧化还原电位提高到 SRB 等严格厌氧菌无法生存的水平时，就可能发生这种情况（Jenneman et al，1986）。Schwermer 等（2008）进行的一项研究，评估了这种硝酸盐处理对海水注入系统中细菌生物膜完整性的功效。结果表明，硝酸盐穿透了整个生物膜，且大部分转化为亚硝酸盐。然而，该研究的目标是通过抑制 SRB 来减轻微生物对点腐蚀的影响，结果发现点腐蚀并没有受到 SRB 的影响，而均匀腐蚀受到了极大抑制。作者将其归因于点腐蚀往往是由亚硝酸盐引起的。Videla 和 Herrera（2009）认为，亚硝酸盐是一种阳极腐蚀抑制剂，当其浓度不足时可能会导致点腐蚀。因此，监测亚硝酸盐的情况对于高效应用 NRB 控制腐蚀至关重要。对于工业来说，使用 NRB 控制腐蚀是很有吸引力的，因为它是一种可替代杀菌剂的环保方法。在 Veslefrikk 和 Gullfaks 油田，Bodtker 等（2008）证明，与杀菌剂相比，长期使用硝酸盐处理可有效控制腐蚀。人们注意到，杀菌剂处理可刺激 SRB 活性，从而提高腐蚀速率。相反，硝酸盐处理降低了两块油田中 SRB 的活性，并增加了 NRB 的数量。据观察，Gullfaks 油田中的腐蚀减少了 40%，而 Veslefrikk 油田中的腐蚀没有明显减少（Zarasvand and Rai，2014）。

2.9.4.2　噬菌体对微生物腐蚀的抑制

利用噬菌体作为抑制腐蚀的新方法引起了全世界的广泛关注。噬菌体是一种只能感染细菌细胞的病毒，它们主要依靠宿主细胞的复制机制产生多个复制体，进而感染其他细菌宿主。噬菌体感染宿主细胞后的命运有所不同。一些噬菌体经历裂解周期，另一些可能经历溶原周期。在裂解生命周期中，宿主细胞被裂解并感染更多的细菌，而在溶原周期中，噬菌体保持潜伏状态（称为"原噬菌体"）并在宿主细胞内复制，直到通过物理或化学方法诱导裂解周期（Zarasvand and Rai，2014）。

与杀菌剂相比，使用噬菌体的一个优点是其自身的复制能力。Eydal 等（2009）成功分离出了可抑制脱硫弧菌埃斯波弧菌的溶解性噬菌体。为了寻找对所分离噬菌体敏感的细菌宿主细胞，分离了 6 种脱硫弧菌和 10 株 SRB 菌株。研究发现，脱硫弧菌埃斯波弧菌是唯一对所分离噬菌体敏感的宿主。Sillankorva 等（2010）将噬菌体 fIBB-PF7A 应用于含有荧光假单胞菌和缓慢葡萄球菌两种细菌的生物膜中。发现噬菌体 fIBB-PF7A 只感染荧光假单胞菌，并破坏了部分生物膜结构，将缓慢葡萄球菌的不敏感细胞从生物膜状态释放到浮游状态。由于杀菌剂对浮游细菌比附着细菌更有效，因此，将细菌细胞从附着的生物膜状态转变为浮游状态，可以提高所用杀菌剂的功效。确定影响噬菌体行为的因素有利于有效抑制引起腐蚀的细菌。Walshe 等（2010）研究了 pH 值、溶解的有机物、离子强度、流速等不同因素对于 MS2 型噬菌体传播的影响。实验观察到，高流速有助于噬菌体的传播，而高离子强度和低 pH 值会增加病毒在水环境中的吸附，从而阻碍噬菌体的传播。噬菌体在生物膜中的扩散也受到宿主生长阶段的影响。Hu 等（2012）发现，由于噬菌体的高增殖率，活跃的细胞增加了噬菌体在生物膜内的扩散，而死亡细胞延误了噬菌体的扩散。此外，细菌荚膜是阻碍噬菌体扩散的另一因素。Lu 和 Collins（2007）报道称，改造后的 T7 噬菌体具有在细胞内释放生物膜降解酶 DspB 的能力，这种酶有助于减少生物膜中的细菌细胞。

Pedramfar 等（2017）分离了引起腐蚀的细菌。其样本来自伊朗恰哈马哈勒（Chaharmahal)-巴赫蒂亚里（Bakhitiari）的甘多姆卡（Gandomkar）加油站的一条石油管道。生锈的管道样品在选择性培养基，即脑心浸液（BHI）肉汤培养基中培养。对分离出的细菌进行分子鉴定，菌株鉴定为嗜麦芽寡养单胞菌 PBM-IAUF-2 并存入基因库，检索号 KU145278.1。采用全板滴定法分离噬菌体。通过 TEM 观察其形态结构，分离出的噬菌体属于长尾噬菌体科。嗜麦芽寡养单胞菌 PBM-IAUF-2 的生长曲线表明，所测试噬菌体有效地控制了细菌数量，在培养 8~14h 时控制作用达到最大。

由于淡水供应短缺，急需采取措施来解决这一问题，如废水再利用和海水淡化（Ma et al，2018）。近年来，水净化技术不断发展。超滤（UF）是一种利用低压去除水中微生物、胶体和有机物的膜技术。在过滤过程中，UF 无须额外使用任何化学物质，这使得 UF 比其他同类技术如高级氧化、凝聚、消毒等更有优势（Bonnélye et al，2008）。然而，与其他膜技术一样，UF 会因微生物繁殖而受到不可逆的污染（Gutman et al，2014）。氯是工业膜处理过程中用于减缓生物污垢的化学清洁试剂之一。但遗憾的是，聚合物膜材料极易受到氯的氧化破坏。因此，为了防止生物污垢，急需在膜基质中掺入功能性材料，以减少有机成分和细菌的吸附（Ma et al，2018）。目前已有不同类型的 NP 和具有防积垢特性的聚合物材料用于制造防积垢膜，如聚磺酸甜菜碱（Rahaman et al，2014；Ma et al，2015）、聚乙二醇（Chen et al，2011）、二氧化硅 NP（Liang et al，2013）、全氟辛酸（Kwon et al，2015）和聚二甲基硅氧烷（Gao et al，2015），杀菌剂如季铵盐（Ye et al，2015）、金属 NP 和氧化石墨烯（Perreault et al，2014，2016）。近来，在膜的制造过程中可将某些生物材料作为抗生物污垢成分，如肽和酶（Kim et al，2011；Yeroslavsky et al，2015），因为它们具有成本低、抗菌性能以及对人体的低毒性等优越特性。噬菌体似乎也是一个有趣的选择，因为它们天然存在于海洋和土壤环境中。Ma 等（2018）研究了在膜超滤处理大肠杆菌时，用 T4 噬菌体控制生物污垢的潜力。将噬菌体固定在膜表面以抑制大肠杆菌的繁殖。经过 T4 功能化膜 6h 的过滤后，观察到 36% 的大肠杆菌的生长得到抑制。有趣的是，经过 O_2 等离子体处理后，膜表面发生变化，导致结合噬菌体增多，从而增强了膜的抗生物污垢性能。通过使用不同浓度的噬菌体，可以延缓、控制和减少细菌的生长。数据结果表明，噬菌体能够以一种环保的方式来抵抗生物污垢。

2.9.4.3　其他研究报道

由于迫切需要使用安全、环保和天然的材料替代传统的有毒化学物质来作为腐蚀抑制剂与杀菌剂，细菌及其胞外聚合物的使用引起了人们的极大兴趣。根据 Pedersen、Hermansson（1989、1991）以及 Jayaraman 等（1997a、b）的研究，细菌及其 EPS 有助于抑制腐蚀，最可能的原因是消除生物膜形成和氧，否则如果它们存在则会氧化金属。Jenneman 等（1997）研究发现，通过向所研究系统中添加磷酸二氢钠和硝酸铵，脱氮硫杆菌能够显著抑制 SRB 的生长。Wang 等（2004）进一步发现，脱氮硫杆菌利用腐蚀性硫化物进行生物脱氮可以抑制 SRB 生物膜的生长。因此，脱氮硫杆菌能够在一定程度上阻碍 SRB 导致的腐蚀，但不杀死 SRB。

Moradi 等（2015）与合作者研究了新喀里多尼亚弧菌属及其产生的 EPS 的腐蚀抑制作用。海洋新喀里多尼亚弧菌属 KJ841877 是从东海污泥样本中分离得到的。结果表明，通过在碳钢表面覆盖一层抑制层，可达到较好的腐蚀抑制效果。XPS 分析表明，该抑制层的主要成分为铁-胞外多聚物混合物（Fe-EPS）复合物。而 EIS 结果显示，在该细菌的存在下，碳钢的抗腐蚀性提高了 60 倍以上。此外，动态电位极化测量结果表明，接触新喀里多尼亚弧菌属 KJ841877 的样品中的腐蚀电流密度 i_{corr} 下降了。采用场发射扫描电子显微镜（FESEM）观察碳钢表面及所形成抑制层的微观结构。在新喀里多尼亚弧菌属的存在下，在 6h 后，一层完整的膜广泛覆盖于金属表面，并随着时间推移而变厚。对细菌来说，该实验结果被认为是目前报道的最高腐蚀抑制效果。并且，它几乎能够与化学镀镍等工业涂层相媲美。

Stolp 与 Starr（1963）于 1963 年发现了食菌蛭弧菌。它是一种革兰氏阴性掠食性细菌，具有侵入和捕食其他细菌的能力（Monnappa et al, 2014）。食菌蛭弧菌的生活史分为两个阶段：侵入阶段（AP）和生长阶段（GP）。AP 细胞在单极鞭毛的帮助下快速游动寻找目标；而 GP 细胞则在其生长和繁殖过程中消耗目标（Karunker et al, 2013）。Monnappa 等（2014）报道称，食菌蛭弧菌能够深入目标的生物膜并破坏它们。因此，利用这些捕食者来控制 SRB 的生长，需要通过测定 600nm 处的光密度 OD_{600} 和培养基中硫酸盐浓度来监控。采用电化学分析和失重法评估 X70 管线钢上的防腐效果，发现食菌蛭弧菌抑制了 SRB 在培养基中的生长，表现为 OD_{600} 值的降低以及硫酸盐浓度的增加。另外，在食菌蛭弧菌的存在下，X70 管线钢的腐蚀速率从 $19.17mg/dm^2$ 每天降低到 $3.75mg/dm^2$ 每天。X70 管线钢电极腐蚀电位的负移进一步证明了食菌蛭弧菌的腐蚀抑制作用。

Qiu 等（2016）进行的一项研究，证明食菌蛭弧菌通过控制 SRB 对 X70 钢的微生物腐蚀而具有腐蚀抑制作用。通过硫酸盐浓度和光密度值的降低来评估对 SRB 的抑制效果。采用塔菲尔（tafel）极化曲线、EIS 和失重法等电化学分析方法测定腐蚀抑制效果。结果表明，腐蚀速率从 $19.17mg/dm^2$ 每日下降到 $3.75mg/dm^2$ 每日，且腐蚀电位负移。该工作首次报道了食菌蛭弧菌对由 SRB 引起的微生物腐蚀的抑制能力。根据 Suma 等（2019）的研究，将一种用于抑制低碳钢腐蚀的新型细菌调控系统应用于恶臭假单胞菌 RSS 生物膜。相比于对照组，低碳钢的腐蚀速率降低为原来的 1/28。Fe-EPS 的形成是坚固稳定涂层出现的原因。我们注意到，已建立的生物膜仍然附着在软钢表面，因此它提供了进一步的保护。电化学结果表明，在 12 个月的处理期后，腐蚀速率很低，约为 $3.01 \times 10^{-2}mm/$ 年。

2.10 利用聚合物涂层对抗生物腐蚀

近些年来，在金属基材上制备牢固、均匀和抗菌的聚合物涂层方面已取得了巨大进展（Yang et al, 2015）。如前所述，大量的精力放在研究如何使用杀菌剂来控制和减缓微生物腐蚀。然而，很少人研究使用聚合物来防护生物腐蚀。通常用于预防和控制生物腐蚀的聚合物基本可分为以下三类：①与杀菌剂相结合的传统聚合物；②含有季铵化合物的抗菌聚合物；③导电聚合物。
表 2.3 对三种聚合物进行了比较。

表 2.3　用于对抗生物腐蚀的不同类型聚合物，示例、优点与缺点

用于抑制生物腐蚀的聚合物类别	示　例	优　点	缺　点
添加杀菌剂的传统聚合物	聚氨酯、含氟化合物、环氧树脂、聚酰亚胺、硅树脂、环氧煤焦油以及聚氯乙烯	聚氨酯：抗渗性、良好的附着力和耐磨性、柔韧性以及生物相容性 硅树脂：良好的防腐能力	可被微生物降解，从而导致耐蚀性下降（Ramzanzadeh et al, 2015），但是，在聚氨酯树脂中加入抗菌剂后，微生物数量显著降低，且由于抗菌剂没有挥发和浸出，其抗菌活性随时间保持不变（Grover et al, 2016）
含有季铵化合物的抗菌聚合物	季胺化合物	可作为抗钢铁腐蚀的杀菌剂与缓蚀剂。通过攻击细胞的质膜，导致脂质溶解与细胞组分释放，从而实现抗蚀作用（Qi et al, 2017）	对附着在生物膜内的大型生物效果不佳（Guo et al, 2018）
导电聚合物	聚吡咯（PPY）、聚苯胺（PANI）以及聚噻吩（PBT）	环境稳定性、高导电性和独特的氧化还原机制，起到屏障、抑制剂、保护阳极不受溶解以及调节氧还原的作用（Shi et al, 2015），广泛用于铝、软钢、不锈钢、铜及铜合金的防腐涂层	对基材表面的附着力弱，化学稳定性低（Lv et al, 2014）

2.11　结论

　　石油工业遭受着严重的生物污垢问题，包括微生物污垢和大型生物污垢。毫无疑问，油气设施中微生物的存在会带来代价极大的问题。这些问题包括储层酸化、管道故障、腐蚀以及形成泡沫等。大量报道表明微生物腐蚀发生在各种油气处理设施中，如炼油厂、天然气分馏厂、储罐、油井以及石油管道系统等。微生物腐蚀被认为是破坏管道材料的最主要机制之一，是由于细菌、真菌、微藻等微生物群落的积累而产生的。大型生物污垢源于藤壶和贻贝等大型生物的沉积和生长。这是工业上一个由来已久的问题，威胁着人类的健康与财富。生物污垢对石油管道、海上平台以及船舶等工程结构的不良影响给石油行业带来巨大损失，包括人力、燃料和材料的消耗量显著增多以

及高昂的经济成本。经济代价与社会后果包括：由于机器上形成腐蚀产物导致工厂停产，降低了生产效率和机器的使用寿命；腐蚀导致的产品（油气）污染和/或产量降低；释放严重影响健康的有毒腐蚀产物。在油气行业中，海水广泛用于冷却、消防、油田注水和海水淡化厂。油田海水是适宜的微生物培养基，因为它含有高浓度的硫酸盐（约 20mmol/L）和微生物生长所需的其他营养物质。众所周知，最具破坏性的腐蚀经常发生在好氧和厌氧微生物存在的有氧-缺氧环境中。好氧微生物腐蚀涉及不同类型的微生物，包括硫氧化菌、金属氧化菌和黏液形成菌。同样，导致厌氧微生物腐蚀的不同类型的微生物包括硫酸盐还原菌、铁还原菌和硝酸盐还原菌。抑制微生物腐蚀和大型生物腐蚀有多种方法，使用杀菌剂是最实用的策略。大多数杀菌剂被加入自抛光涂层、受控耗损涂料和金属嵌入的聚丙烯酸树脂中，以解决生物污垢问题。然而，化学杀菌剂的使用后果十分严重，以至于国际海事组织、生物杀灭剂法规（EU 528/2012）等大多数海洋监管机构已禁止其应用。因此，人们已开展深入研究，寻找绿色抗生物污垢剂，如利用植物型生物材料、微藻、大型藻类与海藻的提取物，以及利用微生物来对抗微生物污垢造成的影响。

参考文献

R. N. Águila-Ramírez, A. Arenas-González, C. J. Hernández-Guerrero, B. González-Acosta, J. M. Borges-Souza, B. Véron, J. Pope, C. Hellio, Hidrobiologica **22**, 8 (2012)

S. S. Al-Lihaibi, A. Abdel-Lateff, W. M. Alarif, Y. Nogata, S. -E. N. Ayyad, T. Okino, Asian J. Chem. **27**, 2252 (2015)

K. M. Al-Nabulsi, F. M. Al-Abbas, T. Y. Rizk, A. M. Salameh, Eng. Fail. Anal. **85**, 165 (2015)

R. I. Amann, W. Ludwig, K. H. Schleifer, Microbiol. Rev. **59**, 143 (1995)

M. Anon, *Marine Fouling and its Prevention* (US Naval Institute, Annapolis, US, 1952)

B. G. Ateya, S. M. El-Raghy, M. E. Abdelsamie, J. Appl. Sci. Res. **4**, 1805 (2008)

L. Barros, M. Dueenas, C. T. Alves, S. Silva, M. Henriques, C. Santos-Buelga, I. C. Ferreira, Ind. Crop Prod. **41**, 41 (2013)

D. Batista, A. P. Carvalho, R. Costa, R. Coutinho, S. Dobretsov, Bot. Mar. **57**, 441 (2014)

L. F. Bautista, C. Vargas, N. González, M. C. Molina, R. Simarro, A. Salmerón, Y. Murillo, Fuel Process. Technol. **152**, 56 (2016)

I. B. Beech, C. C. Gaylarde, J. Appl. Microbiol. **67**, 201 (1989)

P. Bhadury, P. C. Wright, Planta **219**, 561 (2004)

S. Bhagavathy, P. Sumathi, J. S. Bell, Asian Pac. J. Trop. Biomed. **1**, S1 (2011)

N. Bhargava, P. Sharma, N. Capalash, Crit. Rev. Microbiol. **36**, 349 (2010)

G. D. Bixler, B. Bhushan, Phil. Trans. R Soc. A **370**, 2381 (2012)

G. Bodtker, T. Thorstenson, B. L. P. Lillebo, B. E. Thorbjørnsen, R. H. Ulvøen, E. Sunde, T. Torsvik, J. Indust. Microbiol. Biotechnol **35**, 1625 (2008)

V. Bonnélye, L. Guey, J. Del Castillo, Desalination **222**, 59 (2008)

S. A. Borchard, E. J. Allian, J. J. Michels, Appl. Environ. Microbiol. **67**, 3174 (2001)

D. Brondel, R. Edwards, A. Hayman, et al. , Corrosion in the oil industry. Oilfield Rev, **4** (1994)

J. G. Burgess, K. G. Boyd, E. Armstrong, Z. Jiang, L. Yan, M. Berggren, U. May, T. Pisacane, A. Granmo, D. R. Adams, Biofouling **19**, 197 (2003)

S. W. Borenstein, in *Microbiologically Influenced Corrosion Handbook* (Wood Head Publishing, Cambridge, England, 1994)

H. S. Campbell, A. H. L. Chamberlain, P. J. Angel, in *Corrosion and Related Aspects of Material for Potable Water Supplies* (Institute of Materials, London, 1993), pp. 222-231

C. Campbell, in *Trends in Oil and Gas Corrosion Research and Technologies* (Elsevier, 2017)

A. P. Carvalho, D. Batista, S. Dobretsov, J. Appl. Phycol. **29**, 789 (2016)

A. P. Carvalho, D. Batista, S. Dobretsov, Appl. Phycol. **29**, 789 (2017)

C. Cattaneo, C. Nicolella, M. Rovatti, Eng. Life Sci. **3**, 187 (2003)

F. Cen-Pacheco, A. J. Santiago-Benítez, C. García, S. J. Álvarez-Méndez, A. J. Martín-Rodríguez, M. Norte, V. S. Martín, J. A. Gavín, J. J. Fernández, A. H. Daranas, J. Nat. Prod. **78**, 712 (2015)

I. G. Chamritski, G. R. Burns, B. J. Webster, N. J. Laycock, Corrosion, 658 (2004)

J. Chan, S. Wong, *Biofouling Types*, *Impact and Anti-fouling* (Nova Science Publishers, New York, NY, 2010)

C. S. Chan, S. C. Fakra, D. Emerson, E. J. Fleming, K. J. Edwards, ISME J. **5**, 717 (2011)

J. Chapman, C. Hellio, T. Sullivan, R. Brown, S. Russell, E. Kiterringham, L. Le Nor, F. Regan, Int. Biodeterior. Biodegrad. **86**, 6 (2014)

X. Chen, Y. Su, F. Shen, Y. Wan, J. Membr. Sci. **384**, 44 (2011)

J. Y. Cho, J. Appl. Phycol. **25**, 299 (2013)

J. H. Choo, Y. Rukayad, J. K. Hwang, Lett. Appl. Microbiol. **42**, 637 (2006)

S. E. A. Christiaen, N. Matthijs, X. -H. Zhang, H. J. Nelis, P. Bossier, T. Coenye, Pathog. Dis. **70**, 271 (2014)

A. S. Clare, J. Mar. Biotechnol. **6**, 229 (1998)

A. Cojocaru, P. Prioteasa, I. Szatmari, Rev. Chim. **67**, 7 (2016)

D. Cork, J. Mather, A. Maka, A. Srnak, Appl. Environ. Microbiol. **49**, 269 (1985)

M. M. Critchlay, R. Pasetto, R. J. O'Halloran, J. Appl. Microbiol. **97**, 590 (2004)

B. A. Da Gama, E. Plouguerne, R. C. Pereira, Adv. Bot. Res. **71**, 413 (2014)

H. U. Dahms, S. Dobretsov, Mar. Drugs **15**, 265 (2017)

H. U. Dahms, S. Dobretsov, P. Y. Qian, J. Exp. Mar. Biol. Ecol. **313**, 191 (2004)

C. Debiemme-Chouvy, H. Cachet, Curr. Opin. Electrochem. **11**, 48 (2018)

A. L. L. De Oliveira, R. de Felício, H. M. Debonsi, Braz. J. Pharm. **22**, 906 (2012)

M. A. Deyab, J. Mol. Liq. **225**, 565 (2018)

S. Dobretsov, ed. by C. Hellio, D. Yebra, (Boca Raton, CRC Press. 2009), pp. 222-239

S. Dobretsov, P. Y. Qian, Biofouling **18**, 217 (2002)

S. Dobretsov, H. U. Dahms, P. Y. Qian, Biofouling **22**, 43 (2006)

S. Dobretsov, R. M. M. Abed, M. Teplitski, Biofouling **29**, 423 (2013)

S. Dobretso, M. Teplitski, M. Bayer, S. Gunasekera, P. Proksch, V. J. Paul, Biofouling **27**, 893 (2011)

Y. Dong, B. Jiang, D. Xu, C. Jiang, Q. Li, T. Gue, Bioelectrochemistry **123**, 34 (2018)

I. Douterelo, J. B. Boxall, P. Deines, R. Sekar, K. E. Fish, C. A. Biggs, Water Res. **65**, 134 (2014)

H. L. Ehrlich, *Geomicrobial Processes: A Physiological and Biochemical Overview Geomicrobiology*, 3rd edn. (Marcel Dekker, New York, NY, 1996), pp. 108-142

N. S. El-Gendy, A. Hamdy, N. A. Fatthallah, B. A. Omran, Energy sources, part A recover. Util. Environ. Eff. **38**, 3722 (2016)

M. Enzien, B. Yin, D. Love, M. Harless, E. Corrin, Improved microbial control programs for hydraulic fracturing fluids used during unconventional shale-gas exploration and production, Paper presented at the SPE International Symposium on Oilfield Chemistry, TheWoodlands, TX (2011)

M. Etique, A. Romaine, I. Bihannic, R. Gley, C. Carteret, M. Abdelmoula, C. Ruby, M. Jeannin, R. Sabot, P. Refait, F. P. A. Jorand, Corros. Sci. **142**, 31 (2018)

H. S. C. Eydal, S. Jagevall, M. Hermansson, K. Pedersen, Int. Soc. Microbial. Ecol. J. **3**, 1139 (2009)

J. B. Fathima, A. Pugazhendhi, R. Venis, Microb. Pathog. **110**, 245 (2017)

T. T. Fida, C. Chen, G. Okpala, G. Voordouw, Appl. Environ. Microbiol. **82**, 4190 (2016)

I. Fitridge, T. Dempster, J. Guenther, R. de Nys, Biofouling **28**, 649 (2012)

H. C. Flemming, in *Microbial Deterioration of Materials*, ed. by E. Heitz, H. -C. Flemming (Springer, 1996), pp. 5-14

R. H. Gaines, J. Ind. Eng. Chem. **2**, 128 (1910)

M. Gajdács, Antibiotics **8**, 52 (2019)

F. Gao, G. Zhang, Q. Zhang, X. Zhan, F. Chen, Int. Eng. Chem. Res. **54**, 8789 (2015)

J. H. Garrett, *The Action of Water on Lead* (Lewis, HK, London, 1891)

F. Goecke, A. Labes, J. Wiese, J. F. Imhoff, Mar. Ecol. Prog. Ser. **409**, 267 (2010)

C. Grandclément, M. Tannières, S. Moréra, Y. Dessaux, D. Faure, FEMS Microbiol. Rev. **40**,

86（2016）

N. F. Gray, Free and combined chlorine, in *Microbiology of Waterborne Diseases*（Elsevier, 2014）. http://dx.doi.org/10.1016/B978-0-12-415846-7.00031-7

A. A. Grigoryan, S. L. Cornish, B. Buziak, S. Lin, A. Cavallaro, J. J. Arensdorf, G. Voordouw, Appl. Environ. Microbiol. **74**, 4324（2008）

N. Grover, J. G. Plaks, S. R. Summers, G. R. Chado, M. J. Schurr, J. L. Kaar, Biotechnol. Bioeng. **113**, 2535（2016）

J. -D. Gu, *Handbook of Environmental Degradation of Materials*（2018）

J. Guo, S. Yuan, W. Jiang, L. Lv, B. Liang, S. O. Pehkonen, Front. Mater. **5**, 1（2018）

R. S. Gupta, Microbiol. Mol. Biol. Rev. **62**, 1435（1998）

J. Gutman, M. Herzberg, S. L. Walker, Environ. Sci. Technol. **48**, 13941（2014）

T. Gu, S. O. Rastegar, S. M. Mousavi, M. Lia, M. Zhou, Bioresour. Technol. **261**, 428（2018）

M. L. Hakim, B. Nugroho, M. N. Nurrohman, I. K. Suastika, I. K. A. P. Utama, in *IOP Conference Series: Earth and Environmental Science*, vol. 339, 012037（2019）

R. W. Lutey, in *Handbook of Biocide and Preservative Use*（Ross more HW ed Blackie Academic & Professional Chapman & Hall, Glasgow UK, 1995）

T. Harder, S. Dobretsov, P. Y. Qian, Mar. Ecol. Prog. Ser. **274**, 133（2004）

C. Holmstrøm, S. Kjelleberg, FEMS Microbiol. Ecol. **30**, 285（1999）

C. Hubert, G. Voordouw, Appl. Environ. Microbiol. **73**, 2644（2007）

J. Hu, K. Miyanaga, Y. Tanji, Biotechnol. Prog. **28**, 319（2012）

W. P. Iverson, Int. Biodeterior. Biodegrad. **47**, 63（2001）

T. H. Jakobsen, M. van Gennip, R. K. Phipps, M. S. Shanmugham, L. D. Christensen, M. Alhede, M. E. Skindersoe, T. B. Rasmussen, K. Friedrich, F. Uthe, P. Ø. Jensen, Antimicrob. Agents Chemother. **56**, 2314（2012）

B. K. Jakob, L. M. Rikke, S. L. Brian, Biotech. Adv. **26**, 471（2008）

J. A. H. Janssen, S. Meijer, J. Bontsema, G. Lettinga, Biotechnol. Bioeng. **60**, 147（1998）

R. Javaherdashti, *Microbiologically Influenced Corrosion: An Engineering Insight*（Springer, London, 2008）

A. Jayaraman, E. T. Cheng, J. C. Earthman, T. K. Wood, Appl. Microbiol. Biotechnol. **48**, 11（1997a）

A. Jayaraman, E. T. Cheng, J. C. Earthman, T. K. Wood, J. Ind. Microbiol. **18**, 396（1997b）

G. E. Jenneman, A. D. Montgomery, M. J. McInerney, Appl. Environ. Microbiol. **51**, 776（1986）

G. E. Jenneman, P. D. Moffitt, G. A. Baja, Field demonstration of sulfide removal in reservoir brine by bacteria indigenous to a Canadian reservoir, paper presented at SPE Annual Technical Conference and Exhibition, San Antonio, 5-8 October 1997（1997）, pp. 189-197

B. Jha, K. Kavita, J. Westphal, A. Hartmann, P. Schmitt – Kopplin, Mar. Drugs **11**, 253（2013）

R. Jia, Y. Li, H. H. Al – Mahamedh, T. Gu, Front. Microbiol. **8**, 1（2017a）

R. Jia, D. Yang, Y. Li, Int. Biodeterior. Biodegrad. **117**, 97（2017b）

R. Jia, D. Yang, H. B. Abd Rahman, T. Gu, Int. Biodeterior. Biodegrad. **125**, 117（2017c）

R. Jia, Yang, D, H. H, Al – Mahamedh, T. Gu, Ind. Eng. Chem. Res. **56**, 7640（2017d）

R. Jia, D. Yang, D. Xu, T. Gu, Bioelectrochemistry **118**, 38（2017e）

R. Jia, T. Unsala, D. Xu, Y. Lekbach, T. Gu, Int. Biodeterior. Biodegrad. **137**, 42（2019）

G. Jones, in *Advances in Marine Anti – fouling Coatings and Technologies*, ed. by C. Hellio, D. Yebra（CRC Press, Boca Raton, 2009）, pp. 19–45

S. L. Jordan, M. R. Russo, R. T. L. Blessing, J. Toxicol. Environ. Health **47**, 299（1993）

V. C. Kalia, Biotechnol. Adv. **31**, 224（2013）

V. C. Kalia, H. J. U. Purohit, Crit. Rev. Microbiol. **37**, 121（2011）

G. P. P. Kamatou, N. P. Makunga, W. P. N. Ramogola, A. M. Viljoen, J. Ethnopharmacol. **119**, 664（2008）

M. Kanagasabhapathy, G. Yamazaki, A. Ishida, Lett. Appl. Microbiol. **49**, 573（2009）

I. Karunker, O. Rotem, M. Dori – Bachash, E. Jurkevitch, R. Sorek, PLoS One **8**, 61850（2013）

G. Kaur, A. K. Mandal, M. C. Nihlani, B. Lal, Int. Biodeterior. Biodegrad. **63**, 151（2009）

V. Keasler, R. M. De Paula, G. Nilsen, L. Grunwald, T. J. Tidwell, in *Trends in Oil and Gas Corrosion Research and Technologies*（Woodhead Publishing, 2017）, pp. 539–562

M. S. Khan, Z. Li, K. Yang, D. Xu, C. Yang, D. Liu, Y. Lekbach, E. Zhou, P. Kalnaowakul, J. Mater. Sci. Technol. **35**, 216（2019）

Z. Khatoon, C. D. McTiernan, E. J. Suuronen, T–F. Mah, E. I. Alarcon, Heliyon **4**, e01067（2018）

J. Kielemoes, I. Bultinck, H. Storms, N. Boon, W. Verstraete, FEMS Microbiol. Ecol. **39**, 41（2002）

J. H. Kim, D. C. Choi, K. M. Yeon, S. R. Kim, C. H. Lee, Environ. Sci. Technol. **45**, 1601（2011）

R. A. King, J. D. A. Miller, Nature **233**, 491（1971）

M. Kitis, Environ. Int. **30**, 47（2004）

E. Korenblum, F. R. V. Goulart, I. A. Rodrigues, F. Abreu, U. Lins, P. B. Alves, A. F. Blank, É. Valoni, G. V. Sebastián, D. S. Alviano, C. S. Alviano, L. Seldin, AMB Express **3**, 44（2013）

Y. Kryachko, S. M. Hemmingsen, Curr. Microbiol. **74**, 870（2017）

G. Kwon, E. Post, A. Tuteja, Mater. Res. Soc. **5**, 475（2015）

L. T. Dall' Agnol, C. M. Cordas, J. J. G. Moura, Bioelectrochemistry **97**, 43（2014）

T. Lachnit, M. Wahl, T. Harder, Biofouling **26**, 245 (2010)

T. Lachnit, M. Fischer, S. Künzel, J. F. Baines, T. Harder, FEMS Microbiol. Ecol. **84**, 411 (2010a)

H. Lade, D. Paul, J. H. Kweon, Int. J. Biol. Sci. **10**, 550 (2014)

K. Lebret, M. Thabard, C. Hellio, in *Advances in Marine Anti-fouling Coatings and Technologies* (Woodhead Publishing, 2009a)

K. Lebret, M. Thabard, C. Hellio, in *Advances in Marine Anti-fouling Coatings and Technologies*, ed. by C. Hellio, D. Yebra (CRC Press, Boca Raton, 2009b), pp. 80-112

W. Lee, Z. Lewandowski, P. H. Nielsen, W. A. Hamilton, Biofouling **8**, 165 (1995)

R. E. Lee, *Phycology* (Cambridge University Press, Cambridge, UK, 2008)

Y. Lekbach, D. Xu, S. El Abed, Y. Dong, D. Liu, M. S. Khan, S. I. Koraichi, K. Yang, Int. Biodeterior. Biodegrad. **133**, 159 (2018)

Y. Lekbach, Z. Li, D. Xu, S. El Abed, Y. Dong, D. Liu, T. Gu, S. I. Koraichi, K. Yang, F. Wang, Bioelectrochemistry **128**, 193 (2019)

S. Liang, Y. Kang, A. Tiraferri, E. P. Giannelis, X. Huang, M. Elimelech, A. C. S. Appl, Mater. Interfaces **5**, 6694 (2013)

T. Liengen, R. Basseguy, D. Feron, *Understanding Biocorrosion: Fundamentals and Applications* (Elsevier, Amsterdam, 2014)

B. J. Little, J. S. Lee, Int. Mater. Rev. **59**, 941 (2014)

H. Liu, T. Gu, Y. Lv, M. Asif, F. Xiong, G. Zhang, H. Liua, Corros. Sci. **117**, 24 (2017)

T. Liu, Z. Guo, Z. Zeng, N. Guo, Y. Lei, T. Liu, S. Sun, X. Chang, Y. Yin, Mater. Interfaces **10**, 40317 (2018)

Y. X. Li, H. X. Wu, Y. Xu, C. L. Shao, C. Y. Wang, P. Y. Qian, Mar. Biotechnol. **15**, 552 (2013)

X. Li, J. Liu, F. Yao, W. -L. Wu, S. -Z. Yang, S. M. Mbadinga, J. -D. Gu, B. -Z. Mu, Int. Biodeterior. Biodegrad. **114**, 45 (2016)

Y. Li, D. Xu, C. Chen, X. Li, R. Jia, D. Zhang, W. Sande, F. Wang, T. Gu, J. Mater. Sci. Technol. **34**, 1713 (2018)

M. J. Loeb, G. Walker, Mar. Biol. **42**, 37 (1977)

A. Lugauskas, G. Bikulčius, D. Bučinskienė, A. Selskienė, V. Pakštas, E. Binkauskienė, Chemija **27**, 135 (2016)

T. K. Lu, J. J. Collins, Proc. Nat. Acad. Sci. USA **104**, 11197 (2007)

L. Lv, S. J. Yuan, Y. Zheng, B. Liang, S. O. Pehkonen, Ind. Eng. Chem. Res. **53**, 12363 (2014)

L. A. Lyons, O. Codina, R. M. Post, *American Power Conference*, Chicago, IL (1988), pp. 18-20

M. M. Mahat, A. H. M. Aris, M. F. Z. R. Yahya, R. Ramli, N. N. Bonnia, M. T. Mamat, in

AIP Conference Proceedings, vol. 1455 (2012), p. 117

H. Mansouri, S. A. Alavi, M. Yari, A Study of pseudomonas aeruginosa Bacteria in Microbial Corrosion, Paper presented at the 3rd International Conference on Chemical, Ecology and Environmental Sciences, Singapore, 28–29 April, 2012

N. Martins, L. Barros, C. Santos–Buelga, Food Chem. **170**, 378 (2014)

W. Ma, M. S. Rahaman, H. Therien–Aubin, J. Water Reuse Desal. **5**, 326 (2015)

W. Ma, M. Panecka, N. Tufenkji, M. S. Rahaman, J. Colloid Interface Sci. **523**, 254 (2018)

J. W. Mihm, W. C. Banta, G. I. Loeb, Exp. Mar. Biol. Ecol. **154**, 167 (1981)

S. Mikhaylin, L. Bazinet, Adv. Colloid Interface Sci. **229**, 34 (2016)

A. K. Monnappa, J. K. Seo, M. Dwidar, J. H. Hur, R. J. Mitchell, Sci. Rep. **4**, 3811 (2014)

M. Moradi, Z. Song, X. Tao, Electrochem. Commun. **51**, 64 (2015)

J. Morales, P. Esparza, S. Gonzalez, R. Salvarezza, M. P. Arevalo, Corros. Sci. **34**, 1531 (1993)

P. S. Murthy, R. Venkatesan, K. V. K. Nair, D. Inbakandan, S. S. Jahan, D. M. Peter, M. Ravindran, Int. Biodeterior. Biodegrad. **55**, 161 (2005)

N. Nakajima, N. Sugimoto, K. Ohki, M. Kamiya, Eur. J. Phycol. **51**, 307 (2016)

J. Narenkumar, P. Parthipan, A. U. R. Nanthini, G. Benelli, K. Murugan, A. Rajasekar, 3 Biotech. **7**, 133 (2017)

J. Narenkumar, P. Parthipan, J. Madhavan, K. Murugan, S. B. Marpu, A. K. Suresh, Environ. Sci. Pollut. Res. , **25**, 5412 (2018)

J. Narenkumar, P. Elumalai, S. Subashchandrabose, M. Megharaj, R. Balagurunathan, K. Murugan, A. Rajasekar, Chemosphere **222**, 611 (2019)

D. F. Oktaviani, S. M. Nursatya, F. Tristiani, A. N. Faozi, R. H. Saputra, M. D. N. Meinita, in *IOP Conference Series: Earth and Environmental Science*, vol. 255 (2019), p. 012045

B. A. Omran, N. A. Fatthalah, N. S. El–Gendy, E. H. El–Shatoury, M. A. Abouzeid, J. Pure Appl. Microbiol. **7**, 2219 (2013)

B. A. Omran, H. N. Nassar, S. A. Younis, N. A. Fatthallah, A. Hamdy, E. H. El–Shatoury, N. S. El–Gendy, J. Appl. Microbiol. **126**, 138 (2018)

J. F. Paczkowski, S. Mukherjee, A. R. McCready, J. –P. Cong, C. J. Aquino, H. Kim, B. R. Henke, C. D. Smith, B. L. Bassler, J. Biol. Chem. **292**, 4064 (2017)

W. C. Paradas, L. T. Salgado, R. C. Pereira, C. Hellio, G. C. Atella, D. de Lima Moreira, A. P. Barbosa do Carmo, A. R. Soares, G. M. Amado–Filho, Plant Cell Physiol. **57**, 1008 (2016)

P. Parthipan, P. Elumalai, Machuca, L. L. Murugan, K. Karthikeyan, O. P. Rajasekar, A. J. Narenkumar, Int. Biodeterior. Biodegrad. **132**, 66 (2018)

W. Paulus, *Directory of Microbicides for the Protection of Materials – A Handbook* (Kluwer Academic Publishers, Dordrecht, 2012)

A. Pedersen, M. Hermansson, Biofouling **1**, 313 (1989)

A. Pedersen, M. Hermansson, Biofouling **3**, 1 (1991)

A. Pedersen, S. Kjelleberg, M. Hermansson, A screening method for bacterial corrosion of metals. J. Microbiol. Methods. **8** (4), 191–198 (1988)

A. Pedramfar, K. B. Maal, S. H. Mirdamadian, Anti-Corros. Method Mater **64**, 607 (2017)

F. Perreault, M. E. Tousley, M. Elimelech, Environ. Sci. Technol. Lett. **1**, 71 (2014)

F. Perreault, H. Jaramillo, M. Xie, M. Ude, M. Nghiem, L. D. Elimelech, Environ. Sci. Technol. **50**, 5840 (2016)

G. R. Petrucci, Desalination **182**, 283 (2005)

E. Plouguerné, C. Hellio, C. Cesconetto, M. Thabard, K. Mason, B. Véron, R. C. Pereira, B. A. P. da Gama, J. Appl. Phycol. **22**, 717 (2010)

D. Pokorna, J. Zabranska, Biotechnol. Adv. **33**, 1246 (2015)

S. Prabhakaran, R. Rajaram, V. Balasubramanian, K. Mathivanan, Asian Pac. J. Trop. Biomed. **2**, 316 (2012)

A. Pugazhendhi, D. Prabakar, J. M. Jacob, I. Karuppusamy, R. G. Saratale, Microb. Pathog. **114**, 41 (2018)

P. -Y. Qian, Y. Xu, N. Fusetani, Biofouling **25**, 223 (2009)

L. Qiu, Y. Mao, A. Gong, W. Zhang, Y. Cao, L. Tong, Anti-Corros. Method Mater. **63**, 269 (2016)

Y. Qi, J. Li, R. Liang, S. Ji, J. Li, M. Liu, Front. Env. Sci. Eng. **11**, 14 (2017)

Q. Qu, L. Wang, L. Li, Y. He, M. Yang, Z. Ding, Corros. Sci. **98**, 249 (2015)

A. I. Railkin, *Marine Biofouling Colonization Processes and Defenses*. (CRC Press, Boca Raton, FL, 2004)

S. Rajagopal, in *Operational and Environmental Consequences of Large Industrial Cooling Water Systems*, ed. by S. Rajagopal, H. A. Jenner, V. P. Venugopalan (Springer, NewYork, 2012), pp. 163–182

M. A. Rahaman, H. Thérien-Aubin, M. Ben-Sasson, C. K. Ober, M. Nielsen, M. Elimelech, J. Mater. Chem. B **2**, 1724 (2014)

B. Ramezanzadeh, E. Ghasemi, M. Mahdavian, E. Changizi, M. H. Mohamadzadeh Moghadam, Carbon N. Y. **93**, 555 (2015)

T. S. Rao, in *Mineral Scales and Deposits* (Elsevier, 2015), p. 123

T. S. Rao, A. J. Kora, B. Anupkumar, S. V. Narasimhan, R. Feser, Corros. Sci. **47**, 1071 (2005)

D. S. Richardson, in: *Biotechnology in the Marine Sciences*, ed. by R. R. Colwell, A. J. Sinskey, E. R. Pariser (Wiley, New York, 1984), pp. 243–248

J. Rocha-Estrada, A. E. Aceves-Diez, G. Guarneros, Appl. Microbiol. Biotechnol. **87**, 913 (2010)

M. Saha, M. Wahl, Biofouling **29**, 661 (2013)

N. O. San, H. Nazir, G. Donmez, Corros. Sci. **79**, 177 (2014)

S. Satheesh, M. A. Ba-akdah, A. A. Al-Sofyani, Electron. J. Biotechnol. **21**, 26 (2016)

K. Saurav, V. Costantino, V. Venturi, L. Steindler, Mar. Drugs **15**, 53 (2017)

N. Schwartz, S. Dobretsov, S. Rohde, P. J. Schupp, Eur. J. Phycol. **52**, 116 (2017)

C. U. Schwermer, G. Lavik, R. M. M. Abed, Appl. Environ. Microbiol. **74**, 2841 (2008)

C. A. O. Shan, J. Wang, H. Chen, Mater. Sci. **56**, 598 (2011)

Y. Shi, L. Peng, Y. Ding, Y. Zhao, G. Yu, Chem. Soc. Rev. **44**, 6684 (2015)

A. Silkina, A. Bazes, J. -L. Mouget, Mar. Pollut. Bull. **64**, 2039 (2012)

S. Sillankorva, P. Neubauer, J. Azeredo, Biofouling **26**, 567 (2010)

T. L. Skovhus, R. B. Eckert, E. Rodrigues, J. Biotechnol. **256**, 31 (2017)

V. Smyrniotopoulos, D. Abatis, L. A. Tziveleka, J. Nat. Prod. **66**, 21 (2003)

E. F. C. Somerscales, J. G. Knudsen, in *Fouling of Heat Transfer Equipment* (Hemisphere Publishing Corporation, Washington, DC, 1981)

P. S. Stewart, L. Grab, J. A. Diemer, J. Appl. Microbiol. **85**, 495 (1998)

H. Stolp, M. P. Starr, Antonie Van Leeuwenhoek **29**, 217 (1963)

J. F. D. Stott, A. A. Abdullahi, *Module in Materials Science and Materials Engineering* (Elsevier Inc. , 2018). https://doi. org/10. 1016/b978-0-12-803581-8. 10519-3

R. Stümper, Compt. Rend. Acad. Sci. **176**, 1316 (1923)

J. M. Suflita, D. F. Aktas, A. L. Oldham, B. M. Perez-Ibarra, K. Duncan, Biofouling **28**, 1003 (2012)

M. S. Suma, R. Basheer, B. R. Sreelekshmy, Int. Biodeterior. Biodegrad. **137**, 59 (2019)

N. Suri, J. Voordouw, G. Voordouw, Front. Microbiol. **8**, 956 (2017)

S. Sweta, R. Kumar, Y. V. Harinath, T. S. Rao, Sci. Eng. **35**, 90 (2013)

K. Tang, X. Zhang, Mar. Drugs **12**, 3245 (2014)

J. Telegdi, A. Shaban, L. Trif, in *Trends in Oil and Gas Corrosion Research and Technologies* (Elsevier Ltd. , 2017), p. 191

R. K. Thauer, K. Jungermann, K. Decker, Bacteriol. Rev. **41**, 100 (1977)

R. K. Thauer, A. K. Kaster, H. Seedorf, W. Buckel, R. Hedderich, Nat. Rev. Microbiol. **6**, 579 (2008)

T. J. Tidwell, R. De Paula, M. Y. Smadi, V. V. Keasler, Int. Biodeterior. Biodegrad. **98**, 26 (2015)

R. L. Townsin, Biofouling **19**, 9 (2003)

T. Tralau, M. Oelgeschläger, R. Gürtler, Arch. Toxicol. **89**, 823 (2015)

K. M. Usher, A. H. Kaksonen, I. Cole, D. Marney, Int. Biodeterior. Biodegrad. **93**, 84 (2014)

H. A. Videla, L. K. Herrera, Int. Biodeterior. Biodegrad. **63**, 896 (2009)

H. A. Videla, L. K. Herrera, Int. Microbiol. **8**, 169（2015）

H. A. Videla, in *Biodeterioration*, ed. by D. R. Houghton, R. N. Smith, H. O. W. Eggins（Elsevier Applied Science, London, 1988）, p. 359

C. A. H. Von Wolzogen Kuehr, L. S. Van der Vlugt, Water **18**, 147（1934）

L. K. Wang, V. Ivanov, in *Environmental Biotechnology*, ed. by J. H. Tay（Springer Science & Business Media, New York, 2010）

M. Walch, in *Encyclopaedia of Microbiology*, ed. by J. Lederberg（Academic Press, New York, 1992）, pp. 585–591

J. Walker, S. Surman, J. Jass, in *Industrial Biofouling Detection, Prevention and Control*（Wiley, New York, 2000）

G. E. Walshe, L. Pang, M. Flury, Water Res. **44**, 1255（2010）

M. Wahl, F. Goecke, A. Labes, Front. Microbiol. **3**, 292（2012）

H. Wake, H. Takahashi, T. Takimoto, H. Takayanagi, K. Ozawa, M. Kadoi, M. Okochi, T. Matsunaga, Biotechnol. Bioeng. 95, 468（2006）

M. F. Wang, H. F. Liu, L. M. Xu, J. Chin. Soc. Corros. Prot. **24**, 159（2004）

D. Wang, F. Xie, M. Wu, G. Liu, Y. Zong, X. Li, Metall. Mater. Trans. A **48A**, 2999（2017）

H. Wan, D. Song, D. Zhang D, C. Du, D. Xu, Z. Liu, D. Ding, X. Li, Bioelectrochemistry **121**, 18（2018）

J. M. Willey, L. M. Sherwood, in *Prescott's Principles of Microbiology*, ed. by C. J. Woolverton（McGraw Hill Higher Education, New York, 2009）

J. Xia, C. Yang, D. Xu, D. Sun, L. Nan, Z. Sun, Q. Li, T. Gu, K. Yang, Biofouling **31**, 481（2015）

D. Xu, Y. Li, F. Song, T. Gu, Corros. Sci. **77**, 385（2013）

D. Xu, Y. Li, T. Gu, Bioelectrochemistry **110**, 52（2016）

D. Xu, J. Xia, E. Zhou, D. Zhang, H. Li, C. Yang, Q. Li, H. Lin, X. Li, K. Yang, Bioelectrochemistry **113**, 1（2017a）

D. Xu, R. Ji, Y. Li, World J. Microbiol. Biotechnol. **33**, 97（2017b）

W. J. Yang, X. Tao, T. Zhao, L. Weng, E. -T. Kang, L. Wang, Polym. Chem. **6**, 7207（2015）

S. Yan, G. -L. Song, Z. Li, H. Wang, D. Zheng, F. Cao, M. Horynova, M. S. Dargusch, L. Zhou, J. Mater. Sci. Technol. **34**, 421（2018）

D. M. Yebra, S. Kiil, J. K. Dam, Prog. Org. Coat. **50**, 75（2004）

G. Yeroslavsky, O. Girshevitz, J. Foster-Frey, D. M. Donovan, S. Rahimipour, Langmuir **31**, 1064（2015）

G. Ye, J. Lee, F. Perreault, M. Elimelech, ACS Appl. Mater. Interfaces **7**, 23069（2015）

S. Ying-ying, W. Hui, G. Gan-lin, P. Yin-fang, Y. Bin-lun, W. Chang-hai, Environ. Sci.

Pollut. Res. **22**, 10351（2015）

S. J. Yuan, S. O. Pehkonen, Corros. Sci. **51**, 1372（2009）

S. Yuk, Kamarisima, A. H. Azam, K. Miyanaga, Y. Tanji, Biochem. Eng. J. **156**, 107520（2020）

K. A. Zarasvand, V. R. Rai, Int. Biodeterior. Biodegrad. **87**, 66（2014）

D. Zhang, F. Zhou, K. Xiao, T. Cui, H. Qian, X. Li, JMEPEG **24**, 2688（2015）

B. F. Zimmermann, S. G. Walch, L. N. Tinzoh, W. Stühlinger, D. W. Lachenmeier, J. Chromatogr. B Anal. Technol. Biomed. Life Sci. **879**, 2459（2011）

第3章　重视石油和天然气设施中微生物生物膜的破坏性影响

摘要： 无论是天然还是人造的表面都很容易受到微生物的定植，形成一层黏滑的外膜，里面包含大量的微生物代谢物。通常情况下，当微生物群落在胞外多糖基质中形成时，生物膜即形成。存活在基质中的微生物具备很多有利条件，如丰富的水分和养分、基因转移的优化，以及对毒素、化学品、消毒剂、抗生素和干燥等恶劣的环境条件的抵抗力。生物膜在医疗、工业、海洋、石油、天然气和饮用水等很多领域都会造成严重的不良后果。本章着眼于生物膜对石油和天然气工业的影响，回顾了在生物膜的结构、发育阶段、表征生物膜的常用技术以及所产生的胞外多糖等方面的研究进展。此外，本章也探讨了可以抑制生物膜形成的预防策略和影响微生物黏附的不同表面因素。

关键词： 微生物膜；组成；阶段；胞外聚合物基质；经济影响

3.1　引言

大约90%以上的现存水生细菌通常附着在界面上（例如表面微米薄层）和沉积物/水界面（Rao，2015）。生物膜被定义为"细菌、蓝藻和藻类等生物通过胞外聚合基质黏附在基底上，这种基质具有捕获可溶物质、微粒物质和固定细胞外酶的潜力，并充当营养物质和不同元素的储存场所"（Rao，2015）。根据Zobell和Allen（1935）以及Zobell（1938、1939）的研究，细菌是船舶上生物膜形成的主要原因。同时，生物膜的组成区别很大。生物膜在很多领域造成严重的问题，包括医疗保健行业（Floyd et al，2017）、水处理和海洋产业（Chapman et al，2010、2013、2014；Gangadoo et al，2016）、淡水系统（Chapman and Regan，2011）、传感器窗口（Chapman and Regan，2012）、植入产业（Gangadoo and Chapman，2015）和油气设施（Liduino et al，2019；Li et al，2020）。Elbourne等（2019a、b）证明了生物膜的形成是一个动态过程。首先，对基底进行生化调节，以促进自由生活的微生物在含有可作为食物的化学活性成分的表面沉降。然后，微生物通过水流动力学的影响，或通过鞭毛、毛、卷毛或菌毛及其外膜蛋白等细胞器的作用发生运动（Elbourne et al，2019a、b）。这些细胞器有助于细菌与表面相互作用。这些细菌的物理特性以及自然流动使细菌细胞能够克服周围环境中的斥力。此外，生物膜的建立受基底特性（电荷、亲水性、疏水性等）的很大影响。一旦细菌开始黏附，附着的细菌细胞开始产生胞外聚合物（Elbourne et al，2019a、b）。附着的细胞开始分泌二十碳五烯酸，并通过称为群体感应的方式开始沟通。然后，随着细菌细胞开始复制，分泌的 EPS 在表面累积，形成的三维结构称为"成熟生物膜"。最后，微生物腐蚀的严重后果意味着生物膜的形成。

生物膜由不同的成分组成，如被吸附的物质、有机溶质、金属离子和无机粒子。微生物比浮游生物更利于形成微生物生物膜。生物膜有助于创建不同的区域和梯度，如不同的氧含量、不同的酸化和离子浓度区域。此外，微生物同化成生物膜最重要的原因是，建立不同的策略来承受不稳定和恶劣的环境条件。当环境条件变得恶劣和不利时，一种独特的生物应激反应引起生物膜的形成。在大多数自然环境中，微生物黏附在表面是微生物的主要生活方式。这是因为生物膜提供了理想的微环境，使细胞不受外力和剪应力的影响。值得注意的是，为了保护微生物免受抗菌剂、毒素、捕食者、干燥、紫外线（UV）辐射和其他生物威胁因素的影响，生物膜有时也至关重要（Lories et al，2020）。此外，生物膜有助于增加微生物种群的表型多样性，促进获取丰富的养分，以及支持代谢和基因转移。尽管如此，在生物膜中生长也存在一些缺点，如不易传质。

3.2 生物膜的定义和组成

生物膜的术语名称不止一个，还有如水生附着生物和底栖植物（膜）。水生附着生物一词最早由 Behnin 于 1924 年提出，用来指附着在水中人工表面上生长的生物（Cooke，1956）。水生附着生物被定义为"一种复杂的群落，主要包括异养细菌、光自养藻类、真菌、原生动物、病毒、后生动物以及附着在基底上的有机和无机碎屑"。这一术语常用于淡水和水产养殖池塘系统。相反，在海洋生态系统中，"微型底栖植物"一词用于描述附着在受光照的沉积物上的光合微生物，如蓝藻和真核藻类（MacIntyre et al，1996）。广泛使用的术语"生物膜"对这些标准进行了概括性的描述（Sanli et al，2015）。根据 Vu 等（2009）的说法，"生物膜"一词最早出现在 1978 年。生物膜可以定义

为 "相互黏附和/或黏附在表面或界面，被基质封闭的细菌种群"（Costerton et al，1995）。为了充分理解生物膜的概念，了解细菌发生的状态是至关重要的。第一种状态是浮游或自由生活或自由游动的形式。当周围的整体环境中有营养物质时，有利于细菌生长。相反，当营养物在整体溶液中有限并难以获取，而只存在于表面时，细菌便开始附着在表面上，并在这些表面上固着或静止。生物膜就是由这些固着细菌构成的。生物膜是一种复杂的结构，主要由水（95%）、细菌、EPS、酶、蛋白质、eDNA、脂类、腐蚀产物和金属离子组成。EPS 涉及不同大分子的存在，这些大分子调控了细胞在材料表面的初始附着，并为广泛的氧化还原和酶活性提供了完美的条件。这些生物聚合物可以分为两种主要类型：如果它们通过非共价相互作用强烈地附着在材料表面，则为 "紧密型"；如果它们周期性地附着在表面，则为 "松散型"（Beech and Gaylarde，1989）。微生物产生的 EPS 有多种作用，包括：①捕获营养物质和有毒化合物；②通过缓冲 pH 值和盐度变化增加细胞外酶的活性和稳定性；③群体感应；④交换遗传信息；⑤充当锚定作用；⑥防范捕食者（Decho and Gutierrez，2017）。

EPS 不仅含有多糖和蛋白质，在某些情况下还由脂类、核酸和其他生物聚合物组成（Flemming and Wingender，2001）。Decho 和 Gutierrez（2017）的研究表明，大多数海洋细菌产生的杂多糖都是由 3~4 种不同的单糖组成，如按组排列的戊糖、己糖、糖醛酸或氨基糖。嗜热细菌南极热芽孢杆菌可产生一种含有甘露糖和葡萄糖的硫酸盐杂多糖，以及一种以甘露糖为主要成分的硫酸盐单多糖（Manca et al，1996）。嗜热菌株喜温地芽孢杆菌产生的 EPS 表现出不寻常的特性，如在高温下的稳定性（即纯化的 EPS 在 280℃下才发生热降解）（Kambourova et al，2009）。值得一提的是，Van der Merwe 等（2009）的一项研究表明，在冰芯较冷区域，每单位生物量 EPS 的产量更大，表明 EPS 对海冰生物群具有低温保护作用。数十亿年来，生物膜帮助细菌细胞在恶劣的环境条件下生存，并让它们在地球上几乎所有的栖息地繁衍生息。附着的细菌细胞从固液界面（特别是表面吸附的营养物质）获益（De Carvalho，2018）。

3.3　生物膜的发展阶段

生物膜的形成可能需要几小时到几周的时间，这主要取决于基底组成、周围环境的物理和生物特性（Wang，2011）。生物膜的形成是同时发生的物理、化学和生物相互作用的结果。生物膜的形成过程如图 3.1 所示。与表面

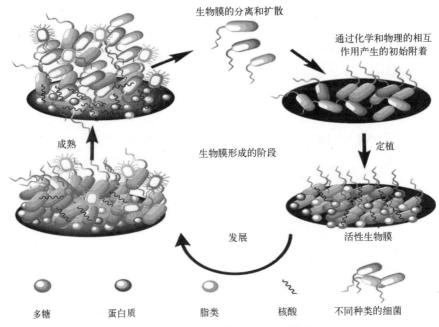

图 3.1　活性生物膜形成的循环阶段

相联系的第一层物质不是微生物，而是有机分子、盐和溶剂化离子。这些成分被细菌用作营养物质、电子受体、酶辅因子、微量元素等。它们从体相电解质转移到金属表面，并被吸附，随后被表面的异质结构所保留。一个干净的表面与水接触后，几乎立刻就会形成一层由有机沉积物和无机沉积物组成的复合层。这些成分形成一个调节层，中和表面电荷并减少表面自由能。一些浮游（自由活动）细胞从体相电解质迁移到预先处理过的表面（Dang and Lovell，2016）。这些先驱细胞通过静电吸引和物理作用嵌入到边界层中。部分迁移过来的细胞在一定时间内被吸附到预处理表面上，然后发生脱吸附（可逆吸附）（Furey et al，2017）。脱吸附过程主要受电解质流动产生的剪应力控制。然而，还有其他的物理、化学和生物因素，它们可能单独或共同影响分离过程，例如，代表细胞间通信过程的群体感应现象。能够吸附在表面上的部分微生物在临界停留时间后构成不可逆吸附膜。被不可逆吸附的细胞开始利用电解质和金属表面的营养物质发育和复制。这导致固着细胞数量的递增，生物膜的厚度和密度随之增加。细胞外聚合物基质（EPM）的大量产生促进了生物膜的内聚。当已发育的生物膜达到成熟状态时，新的细胞（次级定植体）和有机、无机物会附着在其表面。次级定植细胞代谢来自初级定植细胞的废物，并产生自身的废物供其他细胞使用。群体感应调节生物膜中细胞的浓度，并在达到临界细胞浓度时，调控脱吸附现象。生物膜的外部部分分离并返回到体相电解质中。分离的细胞可能在其他地方重新附着到一个新的表面上，形成一个新的生物膜或与先前建立的生物膜合并。附着在生物膜上的细胞形成了结构复杂、异质的多重菌群。当生物膜在石油和天然气设施中形成时，会对管道造成严重的损伤，对生产的产品造成污染，并增强金属失效过程（腐蚀）。

（图解）细胞最初通过物理和化学作用附着在表面上，形成细胞单层。随后，细胞开始在单层中增殖，形成活性生物膜并释放 EPS。在这一点上，表面成为进一步发展生物膜的先决条件，并受到机械应力和水动应力等多种环境条件的影响。然后，生物膜达到成熟，恢复流动性并进行趋化。生物膜分离并开始扩散到另一个表面。

3.4 石油和天然气工业中生物膜造成的经济损失估算

对一些行业来说，形成生物膜背后的损失非常大。Fitridge 等（2012）报道称，以水产养殖为例，估计每年的损失达到 15~30 亿美元。Ibrahim（2012）证明，热交换器中形成生物膜产生的损失预计是总维护成本的 7.5%。而在油气设施中，微生物腐蚀和生物膜导致损失占总腐蚀损失的 20%~30%（Skovhus et al，2017a、b）。Fernandes 等（2016）报道称，在海上运输领域中，形成生物膜造成船舶年运营成本增加 1.6%~4%，燃料消耗增加 35%~50%。据 Maddah 和 Chogle（2017）称，生物膜的形成导致海水淡化系统的清洗操作成本很高。

3.5 生物膜表征技术

不同显微技术的发展使得生物膜的表征更易于研究、解释、理解和可视化。人们使用过很多不同的显微镜来表征生物膜，包括共聚焦激光扫描显微镜、扫描电子显微镜和冷冻电子显微镜。

3.5.1 激光共聚焦扫描显微镜

激光共聚焦扫描显微镜（CLSM）是一种依赖于使用一系列荧光探针的显微技术，有助于生物膜的可视化。它在生物膜的可视过程中不会造成破坏。它能够对基底上的生物膜样品进行原位分析。CLSM 的另一个优点是能够观察生物膜的充分水合状态或活体状态。它也使对生物膜复杂性和异质性的检测成为可能。该方法使用不同波长（458nm、477nm、488nm、514nm和633nm）来产生散射指纹光谱。Waller等（2018）在培养皿中制备了生物膜，然后将已建立生物膜的培养皿浸入磷酸盐缓冲液（PBS）中。然后，用Syto9对生物膜内的完整细胞进行染色，以简化成像过程。从多个位置拍摄了光学图像，可视化表征生物膜结构。Olson等（2018）使用CLSM对医学上产生的白色念珠菌和光滑念珠菌生物膜群体进行可视化培养。

3.5.2　扫描电子显微镜

在过去的几十年里，SEM是一种观察和探究生物膜的标准技术。通常，为了使用扫描电镜观察生物膜，生物膜需在基底上生长、化学固定、脱水、冻裂、临界干燥，然后溅射涂层进而进行分析。近年来的扫描电镜方法主要采用能够表征生物膜结构的聚焦离子束（FIB）。遗憾的是，它也有一些缺点——破坏样品，在样品内部会出现非晶态层，并且这是一项耗时的技术。因此，最好将聚焦离子束-扫描电子显微镜（FIB-SEM）与其他技术联用，以提供有关研究样品的全面信息。

3.5.3　冷冻电子显微镜

冷冻电子显微镜（Cryo-EM）可提供目标生物膜结构外观的高分辨率图像。现代Cryo-EM采用了电子冷冻断层扫描（ECT）和单粒子分析（SPA）等新技术。但这些技术与样本大小密切相关，因为大的微生物细胞变得太厚，无法进行有意义的分析。为了克服这一问题，人们发明了新的技术，例如Briegel和Uphoff（2018）报道的软X射线断层扫描（SXT）和冷冻扫描断层透射成像（CSTET）。Hrubanova等（2018）发现，使用高压冷冻（HPF）可以固定水化样品。因此，可以获得生物膜结构的具体信息。HPF和冷冻断裂工艺的结合升级了基于EM的细菌生物膜成像以及生物膜内胞外聚合物（EPS）相关物质的成像。

3.5.4　扫描透射X射线、原子力、软X射线和数字延时显微镜

扫描透射X射线显微镜（STXM）用于研究水合生物膜，因为软X射线具有穿透水的能力。STXM、CLSM和透射电子显微镜通常用来确定生物膜中大分子成分的分布，如Lawrence等（2003）所证明的蛋白质、多糖、核酸和脂类。这有助于绘制生物膜的组成和结构。此外，原子力显微镜阐明了生物膜表面的形貌，并有助于分析存在于表面的细菌生物膜的EPS（Palmer and Sternberg，1999；Hansma et al，2000）。软X射线显微镜用于研究细菌定植的

早期步骤（Gilbert et al, 1999）。此外, 数字延时显微镜用于原位研究流动细胞内生物膜的生长和脱落（Stoodley et al, 2001）。最后, 近场扫描光学显微镜被用来探究形成生物膜细菌的结构和组成。

3.5.5　傅里叶变换红外、核磁共振和拉曼光谱

傅里叶变换红外光谱通常用于分析膜表面的微生物聚集物（Ridgway et al, 1983; Suci et al, 2001）。正如 Suci 等（2001）报道称, FTIR 可提供污垢层化学结构的信息。遗憾的是, 它没有提供有关生物膜厚度的数据, 但它可以区分发生在同一检测膜上的不同类型的积垢（Schmid et al, 2003）。采用核磁共振显微镜可用于对反渗透（RO）膜中工业生物污垢的研究。NMR 显微镜定量测量了 RO 膜上的生物污垢和对 RO 膜质量传输和流体动力学的预期影响。在 Cui 等（2011）的一项研究中, 表面增强拉曼光谱（SERS）促进了对聚偏二氟乙烯（PDVF）膜上污染蛋白的检测。

3.6　EPS 表征

为了能够表征产生的 EPS, 必须从生物膜中完整地提取 EPS, 并对其成分进行鉴定和定量分析（Nguyen et al, 2012）。一种完美的 EPS 提取方法不应改变其性质或导致活细胞的溶解（Nielsen and Jahn, 1999）。EPS 的提取技术共分为三大类: 化学法、物理法以及两者相结合的方法。传统的物理方法包括加热（Morgan et al, 1990）、离子交换（Frolund et al, 1996）、离心、透析、超声和过滤（Comte et al, 2006）。化学方法涉及使用化学试剂, 如甲醛、乙二胺四乙酸（EDTA）、乙醇和氢氧化钠（Liu and Fang, 2002）。Comte 等（2006）证明, 物理方法产生的 EPS 产量通常低于化学方法。尽管如此, 物理提取的 EPS 污染较少, 且不受试剂的影响, 导致较少的细胞溶解。两种方法的结合将更有效, 并获得高产量（Nielsen and Jahn, 1999）。FTIR 光谱、X 射线能量色散谱、高效尺寸排阻色谱法、高效液相色谱法、气相色谱-质谱法、脱氧核糖核酸测定以及质子核磁共振等一些其他技术, 也可以用于表征分泌的微生物 EPS（Nguyen et al, 2012）。

3.7　生物膜在微生物腐蚀中的多重作用

生物膜在微生物腐蚀中的作用主要取决于其组成、结构和生理活性。所

有这些因素都是基于内在因素（如附着细胞的基因型的组合）和外在因素（包括周围的物理化学环境）的结合（Sutherland，2001）。一般来说，生物膜通过加速腐蚀速率来影响腐蚀（Geesey and Bryers，2000）。生物膜可以通过下列方式加速金属的腐蚀：

（1）通过微生物菌落及其产物的零星分布产生氧气浓度或差异充气电池。因此，建立了局部电化学腐蚀单元（Hamilton，1995）。氧浓度梯度通常是由于好氧生物消耗氧气而在表面造成的。因此，生物膜的深层被转化为厌氧生态位，为硫酸盐还原菌的生长提供了完美的栖息地（Flemming and Schaule，1996）。

（2）EPS 是生物膜的主要组成部分，支撑着生物膜中异质性和微环境的可持续。EPS 还通过金属结合和/或腐蚀产物的保留作用，更直接地影响腐蚀。这个过程称为"金属离子螯合"（Hamilton，2000）。

（3）改变缓蚀剂在金属表面的稳定性（Hamilton，1995）。

（4）改变介质的电导率（Hamilton，1995）。

（5）抑制杀菌剂活性（Hamilton，1995）。

（6）生物膜表面区域的好氧和兼性异养物种可以为生物膜基底的 SRB 的生长和活性创造必要的营养和物理化学条件，进而引发微生物腐蚀（Videla，1994）。

为了缓解油气设施中的储层酸化，可以注入硝酸盐，促进 NRB 的生长，NRB 反过来又可以抑制 SRB 的生长（Gieg et al，2011）。但遗憾的是，如果注入的硝酸盐没有在储层中完全利用，则 NRB 可能会腐蚀自身。最终，NRB 和硝酸盐都可能进入石油输送管道。因为铁氧化和硝酸盐还原为 NRB 的呼吸提供能量（Ghafari et al，2008），因此，这可能会导致 NRB 微生物腐蚀。Nijburg 等（1998）报道，地衣芽孢杆菌是一种兼性厌氧菌，具有硝酸盐呼吸代谢的能力。此外，López 等（2006）认为地衣芽孢杆菌是油田生物膜中广泛存在的一种丰富的微生物。Xu 等（2013）研究了地衣芽孢杆菌作为硝酸盐还原菌的行为。结果表明，在缺氧条件下，地衣芽孢杆菌对 C1018 碳钢而言是一种硝酸盐还原菌腐蚀菌株。第 3 天和第 7 天记录的重量损失分别为 $0.24mg/cm^2$ 和 $0.89mg/cm^2$，浸板的凹坑深度分别为 $13.5\mu m$ 和 $14.5\mu m$。实验结果表明，地衣芽孢杆菌在厌氧条件下会造成剧烈的点腐蚀。

Cetin 和 Aksu（2013）研究了在脱硫弧菌存在下低合金钢的腐蚀行为。脱硫弧菌是从土耳其巴特曼（Batman）生产井取样的油水混合物中分离出来的。分离的菌株通过 ABI 3100 基因分析仪进行鉴定（来自中东科技大学的REFGEN 实验室，位于土耳其安卡拉）。在硫酸盐存在的情况下，SRB 分离物利用甲酸盐、丁酸盐或富马酸盐作为碳源。脱硫弧菌是一种革兰氏阴性和非孢子形成细菌。细胞呈圆形棒状，平均尺寸为 $(0.5\pm0.1)\sim(3\pm0.4)\,\mu m$。将分离的 SRB 菌株用钢贴片培养 1 个月后，得到两层不同成分的腐蚀产物。在含脱硫弧菌的培养基中培养的钢贴片的 SEM 显微照片能够证实腐蚀产物的形成和细胞在整个贴片中的分布。X 射线能量色散谱分析表明，上层主要由 Fe（64.7%）和 P（30.8%）组成，此外还包含其他元素。底层由 Fe、P 和 S 组成，其比例分别为 86.1%、5.2% 和 3.8%。因此，底层 Fe 和 S 含量增加，P 含量较低。利用 EIS 和 Tafel 探测技术评估了分离株对低合金钢的影响。Tafel 图显示腐蚀电位负向位移，EIS 测量结果显示腐蚀速率随着培养时间的增加而增加。

S32654 超级奥氏体不锈钢（SASS）具有很强的耐腐蚀性能。Li 等（2015）对腐蚀性海洋细菌铜绿假单胞菌的影响进行了深入研究。利用线性极化电阻和电化学阻抗谱等电化学测量方法研究了材料的腐蚀现象。结果表明，铜绿假单胞菌生物膜的存在加速了 S325654 SASS 的腐蚀速率，其表现为开路电势 E_{ocp} 的负移。此外，在培养基中极化电阻减小，腐蚀电流密度增大。培养 14 天后，铜绿假单胞菌产生的凹坑深度达到 $2.83\,\mu m$，这比对照组（仅为 $1.33\,\mu m$）要深得多。用 XPS 检测贴片上表层释放的腐蚀产物，含有 C、Mo、N、O、Cr、Na、Ni、Fe 和 Cl 等元素。表面 Na 和 Cl 元素的存在是由于使用了海水作为模拟培养基。这可能是铜绿假单胞菌生物膜催化了 CrO_3 的形成，这对钝化膜是有害的，会导致微生物点腐蚀。此外，还发现了高分辨率的 Cr 芯能级谱，表明存在 Cr、Cr_2O_3 和 CrO_3。腐蚀的加速与 CrO_3 的形成有关，而 CrO_3 对钝化膜有破坏作用。Wan 等（2017）通过电化学和表面技术研究了蜡样芽孢杆菌对 X80 管线钢的腐蚀。扫描电子显微镜证实了一些蜡样芽孢杆菌细胞的存在并黏附在 X80 钢上。EIS 表明蜡样芽孢杆菌对 X80 钢具有加速腐蚀的能力。表面分析表明蜡样芽孢杆菌能加速 X80 钢的点腐蚀，最深的坑达到 $11.23\,\mu m$。在含蜡样芽孢杆菌水中浸泡 60 天后，出现 U 形裂纹和孔洞。XPS 数据显示 X80 钢表面存在 NH_4^+。由此推断蜡样芽孢杆菌是一种硝酸盐还原菌，而硝酸盐还原机制是导致 X80 钢微生物腐蚀的原因。

人们普遍认为，SRB 生物膜的厚度和结构在不同的营养环境中有很大的差异。在实际应用中，某些应激条件可能会阻碍获得 SRB 代谢所需的消耗性有机物。最重要的原因之一是，有机物从体相-流动相扩散到生物膜内部是有限的（Matin et al，1989）。然而，正如 Chen 等（2015）和 Xu 等（2016a、b）在之前的许多研究中指出，SRB 在碳源不足时具有在钢上生存的能力。当元素铁作为能源时，就会发生这种情况，但这会导致点腐蚀。Liu 等（2018）研究了 SRB 生物膜在模拟 CO_2 饱和油田采出水中对 X80 管线钢的影响。在模拟油田采出水中，SRB 细胞能够存活并生长。浸泡 21 天后，观察到浮游细胞和无柄细胞的生长，它们的数量分别达到 10^6 细胞/mL 和 10^6 细胞/cm^2 左右。动态电位极化和 EIS 等电化学测量结果证实了 SRB 生物膜的腐蚀速率有所提高。XPS 显示 EPS 元素的存在。SEM 显示了 X80 管线钢上的生物膜存在重叠，EDS 检测到了腐蚀产物的存在。Li 等（2019）研究了耐盐短杆菌对 X80 管线钢的腐蚀行为。X 射线衍射和 XPS 分析表明，耐盐短杆菌腐蚀产物中存在 FeOOH、Fe_2O_3 和 $FeSO_4$。电化学分析（OCP、EIS 和极化曲线）和点腐蚀深度的测量证实了耐盐短杆菌对 X80 钢加速点腐蚀的有害作用。发生点腐蚀的原因可能是 X80 中的铁元素被氧化，以获得更多的电子，而这些电子是生物膜下硝酸盐还原所需的。Moradi 和同事（2019）提出了一项令人兴奋的研究，涉及伪交替单胞菌生物膜对 A36 CS（A36 碳钢）微生物腐蚀的双重作用。这是在两种不同的水动力环境下进行的研究：环轨摇晃培养箱和平板生物反应器。将表面暴露于伪交替单胞菌生物膜两周后，A36 CS 在平板生物反应器中发生腐蚀，去除生物膜后其表面出现大量宽而深的裂纹。相反，在环轨摇晃条件下的人工海水中，将 A36 CS 暴露于伪交替单胞菌两周后，A36 CS 的腐蚀速率降至最低。电化学表征结果表明，暴露一周后，伪交替单胞菌已有抑制作用。此外，由于氧化保护层的形成，阻抗值增加。然而，当生物膜被置于平板生物反应器中时，情况有所不同。由于 Cl^- 的扩散，A36CS 的耐蚀性降低。使用 FESEM 对两个研究案例进行对比。在环轨摇晃条件下培养 21 天后，具有多层细菌细胞的均匀生物膜覆盖在贴片表面。而在平板生物反应器中，形成了不同大小的蘑菇状生物膜，且表面分布不均。FTIR 也显示了两种水动力条件下生物膜的组成不同。故而，水动力条件会显著改变生物膜的物理性质，影响生物膜的基因调控，导致不同类型的腐蚀行为。这项研究突出展示了通过改变水动力条件来控制可恶的生物膜结构的能力。

3.8 预防生物膜的形成

鉴于微生物与表面相互作用而产生的许多问题，如生物污垢、破坏和效率损失，已经开发了一些策略来避免细菌附着到表面进而形成生物膜的后果（Elbourne et al，2019a、b）。这些策略包括使用纳米材料来防止初始生物膜的形成。Hasan 等（2013）区分了两个重要的术语——抗生物污垢和杀菌效果。抗生物污垢通常指的是"表面能最大限度地减少或排斥微生物最初附

着的能力",而杀菌表面则指"具有灭活或杀死表面接触的微生物细胞能力的
表面"。

　　例如,氧化性和非氧化性杀菌剂已广泛用于抑制和/或减缓生物腐蚀,如
溴、氯、臭氧、甲醛、戊二醛和季铵盐化合物等(Guo et al,2018)。然而,
注入这些杀菌剂的效果远远不能令人满意。根据 Costerton(1987)的说法,
这是由于生物腐蚀普遍存在于生物膜下面,相比于浮游生物种群,生物膜内
的固着微生物对生物杀菌剂具有极强的抗性。与此同时,可以预见长期使用
单一杀菌剂会使微生物变得更具耐药性(Guo et al,2018)。因此,需要使用
更高浓度的生物杀菌剂。Franklin 等(1991)和 Neville 等(1998)的研究表
明,在某些情况下,高剂量的杀菌剂可能导致局部腐蚀的出现和发展。此外,
由于生物杀菌剂的固有毒性,可能会对周围环境和人类健康产生负面影响,
也会导致非目标生物的死亡。另一种已采用的保护方法是阴极保护。阴极保
护可以有效地延缓好氧细菌对不锈钢的微生物腐蚀(Guezennec,1994),而
对 SRB 等厌氧细菌的活性没有影响。但是,使用生物杀菌剂和阴极保护对许
多行业来说成本过高。因此,在环境和各种基材之间制造屏障作为保护涂层
可能是许多行业采用的对抗微生物腐蚀的最佳解决方案。Koch 等(2002)指
出,几乎总成本的 89.5% 是专门用于保护涂层的制备。因此,自 20 世纪 80
年代以来,随着人们对生物腐蚀的认识日益加深,保护涂层被普遍认为是保
护建筑免受生物腐蚀的一种重要方法。根据前面提到的生物膜形成步骤,抗
生物膜策略可能包括:①抑制微生物在表面的黏附和定植;②干扰调节生物
膜发育的群体信号分子;③生物膜分解(Francolini and Donelli,2010)。此
外,可以通过改变材料表面(抗黏附表面)的物理化学性质或使用与材料表
面结合或释放到周围环境中的生物杀菌剂来设计具有抗生物膜效应的材料。

3.8.1　加入抗菌纳米材料

　　纳米材料如纳米粒子(Hajipour et al,2012,Omran et al,2018a、b)、纳米
棒(Kuo et al,2009)、纳米立方体(Alshareef et al,2017)、纳米点(Aftab
et al,2019)和二维材料(Zhang et al,2016;Sun et al,2018)针对广谱的
致病菌(Omran et al,2018a)和真菌(Anghel,2013;Arciniegas-Grijalba
et al,2017)具有显著的抗菌作用。现有的几项研究突出了具有生物杀灭活性
的纳米材料的作用,可以根除生物膜的形成。这些材料包括氧化铁(Ⅲ价)
(Anghel et al,2013)、氧化锌(Mahamunia et al,2019)、银 NP(Omran et al,
2018b)、铜 NP(Alshareef et al,2017)、氧化铜 NP(Omran et al,2019)、氧
化钙 NP 和二氧化钛 NP(Diza et al,2014)。在生物医学植入设备中,纳米

材料通常被植入由聚合物或任何固定表面组成的基质中，以保证抗菌作用，并防止生物膜形成。纳米材料具有强生物灭活性的主要原因是其表面积与体积的比值很大。Yu 等（2014）以乙醇为溶剂、3-氨丙基-三乙氧基硅烷（APTES）为修饰剂、乙二醇为还原剂，将银纳米粒子（AgNP）掺入到多孔二氧化硅中。Qureshi 等（2013）报道了一种通过 APTES 与硅烷层交联形成自组装层，在骨科钛植入物上一层一层组装覆盖 AgNP 的方法。Duraibabu 等（2014）则研制了一种纳米结构的混合涂层配方，用于减缓软钢腐蚀和预防微生物。该配方是由氧化锌纳米粒子（ZnO NP）增强的四官能团环氧树脂组成。

3.8.2　聚合物涂层

Elbourne 等（2019a、b）测试表明，聚合物表面具有抗菌性。这种表面聚合物既可以作为物理屏障，使微生物的附着最小化，也可以在表面吸附过程中杀灭病原微生物（Song and Jang，2014）。这可以通过原子转移自由基聚合（ARTP）发生的共价和非共价结合实现（Hasa et al，2013）。常用的生物膜形成抑制剂聚合物包括壳聚糖（Goldber et al，1990）、聚（β-内酰胺）（Tew et al，2002）、N-烷基化聚（乙烯亚胺）（Lin et al，2003）、聚丙烯酸酯衍生物（Kenawy et al，2007）和聚（乙烯基-N-己基吡啶）（Yang et al，2011）。这些聚合物会破坏微生物细胞，导致细胞死亡。研究发现，这些聚合物的生物杀灭活性与其分子间的相互作用存在成比例的相关性（Lin et al，2009）。遗憾的是，一些聚合物缺乏生物相容性，因此限制了它们在生物体内的应用（Cheng et al，2008）。因此，不同的研究致力于合成具有生物相容性的聚合物涂层（Li et al，2011；Nederberg et al，2011）。

3.8.3　天然形成的抗菌表面及其仿生对应物

自然产生的仿生抗菌纳米结构表面通过诱导细菌的细胞膜破裂，促进细菌细胞在黏附表面期间失活（Elbourne et al，2017）。Ivanova 等（2012）报道了首个关于构建铜绿假单胞菌 ATCC 9027 细胞机械性失活表面的研究。Pogodin 等（2013）和 Xue 等（2015）提出的理论支持存在细胞破裂的机械响应机制，即细菌细胞膜被扭曲并最终破裂。几种天然存在的物质具有抗菌的表面结构，如纳米尖刺、纳米柱、纳米锥、纳米线和纳米刺。

3.8.4　防黏附表面

微生物对非生物材料的初始黏附是生物膜形成的关键因素（Mao et al，

102

2011）。这种初始黏附受到不同因素的影响，其中一些因素与定植表面有关，如表面自由能、表面静电荷、粗糙度、疏水性和其他化学性质（Chen et al，2011；Villanueva et al，2014）。一般情况下，当表面粗糙、疏水并涂有调节膜时，很容易发生微生物黏附（Simões et al，2010）。而影响表面黏附的其他因素则与细胞表面特性有关，例如细胞外附属物的存在、细胞与细胞之间的通信相互作用以及分泌的 EPS（Mebert et al，2016）。此外，某些环境因素也会影响生物膜的形成，如 pH 值、养分有效性和离子力（Garrett et al，2008）。通常，通过被研究表面的表面自由能、电荷和润湿性来探究细菌对表面的黏附（Zhang et al，2013）。

3.8.4.1　表面自由能

表面自由能指的是"表面原子中多余的能量"（Dingreville et al，2005）。根据 Callow 和 Fletcher（1994）的表述，表面自由能是"表面原子、分子和表面基团分别与其他原子、分子和基团发生反应而产生的能量"。块体材料的原子和自由表面的原子之间是有区别的。后者所能调节的能量不同于块体材料。分子间或界面吸引力的测量可以通过表面自由能来追踪（Zhao et al，2005）。此外，它还能体现水在表面上的吸附程度。描述表面通常有两个重要术语：疏水性（低润湿性）和亲水性（高润湿性）。一般来说，疏水性随着表面自由能的降低而增加（Callow and Fletcher，1994）。

表面自由能对细菌黏附有很大影响（Mebert et al，2016）。Baier 和他的同事进行的一项研究，证明了存在一个使附着力最小的表面自由能的最佳范围。Baier 和 Meyer 提出，有助于抑制生物污垢的表面自由能的最佳值约为 $2030 \mathrm{mJ/m}^2$（Baier and Meyer，1992）。然而，主要的问题是大多数生物是否在疏水或亲水表面附着更好仍处在研究之中。许多文章认为，表面自由能低的材料是能够防止细菌黏附的材料。Pereni 等（2006）的结论是，表面自由能较低的基底可防止细菌黏附。Tsibouklis 等（1999）用低表面能和刚性的载玻片制备了聚（甲基丙烯氟烷基硅氧烷）和聚（全氟丙烯酸酯）涂层。结果表明，涂层具有降低细菌在表面定植的能力。有研究认为，表面自由能较低的表面对生物膜形成具有更大的抗性，而且由于在基底液体界面上的结合较弱而易于清洁（Baier，1980）。

3.8.4.2　超疏水表面

Zhang 等（2013）的研究表明，通过最大限度地减小细菌之间的黏附力，超疏水性可以促进细菌的去除。有趣的是，超疏水表面有些类似于"荷叶效应"或自洁效果。一般情况下，倾斜荷叶上的水滴很容易滚下来，从而产生自洁效果。另外，在玫瑰花瓣效应中，较高的水接触角导致了表面的超疏水性，使叶片与水滴之间的黏附力较弱（Nosonovsky and Bhushan，2012）。因此，两个主要标准决定了抗菌表面：非常高的水接触角和非常低的滚动角（Marmur，2004）。润湿性是任何材料的一种重要特性，它体现了关于材料的化学结构及其表面形貌的信息（Genzer and Efimenko，2006）。材料的润湿性在很大程度上取决于材料的结构。在现实中，单靠表面化学是无法实现超疏水表面的（Lafuma and Quere，2011）。人们提出了两种独特的假说来预测粗糙表面上水滴的宏观接触角，即 Wenzel 模型（Wenzel，1936）和 Cassie Baxter 模型（Cassie and Baxter，1944）。在 Wenzel 模型中，液体的水溶液会润湿整个粗糙的表面。该模型主要依赖于表面粗糙度，大多描述有黏性的表面。表面粗糙度越大，表面性能越好；亲水表面会变得更亲水，疏水表面会变得更疏水。该模型不涉及水滴下空气的存在，因此不能应用于荷叶型表面（Crick et al，2011）。相反，在 Cassie Baxter 模型中，液滴不完全湿润粗糙的表面是因为微结构内的空气被困住了。该模型依赖于固体和液体之间的接触。因此，该模型更适合描述湿滑荷叶效应中固液界面的相互作用（Crick et al，2011）。Crick 等（2011）认为，应用 Cassie Baxter 润湿机制的超疏水表面可防止细菌细胞在表面上的附着。接触角是通过采用固着滴落技术的测角仪测量的。该技术借助相机和软件分析，从固体表面的液滴图像中测得接触角（Miller et al，1996）。

3.8.4.3 静电荷

经典的胶体稳定性理论（Derjaguin Landau Verwey Over beek）阐明了微生物黏附于不同界面的过程。这是一个定性模型，但也可以计算黏附自由能的变化（Hermansson，1999）。一般来说，细菌表面会适应环境条件的变化（Chen et al，2011）。其中，环境变化会导致细胞表面疏水性的变化：基质通量增加（Van Der Mei et al，1995）、不同的盐度（Van Loosdrecht et al，1987）以及环境 pH 值的变化（Villanueva et al，2014）。由于细胞膜中存在羧酸盐、磷酸盐等物质，微生物细胞表面通常带负电荷（Chen et al，2011）。为了获得关于静电相互作用的信息，必须同时确定零电荷点（PZC）和等电位点（IEP）（Claessens et al，2006）。Van der Wal 等（1997）报道了细菌细胞壁中 PZC 和 IEP 测量的差异。此外，Gelabert 等（2004）证明硅藻细胞的 PZC 比 IEP 高几个 pH 单位。同时，如细胞年龄和生长条件等许多因素都会导致细菌 IEP（Harden and Harris，1953）和 PZC（Haas，2004）的改变。显然，带负电荷的微生物细胞表面和另一个带负电荷的表面之间的静电相互作用将使二者互斥并减少细菌的黏附（Harimawan et al，2011）。Chen 等（2010）的研究表明，含铝沸石的涂层增加了材料表面带电基团的密度，从而改变了材料的表面电荷和疏水性。研究发现，在流动环境中，海洋菌种太平洋盐单胞菌在有沸石涂层的金属表面上的附着有所减少，从而减少了生物膜的形成。

3.8.4.4　粗糙度

Jendresen 等（1981）在 20 世纪 80 年代初首次报道了表面粗糙度与细菌黏附之间的关系。然而，粗糙度通常是用扫描电子显微镜测量的，这种技术在分辨率上有一定的局限性，因为它难以精确测定物体的高度（Bonetto et al，2006）。相反，原子力显微镜更受欢迎，因为它可以达到亚纳米分辨率（Miller et al，1996），能够以高精度和高分辨率量化细菌和非生物表面之间的黏附力（Razatos et al，1998）。我们知道，表面粗糙度会影响细菌的黏附（Rodriguez et al，2008），一般而言，细菌容易附着在凹坑和裂缝上，在这些地方，它们能够得到保护，以抵御不利的环境条件和剪应力。影响细菌对粗糙表面的附着的因素很多（Scheuerman et al，1998）。一些研究探究了表面粗糙度对细菌附着的作用。例如，与光滑表面相比，金黄色葡萄球菌在粗糙不锈钢表面的黏附力更强（Mebert et al，2016）。此外，Hou 等（2011）提出大肠杆菌更喜欢附着于粗糙表面并形成生物膜。相反，也有一些研究者认为粗糙度的影响是微不足道的，例如 Woodling 和 Moraru（2005）证明了细菌也可以在电抛光不锈钢表面上定植。此外，假单胞菌属、解脂假丝酵母和单核细胞增生李斯特氏菌对不锈钢表面的黏附不受表面粗糙度的影响（Hilbert et al，2003）。其他研究人员，如 Cao 及其同事（2006），除了研究透明质酸、肝素、氟烷基硅烷和自组装的十八烷基三氯硅烷等硅烷外，还研究了改性有机硅中的细菌黏附（Cao et al，2006）。他们认为粗糙度对细菌黏附的影响不大。因此，关于表面粗糙度的影响及其与细菌附着之间关系的剧烈争论仍然存在。

人们发明了多种制备技术来合成纳米级随机粗糙表面，包括化学蚀刻、反应离子蚀刻、可控聚合物涂层和阳极氧化（Ivanova et al，2013）。这些技术已被用于鉴别表面粗糙度是否影响细菌黏附。纳米材料具有较大的比表面积和更多的表面晶界。与传统材料相比，纳米材料对细胞反应的影响更大。与先前研究发现一致的是，在纳米级粗糙度降低的玻璃表面上（即通过化学蚀刻使表面粗糙度降低），不同类群附着细菌（如大肠杆菌、金黄色葡萄球菌和铜绿假单胞菌）的数量显著增加（Mitik-Dineva et al，2008a、b、2009）。此外，掺入像碳膜一样的氮或硅金刚石降低了表面粗糙度。结果表明，随着含氮量的增加，类金刚石膜的表面粗糙度显著降低。Liu 等（2008）的研究表明，随着表面粗糙度的降低，铜绿假单胞菌的黏附程度降低。与表面化学结构相同的常规（纳米光滑）钛相比，采用电子束蒸发制备的纳米粗糙钛表面可减少表皮葡萄球菌、金黄色葡萄球菌和铜绿假单胞菌的附着（Puckett et al，2010）。此外，Durmus 等（2012）的一项研究发现，金黄色葡萄球菌对脂肪酶制备的纳米粗糙聚氯乙烯（PVC）表面的附着比传统 PVC 表面更少。Rizzello 等（2011、2012）的研究表明，大肠杆菌细胞不能黏附在通过湿化学法制备的纳米粗糙表面。如前所述，表面粗糙度受润湿性的影响。与亲水基底相比，纳米粗糙疏水表面可以延缓细菌的黏附。例如，有研究发现，与未改性的 PVC 相比，铜绿假单胞菌在乙醇处理的 PVC 上的附着延迟了（Loo et al，2012）。

3.9　结论

在石油和天然气设施中，金属浸没在水环境中会形成生物膜。一般来说，建立生物膜的第一阶段是形成一层薄薄的调节膜，厚度为 20~80nm，由沉积的无机离子和高活性的大分子质量有机化合物组成。这种一开始形成的调节膜具有调节金属表面的静电荷和润湿性的作用，有利于形成生物膜的微生物进一步定植。在很短的时间（几分钟到几小时）内，微生物的生长和细胞外聚合物的分泌导致生物膜的形成。生物膜的形成是一种动态系统。微生物通过改变金属/溶液界面的电化学参数来影响腐蚀。这种改变会产生各种影响，如导致局部腐蚀。传统的生物膜预防策略基于化学方法。然而，最近对积垢机制的理解使生物技术方法成为控制生物污垢的有效替代方法。

参考文献

S. Aftab, S. Kurbanoglu, G. Ozcelikay G, A. Shah, S. A. Ozkan, Electroanalysis **31**, 1083 (2019)

A. Alshareef, K. Laird, R. Cross, Acta Metall. Sin-Engl. **30**, 29 (2017)

I. Anghel, A. Grumezescu, A. Holban, A. Ficai, A. G. Anghel, M. C. Chifiriuc, Int. J. Mol. Sci. **14**, 18110 (2013)

P. A. Arciniegas-Grijalba, M. C. Patiño-Portela, L. P. Mosquera-Sánchez, J. A. Guerrero-Vargas, J. E. Rodríguez-Páez, Appl. Nanosci. **7**, 225 (2017)

R. E. Baier, *Adsorption of Microorganisms to Surfaces* (Wiley, 1980)

R. E. Baier, A. E. Meyer, Biofouling **6**, 165 (1992)

I. B. Beech, C. C. Gaylarde, J. Appl. Microbiol. **67**, 201 (1989)

R. D. Bonetto, J. L. Ladaga, E. Ponz, Microsc. Microanal. **12**, 170 (2006)

A. Briegel, S. Uphoff, Curr. Opin. Microbiol. **43**, 208 (2018)

M. E. Callow, R. L. Fletcher, Int. Biodeterior. Biodegrad. **34**, 333 (1994)

A. B. D. Cassie, S. Baxter, Trans. Faraday Soc. **40**, 456 (1944)

T. Cao, H. Tang, X. Liang X, A. Wang, G. W. Auner, S. O. Salley, K. Y. Simon, Biotechnol. Bioeng. **94**, 167 (2006)

D. Cetin, M. L. Aksu, Mater. Corros. **64** (2013)

J. Chapman, F. Regan, J. Appl. Biomater. Biomech. **9**, 176 (2011)

J. Chapman, F. Regan, Adv. Eng. Mater. **14**, B175 (2012)

J. Chapman, E. Weir, F. Regan, Colloids Surf. B Biointerfaces **78**, 208 (2010)

J. Chapman, L. Le Nor, R. Brown, E. Kitteringham, S. Russell, T. Sullivan, F. Regan, J. Mater. Chem. B **1**, 6194 (2013)

J. Chapman, C. Hellio, T. Sullivan, R. Brown, S. Russell, E. Kiterringham, L. Le Nor, F. Regan, Int. Biodeter. Biodegr. **86**, 6 (2014)

G. Chen, R. S. Bedi, Y. S. Yan, S. L. Walker, Langmuir **26**, 12605 (2010)

Y. Chen, H. J. Busscher, H. C. Van Der Mei, Appl. Environ. Microbiol. **77**, 5065 (2011)

Y. Chen, Q. Tang, J. M. Senko, G. Cheng, B. Z. Newby, H. Castaneda, L. −K. Ju, Corros. Sci. **90**, 89 (2015)

G. Cheng, H. Xue, Z. Zhang, S. Chen, S. Jiang, Angew Chemie Int. Ed. **47**, 5234 (2008)

J. Claessens, Y. Van Lith, A. M. Laverman, P. V. Cappellen, Geochim. Cosmochim. Acta **70**, 267 (2006)

S. Comte, G. Guibaud, M. Baudu, Enzym. Microb. Technol. **38**, 237 (2006)

W. M. B. Cooke, Bot. Rev. **22**, 613 (1956)

J. W. Costerton, Bacterial biofilms in relation to internal corrosion monitoring and biocide strategies, in *Corrosion/*87, paper 870314 (Houston, TX: NACE International, 1987)

J. W. Costerton, Z. Lewandowski, D. E. Caldwell, D. Korber, Microbial biofilms. Annu. Rev. Microbiol. **49**, 711 (1995)

C. R. Crick, S. Ismail, J. Pratten, I. E. Parkin, Thin Solid Films **519**, 4336 (2011)

L. Cui, M. Yao, B. Ren, Anal. Chem. **83**, 1709 (2011)

H. Dang, C. R. Lovell, Microbiol. Mol. Biol. Rev. **80**, 91 (2016)

C. C. C. R. De Carvalho, Front. Mar. Sci. **5**, 126 (2018)

A. W. Decho, T. Gutierrez, Front. Microbiol. **8**, 922 (2017)

R. Dingreville, J. Qu, M. Cherkaoui, J. Mech. Phys. Solids **53**, 1827 (2005)

S. M. Dizaj, F. Lotfipour, M. Barzegar−Jalali, M. H. Zarrintan, K. Adibkia, Mater. Sci. Eng. C **44**, 175 (2014)

D. Duraibabu, T. Ganeshbabu, R. Manjumeena, S. A. kumar, P. Dasan, Progr. Org. Coat. **77**, 657 (2014)

N. G. Durmus, E. N. Taylor, F. Inci, K. M. Kummer, K. Marquinio, T. J. Webster, Int. J.

Nanomed. **7**, 537 (2012)

A. Elbourne, R. J. Crawford, E. P. Ivanova, J. Colloid Interface Sci. **508**, 603 (2017)

A. Elbourne, V. K. Truong, S. Cheeseman, et al. , Methods Microbiol. **46**, 61 (2019)

A. Elbourne, V. K. Truong, S. Cheeseman, Methods Microbiol. **46**, 61 (2019)

J. A. Fernandes, L. Santos, T. Vance et al. , Mar. Policy **64**, 148 (2016)

I. Fitridge, T. Dempster, J. Guenther, R. de Nys, Biofouling **28**, 649 (2012)

H. C. Flemming, G. Schaule, in *Microbially Influenced Corrosion of Materials Scientific and Technological Aspects*, ed. by E. Heitz, W. Sand, H-C. Flemming (Springer, Heidelberg, Berlin, New York, 1996), pp. 121-139

H. C. Flemming, J. Wingender, Water Sci. Technol. **43**, 1 (2001)

K. A. Floyd, A. R. Eberly, M. Hadjifrangiskou, *Biofilms and Implantable Medical Devices* (Elsevier, 2017)

I. Francolini, G. Donelli, F. E. M. S. Immun, Med. Microbiol. **59**, 227 (2010)

M. J. Franklin, D. E. Nivens, A. A. Vass, M. W. Mittelman, R. F. Jack, N. J. E. Dowling, D. C. White, Corrosion **47**, 128 (1991)

B. Frolund, R. Palmgren, K. Keiding, P. H. Nielsen, Water Res. **30**, 1749 (1996)

P. C. Furey, A. Liess, S. Lee, Water Environ. Res. **89**, 1634 (2017)

S. Gangadoo, J. Chapman, Mater. Technol. **30**, B44 (2015)

S. Gangadoo, S. Chandra, A. Power, C. Hellio, G. S. Watson, J. A. Watson, D. W. Green, J. Chapman, J. Mater. Chem. A **4**, 5747 (2016)

T. R. Garrett, M. Bhakoo, Z. Zhang, Progr. Nat. Sci. **18**, 1049 (2008)

G. Geesey, J. Bryers, in *Biofouling of Engineered Materials and Systems*, ed by J. Bryers. Biofilms II: Process Analysis and Applications, ISBN 0-471-29656-2 (Wiley-Liss, Inc. , 2000), pp. 237-279

A. Gelabert, O. S. Pokrovsky, J. Schott, et al. , Geochim. Cosmochim. Acta **68**, 4039 (2004)

J. Genzer, K. Efimenko, Biofouling **22**, 339 (2006)

S. Ghafari, M. Hasan, M. K. Aroua, Bioresour. Technol. **99**, 3965 (2008)

L. Gieg, T. Jack, J. Foght, Appl. Microbiol. Biotechnol. **92**, 263 (2011)

E. S. Gilbert, A. Khlebnikov, W. Meyer-Ilse, J. D. Keasling, Water Sci. Technol. **39**, 269 (1999)

S. Goldberg, R. J. Doyle, M. Rosenberg, J. Bacteriol. **172**, 5650 (1990)

J. G. Guezennec, Int. Biodeter. Biodegr. **34**, 275 (1994)

J. Guo, S. Yuan, W. Jiang, L. Lv, B. Liang, S. O. Pehkonen, Front. Mater. **5**, 1 (2018)

J. R. Haas, Chem. Geol. **209**, 67 (2004)

M. J. Hajipour, K. M. Fromm, A. A. Ashkarran et al. , Trends Biotechnol. **30**, 499 (2012)

W. A. Hamilton, in *Microbial Biofilms*, ed. by H. M. Lappin-Scott, J. W. Costerton (Cambridge University Press, Cambridge, 1995), p. 171182

W. A. Hamilton, in: *Biofilms: Recent Advances in Their Study and Control*, ed. by L. V. Evans (Harwood Academic Publishers, Amsterdam, the Netherlands, 2000), pp. 419−434

H. G. Hansma, L. I. Pietrasanta, I. D. Auerbach, C. Sorenson, R. Golan, P. A. Holden, J. Biomater. Sci. Polym. Ed. **11**, 675 (2000)

V. P. Harden, J. O. Harris, J. Bacteriol. **65**, 198 (1953)

A. Harimawan, A. Rajasekar, Y. −P. Ting, J. Colloid Interface Sci. **364**, 213 (2011)

J. Hasan, R. J. Crawford, E. P. Ivanova, Trends Biotechnol. **31**, 295 (2013)

M. Hermansson, Colloids Surf. B Biointerfaces **14**, 105 (1999)

L. R. Hilbert, D. Bagge−Ravn, J. Kold, Int. Biodeterior. Biodegrad. **52**, 175 (2003)

S. Hou, H. Gu, C. Smith, D. Ren, Langmuir **27**, 2686 (2011)

K. Hrubanova, J. Nebesarova, F. Ruzicka, V. Krzyzanek, Micron **110**, 28 (2018)

H. A. H. Ibrahim, *Fouling in Heat Exchangers in MATLAB—A Fundamental Tool for Scientific Computing and Engineering Applications*, vol. 3, ed. by V. N. Katsikis (2012)

E. P. Ivanova, J. Hasan, H. K. Webb et al., Small **8**, 2838 (2012)

E. P. Ivanova, J. Hasan, H. K. Webb et al., Nat. Commun. **4**, 1 (2013)

M. D. Jendresen, P. Glantz, R. E. Baier, J. D. Eick, Acta Odontol. Scand. **39**, 47 (1981)

M. Kambourova, R. Mandeva, D. Dimova, A. Poli, B. Nicolaus, G. Tommonaro, Carbohydr. Polym. **77**, 338 (2009)

E. −R. Kenawy, S. D. Worley, R. Broughton, Biomacromol **8**, 1359 (2007)

G. H. Koch, M. P. H. Brongers, N. G. Tompson, Y. P. Virmani, J. H. Payer, Corrosion costs and preventive strategies in the United States. Report FHWA−RD−01−156. Houston, TX: NACE International (2002)

W. −S. Kuo, C. −N. Chang, Y. −T. Chang, C. −S. Yeh, Chem. Commun. **32**, 4853 (2009)

A. Lafuma, D. Quere, Nat. Mater. **2**, 56001 (2011)

J. R. Lawrence, D. W. Swerhome, G. G. Leppard, T. Araki, X. Zhang, M. M. West, A. P. Hitchcock, Appl. Environ. Microbiol. **69**, 5543 (2003)

P. Li, Y. F. Poon, W. Li et al., Nat. Mater. **10**, 149 (2011)

H. Li, E. Zhou, D. Zhang et al., Sci. Rep. **6**, 81120190 (2015)

Z. Li, H. Wan, D. Song, X. Liu, Z. Li, C. Du, Bioelectrochemistry **126**, 121 (2019)

Y. Li, S. Feng, H. Liu, X. Tian, Y. Xia, M. Li, K. Xu, H. Yu, Q. Liu, C. Chen, Corros. Sci. **167**, 108512 (2020)

V. S. Liduino, C. Cravo−Laureau, C. Noel, A. Carbon, R. Duran, M. T. Lutterbach, E. Flávia, C. Sérvulo, Int. Biodeterior. Biodegrad. **143**, 104717 (2019)

J. Lin, S. Qiu, K. Lewis, A. M. Klibanov, Biotechnol. Bioeng. **83**, 168 (2003)

W. Lin, Y. Xu, C. −C. Huang, Y. Ma, K. B. Shannon, D. −R. Chen, Y. −W. Huang, J. Nanoparticle Res. **11**, 25 (2009)

H. Liu, H. H. P. Fang, J. Biotechnol. **95**, 249 (2002)

Y. Liu, J. Strauss, T. A. Camesano, Biomaterials **29**, 4374 (2008)

H. Liu, T. Gu, G. Zhang, H. Liu, Y. F. Cheng, Corros. Sci. **136**, 47 (2018)

C. Y. Loo, P. M. Young, W. H. Lee, R. Cavaliere, C. B. Whitchurch, R. Rohanizadeh, Acta Biomater. **8**, 1881 (2012)

M. A. López, F. J. Z. D de la Serna, J. Jan-Roblero, J. M. Romero, C. Hernández-Rodríguez1, FEMS Microbiol. Ecol. **58**, 145 (2006)

B. Lories, S. Roberfroid, L. Dieltjens, D. De Coster, K. R. Foster, H. P. Steenackers, Curr. Biol. **30**, 1 (2020)

H. L. MacIntyre, R. J. Geider, D. C. Miller, Estuaries **19**, 186 (1996)

H. Maddah, A. Chogle, Appl. Water Sci. **7**, 2637 (2017)

P. P. Mahamunia, P. M. Patila, M. J. Dhanavade, M. V. Badiger, P. G. Shadija, A. C. Lokhande, R. A. Bohara, Biochem. Biophys. Rep. **17**, 71 (2019)

M. C. Manca, L. Lama, R. Improta, E. Esposito, A. Gambacorta, B. Nicolaus, Appl. Environ. Microbiol. **62**, 3265 (1996)

Y. Mao, P. K. Subramaniam, K. Tawfiq, J. Adhes. Sci. Technol. **25**, 2155 (2011)

A. Marmur, Langmuir **20**, 3517 (2004)

A. Matin, E. A. Auger, P. H. Blum, Annu. Rev. Microbiol. **43**, 293 (1989)

A. M. Mebert, M. E. Villanueva, P. N. Catalano, G. J. Copello, M. G. Bellino, G. S. Alvarez, M. F. Desimone, Surf. Chem. Nanobiomaterials **3**, 135 (2016)

J. D. Miller, S. Veeramasuneni, J. Drelich, Polym. Eng. Sci. **36**, 1849 (1996)

N. Mitik-Dineva, J. Wang, R. C. Mocanasu, M. R. Yalamanchili, G. Yamauchi, Biotechnol. J. **3**, 536544 (2008)

N. Mitik-Dineva, J. Wang, P. R. Stoddart, R. J. Crowford, E. P. Ivanova, In: *Proceedings of the 2008 International Conference on Nanoscience and Nanotechnology*, 113116 (2008b)

N. Mitik-Dineva, J. Wang, V. K. Truong, P. Stoddart, F. Malherbe, R. J. Crawford, E. P. Ivanova, Curr. Microbiol. **58**, 268 (2009)

M. Moradia, S. Yeb, Z. Song, Corros. Sci. **152**, 10 (2019)

J. W. Morgan, C. F. Forster, L. Evison, Water Res. **24**, 743 (1990)

F. Nederberg, Y. Zhang, J. P. K. Tan, E. Abel, Nat. Chem. **3**, 409 (2011)

A. Neville, T. Hodgkiess, X. Destriau, Corros. Sci. **40**, 715 (1998)

T. Nguyen, F. A. Roddick, L. Fan, Membranes **2**, 804 (2012)

J. W. Nijburg, S. Gerards, H. J. Laanbroek, FEMS Microbiol. Ecol. **26**, 345 (1998)

P. J. Nielsen, A. Jahn, *Microbial Extracellular Polymeric Substances: Characterization, Structure, and Function*, ed. by J. Wingender, H. -C. Flemming, T. R. Neu (Springer, New York, NY, 1999), p. 49

M. Nosonovsky, B. Bhushan, *Green Tribology* (Springer, Berlin, Heidelberg, 2012), pp. 25-40

M. L. Olson, A. Jayaraman, K. C. Kao, Appl. Environ. Microbiol. **84**, e02769 (2018)

110

B. A. Omran, H. N. Nassar, N. A. Fatthallah, A. Hamdy, E. H. El-Shatoury, N. Sh El-Gendy, J. Appl. Microbiol. **125**, 370 (2018a)

B. A. Omran, H. N. Nassar, S. A. Younis, N. A. Fatthallah, A. Hamdy, E. H. El-Shatoury, N. Sh El-Gendy, J. Appl. Microbiol. **126**, 138 (2018b)

B. A. Omran, N. Nassar, S. A. Younis, R. A. El-Salamony, N. A. Fatthallah, A. Hamdy, E. H. El-Shatoury, N. Sh El-Gendy, J. Appl. Microbiol. **128**, 438 (2019)

R. J. Palmer, C. Sternberg, Curr. Opin. Biotechnol. **10**, 263 (1999)

C. I. Pereni, Q. Zhao, Y. Liu, E. Abel, Colloids Surf. B Biointerfaces **48**, 143 (2006)

S. D. Puckett, E. Taylor, T. Raimondo, T. J. Webster, Biomaterials **31**, 706 (2010)

S. Pogodin, J. Hasan, V. A. Baulin, Biophys. et al., J. **104**, 835 (2013)

A. T. Qureshi, J. P. Landry, V. Dasa, M. Janes, D. J. Hayes, J. Biomater. Appl. **28**, 1028 (2013)

T. S. Rao, *Mineral Scales and Deposits* (Elsevier, 2015), p. 123

A. Razatos, Y. L. Ong, M. M. Sharma, G. Georgiou, Pro. Natl. Acad. Sci. USA **95**, 11059 (1998)

H. F. Ridgway, A. Kelly, C. Justice, B. H. Olson, Appl. Environ. Microbiol. **45**, 1066 (1983)

L. Rizzello, B. Sorce, S. Sabella, G. Vecchio, A. Galeone, V. Brunetti, R. Cingolani, P. P. Pompa, ACS Nano **5**, 1865 (2011)

L. Rizzello, A. Galeone, G. Vecchio, V. Brunetti, S. Sabella, P. P. Pompa, Nanoscale Res. Lett. **7**, 1 (2012)

A. Rodriguez, W. R. Autio, L. A. Mclandsborough, J. Food Prot. **71**, 170 (2008)

K. Sanli, J. Bengtsson-Palme, R. H. Nilsson, E. Kristiansson, M. A. Rosenblad, H. Blanck, K. M. Eriksson, Front. Microbiol. **6**, 1192 (2015)

T. R. Scheuerman, A. K. Camper, M. A. Hamilton, J. Colloid Interface Sci. **208**, 23 (1998)

T. Schmid, C. Helmbrecht, U. Panne, C. Haisch, R. Niessner, Anal. Bioanal. Chem. **375**, (2003)

M. Simões, L. C. Simões, M. J. Vieira, LWT-Food Sci. Technol. **43**, 573 (2010)

T. L. Skovhus, D. Enning, J. S. Lee, *Microbiologically Influenced Corrosion in the Upstream Oil and Gas Industry* (CRC Press, Boca Raton, FL, 2017a)

T. L. Skovhus, R. B. Eckert, E. Rodrigues, J. Biotechnol. **256**, 31 (2017b)

J. Song, J. Jang, Adv. Colloid Interface Sci. **203**, 37 (2014)

P. Stoodley, S. Wilson, L. Hall-Stoodley, J. D. Boyle, H. M. Lappin-Scott, J. W. Costerton, Appl. Environ. Microbiol. **67**, 5608 (2001)

P. A. Suci, G. G. Geesey, B. J. Tyler, J. Microbiol. Methods **46**, 193 (2001)

Z. Sun, Y. Zhang, H. Yu, C. Yan, Y. Liu, S. Hong et al., Nanoscale **10**, 12543 (2018)

I. Sutherland, Microbiology **147**, 3 (2001)

G. N. Tew, D. Liu, B. Chen, R. J. Doerksen, J. Kaplan, P. J. Carroll, M. L. Klein, W. F.

DeGrado, Proc. Natl. Acad. Sci. USA **99**, 5110 (2002)

J. Tsibouklis, M. Stone, A. A. Thorpe et al. , Biomaterials **20**, 1229 (1999)

H. C. Van Der Mei, B. Van De Belt-Gritter, H. J. Busscher, Hydrophobicity **5**, 111 (1995)

P. Van der Merwe, D. Lannuzel, C. A. M. Nichols, K. Meiners, P. Heil, L. Norman, D. N. Thomas, A. R. Bowie, Mar. Chem. **115**, 163 (2009)

A. Van Der Wal, W. Norde, A. J. B. Zehnder, J. Lyklema Colloids Surf. B Biointerfaces **9**, 81 (1997)

M. C. Van Loosdrecht, J. Lyklema, W. Norde, G. Schraa, A. J. Zehnder, Appl. Environ. Microbiol. **53**, 1893 (1987)

H. A. Videla, Int. Biodeterior. Biodegrad. **34**, 245 (1994)

M. E. Villanueva, A. Salinas, G. J. Copello, Surf. Coatings Technol. **254**, 145 (2014)

B. Vu, M. Chen, R. J. Crawford, E. P. Ivanova Molecules **14**, 2535 (2009)

S. A. Waller, A. I. Packman, M. Hausner, J. Microbiol. Methods **144**, 8 (2018)

H. Wan, D. Song, D. Zhang, C. Du, D. Xu, Z. Liu, D. Ding, X. Li, Bioelectrochemistry **121**, 18 (2017)

Y. Wang, W. Zhang, Z. Wu, X. Zhu, C. Lu, Vet. Microbiol. **152**, 151 (2011)

R. N. Wenzel, Ind. Eng. Chem. **28**, 988 (1936)

S. E. Woodling, C. I. Moraru, J. Food Sci. **70**, m345 (2005)

D. Xu, Y. Li, F. Song, T. Gu, Corros. Sci. **77**, 385 (2013)

D. Xu, J. Xia, E. Zhou, D. Zhang, H. Li, C. Yang, Q. Li, H. Lin, X. Li, K. Yan, Bioelectrochemistry **113**, 1 (2016a)

D. Xu, Y. Li, T. Gu, Bioelectrochemistry **110**, 52 (2016b)

F. Xue, J. Liu, L. Guo, L. Zhang, Q. Li, J. Theor. Biol. **385**, 1 (2015)

W. J. Yang, T. Cai, K. -G. Neoh, E. -T. Kang, Langmuir **27**, 7065 (2011)

H. Yu, Y. Zhu, H. Yang, K. Nakanishi, K. Kanamori, X. Gu, Dalton Trans. **43**, 12648 (2014)

X. Zhang, L. Wang, E. Levanen, RSC Adv. **3**, 12003 (2013)

W. Zhang, S. Shi, Y. Wang, S. Yu, W. Zhu, X. Zhang, D. Zhang, B. Yang, X. Wang, J. Wang Nanoscale **8**, 11642 (2016)

Q. Zhao, Y. Liu, C. Wang, S. Wang, H. Müller-Steinhagen, Chem. Eng. Sci. **60**, 4858 (2005)

C. E. Zobell, Federation paint and varnish producers clubs **178**, 379 (1938)

C. E. Zobell, Collecting Net **14**, 39 (1939)

C. E. Zobell, E. C. Allen, J. Bact. **29**, 239 (1935)

第4章 利用纳米技术减缓腐蚀和生物污垢

摘要：几乎所有的油气设施和水下设备基础设施都容易受到腐蚀和生物污垢的严重影响。尽管在腐蚀和生物污垢控制的科学方面取得了进展，但这两个问题仍然是世界范围内的多个重要设施持续重点面对的问题。纳米技术在我们日常生活中有着广泛的应用，并且是一个飞速发展的领域。纳米技术通过创造新技术、新产品和新方法，已经彻底改变了科学界。相比于微米尺度的材料，纳米尺度的材料具有不同寻常的特征。于是，全世界都在努力促进纳米材料的有效使用，以控制/减缓腐蚀和生物污垢。本章重点介绍了纳米科技的历史、不同类型的纳米材料及不同的合成方法。此外，本章还强调了纳米材料在保护油气结构免受腐蚀和生物污垢方面发挥的作用。同时，将详细介绍不同纳米材料在涂料、涂层和腐蚀抑制剂中的应用研究进展。

关键词：减缓生物污垢；腐蚀控制；纳米技术；纳米材料；石油设施

4.1 引言

纳米技术的历史和起源始于 1959 年 Richard Feynman 在加州理工学院（California Institute of Technology）发表的题为 *There is plenty of room at the bottom* 的历史性演讲，他在演讲中概述了自下而上建造物体的思想。纳米技术这一术语最早是由东京科学大学的 Norio Taniguchi 教授提出的（Khandel and Vishwavidyalaya，2016；El-Gendy and Omran，2019）。这个绝妙的概念当时并没有引起广泛的关注，直到 20 世纪 80 年代中期，Eric Drexler 于 1986 年所作的 *Engines of Creation：The Comming Era of Nanotechnology* 一书出版，才使人们了解到纳米技术的潜力（Morais et al，2014）。纳米技术已经成为所有科学领域特别是现代材料科学中最重要的技术之一（Visweswara and Hua，2015）。纳米一词来源于希腊语 nanos，在希腊语中是"矮人"的意思（El-Gendy and Omran，2019）。纳米技术被定义为"创造和开发尺寸小于 100nm 的材料"（Vasile，2019）。纳米技术加工的材料及结构具有特殊的新性质以及增强的化学、生物和物理功能。在过去几十年中，纳米技术经历了巨大的发展（Mo et al，2014）。它是集物理学、化学、生物学、电气工程、生物物理学和材料科学于一体的多学科科学分支。欧盟委员会（EC）在 2011 年 10 月将纳米材料定义为"天然的、偶然的或人造的粒子，它们或处于非束缚态，或是至少有一维尺寸在 1~100nm 之间的聚集体"（EC，2011）。纳米粒子是纳米技术的基本结构单元。它们是原子或分子的聚集体（Yadav et al，2017），具有新的或增强的特性。纳米尺度材料的独特特性激发了大量针对纳米粒子制备、表征和应用的研究（Schröfel et al，2014）。纳米粒子具有特别的物理、化学、电子、电气、力学、磁、热、介电、光学和生物性质（Zhou et al，2015）。与块体材料相比，纳米粒子具有大的比表面积，使其成为许多应用领域内引人注目的材料（Palomo and Filice，2016）。

从人们对纳米技术相关研发（R&D）日益增长的兴趣中可以反映出对纳米技术的巨大投资。据美国国家纳米技术计划（NNI）统计，NNI 仅在 2018 年就拿到了次年预算额度中的约 270 亿美元（国家纳米技术计划，2018）。此外，麻省理工学院（MIT）已经投资了约 3.5 亿美元的巨额预算，用于建设名为 MIT. nano 的最先进的纳米研究中心（Chandler，2014）。另一个例子是纳米制造领域的领头公司 NanoMech，已经从沙特阿美能源投资公司（SAEV）获得了大约 1000 万美元的投资。纳米技术的大规模研究革新在石油和天然气行业取得了重大进展（Alsaba et al，2020）。本章介绍了基于纳米技术的方法在抑制腐蚀和减缓生物污垢方面的最新研究进展。

4.2 金属纳米粒子

4.2.1 零价铁纳米粒子

零价铁纳米粒子 ZVI NP 有许多形式，包括没有帽化的、经表面修饰的及双金属 ZVI NP（Hsueh et al，2017）。与微米尺度粒子相比，使用铁纳米粒子的优势在于其具有更高的效率和降解反应活性，这是因为它们具有较高的比表面积、迁移率和滤除效率（Wang et al，2016）。由于粒子是纳米级的，因此可以长时间保持悬浮状态，从而促进了它们的各种应用（Zhou et al，2015）。铁纳米粒子因其在地下水治理和场地修复中的潜在应用而受到广泛关注。最近的研究展示了 ZVI NP 在修复卤代有机污染物和重金属方面的效果（Bhatti et al，2020）。这主要是因为 ZVI NP 具有较大的活性表面积，是一种强而有效的还原剂。

4.2.2　金纳米粒子

金纳米粒子（AuNP）是最重要的金属纳米粒子之一。AuNP 目前已经成为国内外研究的热点。值得注意的是，AuNP 的表面可作为一种稳定且无毒的平台，用于输送治疗化合物（Rajan et al, 2017）。因此，AuNP 在催化、生化传感器、光热治疗、药物释放和组织/肿瘤成像等不同领域中有着广泛的应用（Rajan et al, 2017；El-Gendy and Omran, 2019）。AuNP 具有高灵敏度和高选择性，能够检测脱氧核糖核酸（Kumar et al, 2011）。金纳米棒被用于检测癌症干细胞，有助于诊断癌症和识别不同种类的细菌（Tomar and Garg, 2013）。AuNP 对革兰氏阴性菌（铜绿假单胞菌和大肠杆菌）和革兰氏阳性菌（金黄色葡萄球菌）的抗菌活性也有广泛的报道（Amini et al, 2018）。如 Xie 等（2018）所报道，AuNP 的抗菌潜能与粒子大小密切相关，当粒子尺寸大大减小时，可以获得高抗菌活性。Xie 及其同事观察到，当尺寸达到 2nm 时，金纳米簇对革兰氏阳性菌和革兰氏阴性菌都有很高的抗菌作用。较小的尺寸使 AuNP 之间能够更好地相互作用，并促进它们被细菌细胞吸收。此外，AuNP 与链霉素、氨苄青霉素和卡那霉素等抗生素的偶联杀菌效果优于单独使用抗生素。Gupta 等（2019）对大肠杆菌 DH5α、黄体微球菌和金黄色葡萄球菌等菌株上的试验也验证了该杀菌效果。Silvero 等（2018）报道了一种单步反应制备卡那霉素（帽化的）金纳米粒子（Kan-AuNP）。所制备的 Kan-AuNP 对 VERO 76 细胞有较高的毒性，抗菌试验显示 Kan-AuNP 对产气肠杆菌（ATCC 13048）、表皮葡萄球菌（ATCC 12228）、牛链球菌（ATCC 9809）、铜绿假单胞菌 PA01 和铜绿假单胞菌 UNC-D 等卡那霉素耐药菌具有广谱抗菌活性（Baptista et al, 2018）。此外，根据 Ahmad 等（2013）的研究，AuNP 对念珠菌的抗真菌活性具有尺寸依赖关系，特别是 7nm 大小的 AuNP 具有最好抗菌性。

4.2.3　银纳米粒子

若干个世纪以前，银被用作防腐剂（Lansdown, 2006），尤其是在饮用之前用于对饮用水进行消毒（El-Gendy and Omran, 2019）。一般在饮用前使用银盐对饮用水进行消毒（Chou et al, 2005）。银离子与细胞成分结合的能力是银离子对微生物细胞致命的原因（Kim et al, 2007）。然而，一些细菌成功抵抗了银离子的抗菌作用。银纳米粒子（AgNP）无疑是所有 NP 中使用最广泛的，因为它们被用于纺织工业、水处理、防晒霜（Rai et al, 2019）、生物医药（假肢、骨骼和手术器械）、时装业（服装和鞋类生产）、美容业（护发素、化妆品和牙膏）以及抗菌剂（用于治疗伤口和感染）（Durán et al，2016）。AgNP 是应用纳米技术的工业中最有前途的产品之一。合成 AgNP 的一致性工艺的开发是当前纳米技术研究的一个重点（Nasiriboroumand et al，2018）。AgNP 对细菌、病毒、真菌和其他真核微生物有很高的抗菌效率，具有良好前景（Sadeghi et al，2015；Golubeva et al，2017；El-Gendy and Omran，2019）。AgNP 的杀菌活性高于块状银，主要是因其具有较大的比表面积。根据 Elbourne 等（2019）的说法，AgNP 对一些革兰氏阳性菌（金黄色葡萄球菌、枯草芽孢杆菌和表皮葡萄球菌）和革兰氏阴性菌（铜绿假单胞菌和大肠杆菌）具有很高的抗菌活性。此外，AgNP 对耐万古霉素的金黄色葡萄球菌（VRSA）、耐甲氧西林的金黄色葡萄球菌、耐氨苄西林的大肠杆菌和耐红霉素的化脓性链球菌等耐药菌株均有较好的抗菌活性。同样，AgNP 对一些真菌也具有抗菌作用。据报道，12.5nm 的 AgNP 对假丝酵母（Panácek et al，2009）以及纳氏丝孢菌（Xia et al，2016）的生长均有抑制作用。然而，AgNP 对真菌的总体抗菌活性低于细菌菌株（Omran et al，2018；Elbourne et al，2019）。对于 AgNP 的生物杀灭作用，人们提出了几种机制，如银离子浸出机制。众所周知，银离子对细菌细胞有毒性。此外，AgNP 与细菌细胞壁结合会导致膜渗漏（Elbourne et al，2019）。

4.2.4 钴纳米粒子

钴（Co）基纳米粒子因其良好的电活性和成本效益，是信息存储设备、磁性流体和催化剂等技术应用中最有前景的纳米材料之一（Chekin et al，2016）。钴纳米粒子（CoNP）表现出广泛的与尺寸相关的结构、电、磁和催化性能。特别是 CoNP 具有较大的表面积以及很高的化学反应活性，使其适合催化（Balela，2008）。同时，钴也是具有抗菌潜力的纳米材料之一（Omran et al，2019）。

4.2.5 铜纳米粒子

铜纳米粒子（CuNP）广泛应用于不同的商业领域，如抗菌剂、催化剂、气体传感器、电子产品、电池、传热液等（Kasana et al，2017）。

4.3 碳基纳米材料

碳基纳米材料（NMs）应用广泛，包括光学、电子学和生物医学。碳基纳米材料包括以下几种。

4.3.1　富勒烯

富勒烯是由 60 个碳原子（C_{60}）组成的分子。富勒烯及其衍生物在生物体液中具有较高的不可溶性（Da Ros et al，2001），这限制了它们在医学领域的应用。然而，它们在抑制人类免疫缺陷病毒（HIV）、DNA 光裂解、神经保护和细胞凋亡方面的作用引起了许多科学家的注意（Wilson et al，2000）。

4.3.2　碳纳米管

碳纳米管（CNT）分为单壁（SWCNT）、双壁（DWCNT）和多壁（MWCNT）粒子。它们是圆柱形的碳粒子，直径为 1~10nm，长度为几微米（Fujisawa et al，2016）。其应用广泛，不仅应用在制造业（即飞机、运动器材等）中，还可以作为电子场发射器、原子力显微镜中的纳米探针和电化学反应中的微电极。目前正在研究用作储氢设备的可能性。CNT 无疑是最有前景的纳米材料之一，在机械、电子、材料科学、传感器、能量收集设备等领域有着广泛的应用（Fujisawa et al，2016）。

4.4　金属氧化物纳米粒子

4.4.1　氧化钴纳米粒子

钴有 Co^{2+} 和 Co^{3+} 两种常见的氧化态，同时钴氧化物有三种主要结构。最简单的是钴（Ⅱ价）氧化物（CoO），它具有岩盐结构（Donaldson and Beyersmann，2000）。第二种主要结构是钴（Ⅱ、Ⅲ价）氧化物（Co_3O_4）（Patnaik，2002）。而第三种是钴（Ⅲ价）结构（Co_2O_3）（Petitto et al，2008）。氧化钴纳米材料具有良好的光学、磁学和电化学性质，已用作储能设备的超级电容器、电致变色传感器和锂可充电电池（Raman et al，2016）。此外，Co_3O_4-NP用作吸附剂从水溶液中去除染料（Shahabudin et al，2016）。传统上，氧化钴络合物在陶瓷和玻璃生产中用作着色剂，可根据金属离子与氧化钴结合的不同而产生不同的颜色。

4.4.2　氧化铁纳米粒子

自然界中最常见的三种形式的氧化铁是磁铁矿（Fe_3O_4）、磁闪锌矿（γ-Fe_2O_3）和赤铁矿（α-Fe_2O_3）（Ali et al，2017）。氧化铁（IO）是一种具有

高磁矩密度的铁磁材料, 广泛存在于自然环境中。尺寸在 20nm 以下的氧化铁纳米粒子 (IO NP) 表现出一种无与伦比的磁性形式, 即超磁性 (Nochehdehi et al, 2017)。磁性氧化铁 (Fe_3O_4 和 $\gamma-Fe_2O_3$) NP 由于其低毒、超顺磁性、大比表面积和分离方法简单, 在蛋白质固定方面的应用引起了人们的极大关注, 如诊断磁共振成像 (MRI)、热疗和药物传递 (Hasany et al, 2012)。

4.4.3 氧化锌纳米粒子

氧化锌 (ZnO NP) 的性质被广泛研究, 在电子器件 (Laiho et al, 2008)、化学传感器和太阳能电池 (Yong-zhe et al, 2009)、抗菌剂 (Vijayakumar et al, 2018)、水修复技术 (Dimapilis et al, 2018) 等领域都有潜在应用。此外, 因其能够阻挡紫外线 (A/B), 在防晒霜和化妆品中也被广泛应用 (Ju-nam and Lead, 2008)。ZnO NP 是 Ⅱ-Ⅵ族半导体, 具有宽的带隙 (近 3.3eV)、高激子束缚能 (约 60eV), 因此可以耐受大电场、高温和大功率运行 (Bai et al, 2015)。这些特性使其大量用于太阳能电池、光催化和化学传感器 (Ul Haq et al, 2017)。事实证明, ZnO NP 对不同的微生物具有广泛的抗菌潜力。根据 Elbourne 等 (2019) 的研究, 19.82nm 大小的 ZnO NP 对甲氧西林敏感的金黄色葡萄球菌 (MSSA)、MRSA 和耐甲氧西林的表皮葡萄球菌 (MRSE) 的生长有抑制作用。此外, ZnO NP 对食品病原菌如肺炎克雷伯氏菌 (Reddy et al, 2014)、单核细胞增生李斯特氏菌、大肠杆菌和肠炎沙门氏菌 (Jin et al, 2009) 表现出抗菌活性。ZnO NP 的抗菌作用可能是通过破坏外细胞膜从而影响细胞的完整性, 或通过促进活性氧自由基 (Reactive Oxygen Species, ROS) 的产生引发细胞氧化, 从而导致细胞死亡。浓度为 0.1mg/mL 的 ZnO NP 对致病酵母菌白色念珠菌有抗菌作用 (Lipovsky et al, 2011)。此外, Arciniegas-Grijalba 等 (2017) 还发现, ZnO NP 对赤衣菌有抑制作用。

4.4.4 二氧化钛纳米粒子

由于稳定性和低成本, 二氧化钛纳米粒子 TiO_2 NP 在光催化和太阳能电池领域的应用受到极大关注 (Cruz-González et al, 2020)。TiO_2 NP 也可用于储能设备 (Wang et al, 2007)、涂料和涂层 (Wildeson et al, 2008)、化妆品、护肤品、防晒霜 (Huang et al, 2006) 和废水处理 (Goutam et al, 2018)。

4.4.5 二氧化铈纳米粒子

二氧化铈纳米粒子 (CeO₂ NP) 因被用作催化剂、燃料电池和生物系统中的抗氧化剂而受到纳米技术领域的广泛关注（Charbgoo et al，2017）。最近，CeO_2 NP 在生物分析、生物医学和药物传递等生物领域中已成为引人注目的材料（Kaittanis et al，2012）。

4.5　纳米粒子合成方法

到目前为止，合成纳米材料（NM）的技术很多，但主要可以分为两类，即"自上而下"和"自下而上"方法（Birnbaum and Pique，2011），如图 4.1 所示。

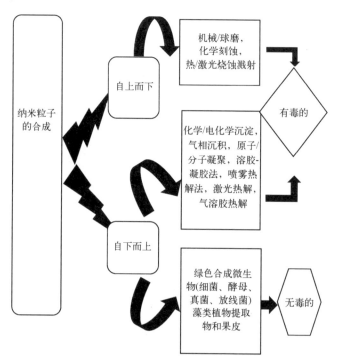

图 4.1　纳米粒子的不同合成方法

4.5.1　自上而下的方法

自上而下的方法从感兴趣的材料开始，通过物理和化学过程缩小尺寸，从而产生纳米粒子，即将块体材料分解成越来越小的尺度。在自上而下的方法中，块体材料被切割或雕刻成纳米尺寸的粒子。自上而下的方法包括磨蚀或磨铣、光刻等。自上而下方法的主要缺点是表面结构设计不够理想。通过摩擦产生的纳米材料具有较宽的尺寸分布。此外，所制备的纳米材料可能含有一些杂质（Balasooriya et al，2017）。

4.5.2 自下而上的方法

自下而上是一种从原子、分子和较小的粒子/单体中构建纳米粒子的方法（Balasooriya et al，2017）。在自下而上的方法中，单个原子和分子被精确地放置或自组装到需要的地方。分子或原子构件组合在一起就产生了纳米粒子。在纳米粒子的合成中，自下而上的方法更受欢迎，并发展出许多自下而上的制备技术。减小纳米粒子的维数对物理性能有明显的影响，使其大不同于块体材料。这些物理性能与较大的表面原子数、表面能、空间限制和缺陷改善有关。

通常，纳米粒子是通过物理或化学方法产生的（Heera and Shanmugam，2015）。而最近已经采用一些生物方法来避免物理和化学合成方法中的一些问题（图4.2）。图4.3为纳米粒子化学合成方法的示意图。

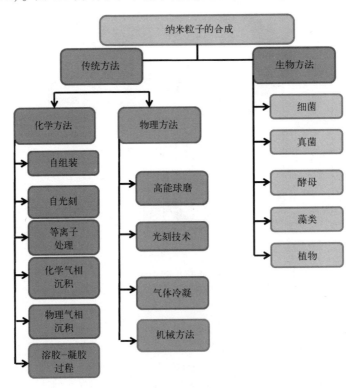

图 4.2　纳米粒子的不同合成方法

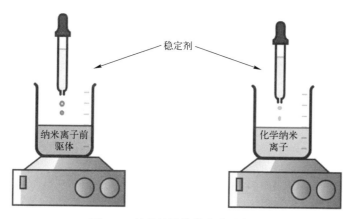

图 4.3 纳米粒子化学合成示意图

4.6 纳米科技在油气行业的应用

随着人们对纳米材料及其在不同行业（食品、生物医学、电子、材料等）中新用途的日益关注，纳米技术在石油和天然气行业中的应用成为吸引大型石油公司深入研究的课题（Alsaba et al，2020）。这从在纳米技术研发上投入的巨额资金中可见一斑。最近，纳米技术在钻井液、固井和提高石油采收率等油气设施中的不同应用得到了广泛的研究。

4.6.1 纳米技术在钻井液和水力压裂液中的应用

钻井液负责在钻井作业期间将钻出的岩屑从井筒输送到地面。同样，水力压裂液用于将支撑剂（固体结构，主要是砂、处理砂或人造陶瓷成分）输送到储层的裂隙带。此外，它们还有助于压裂过程的成功实施。几位研究人员研究了纳米技术对这两种流体的影响。Amanullah 等（2011）报道称，在智能流体中加入纳米材料将导致形成致密而薄的泥饼。此外，它还有助于增强这些流体的过滤和流变特性。目前，石油工业中大量使用的流体都涉及宏观和微观粒子的存在，因此不可避免地会造成损害。Amanullah 等（2011）成功地用三种商用纳米粒子制备了不同的水基纳米流体，浓度为 0.5×10^{-9}。通过添加常规增黏剂和三官能团添加剂，在提高纳米流体过滤性能的同时，保证了纳米粒子在分散相的稳定性。此外，为了确保纳米流体的稳定性，使用合适的黏度计来测量纳米流体的凝胶强度和黏度特性。分别在不同的时间间隔（零时刻、配制后及其 18h、48h 和 72h 后）进行了测定。所得数据非常接近，表明纳米流体是稳定的，能够满足现场应用的需要。与膨润土泥浆相比，制备的纳米流体具有更好的黏性。同时，它还具有稳定的凝胶强度。此外，纳米流体形成的泥饼较薄且充填紧密，厚度小于 1mm。Crews 和 Huang（2010）报道称，在盐水中使用含表面活性剂的纳米粒子，可以促进水力压裂中的聚合物残留物的去除。Hurnaus 和 Plank（2015）证明，在交联压裂液中使用纳米粒子提高了黏度。

4.6.2　利用纳米技术配制适用于水泥隔离液的纳米乳液

在钻井过程中，用一种流体体系替代另一种流体体系有时是非常重要的。在整个驱替过程中，间隔物通常位于流体体系之间。Van Zanten 和 Ezzat（2010）证明，驱替水泥时，油基泥浆（OBM）需要使用隔离剂分离，以防止污染。Maserati 等（2010）提供的数据表明，由纳米乳液组成的水泥间隔剂可以在固井过程中有效地清除井壁表面的油基泥浆，并逆转该表面的润湿性。纳米乳液具有稳定性好、表面积大等特点。Maserati 等（2010）采用两步法制备了纳米乳液。该过程使用了水、10% 芳烃溶剂浓度和表面活性剂。这些新型水泥间隔剂通常称为"纳米间隔剂"，通过在纳米乳液中加入增重剂和商用凝胶来制备。将所制备的纳米间隔剂与该领域中常用的间隔剂产品进行了性能比较，金属格栅试验表明，除泥性能提高了 95%。同样，润湿性测试表明纳米间隔剂将亲油表面完全还原为亲水表面，水的接触角从 70° 急剧减小到接近于 0°。

4.6.3　纳米技术在测井作业中的应用

钻井过程中，应全面、详细地收集储层流体、岩性和岩石性质等信息。测井指的是"收集此类数据的过程"。Singh 和 Bhat（2006）提出了一个新颖的概念，即"纳米测井"。这一想法依赖于纳米机器人在石油工业的测井应用中的可能性。纳米机器人技术指的是使用直径为微米的机器人，其组件仅纳米大小。纳米机器人能够提供钻井所需的精确时间信息，因为它们非常小，而且能够非常接近地层。因此，钻井时间和测井成本都将大大降低。该纳米机器人将包含以下组成部分：用于收集信息的纳米传感器、作为驱动装置的纳米电机、提供井下保护的碳合金组成的屏蔽层、控制来自地面计算机数据的微处理器以及通过电磁波将数据传输到地面的电磁发射器。此外，纳米机器人还可以通过泥浆循环系统进行运输。尽管如此，人们还是发现了一些挑战和风险，比如在处理纳米机器人时由于人员疏忽或失职，以及意外的机器-机器交互而导致的故障。纳米技术的进一步研究和进步将有助于克服这些挑战。

4.6.4　利用纳米技术控制生产过程中的地层微粒

由于在井筒附近地层微粒的转移导致孔隙堵塞，可能会降低产量。这种粒子通常小于 37mm（Tiffin et al，1998），并导致生产泵损坏和筛网侵蚀。Huang 等（2008）证明，由于高表面力和范德瓦耳斯静电力，NPs 可以在压裂过程中覆盖支撑剂表面。在表面活性剂压裂液中，每 1000g 支撑剂中加入 1g NP，然后与支撑剂混合，即可用于压裂过程。最后，压裂液被破碎，混合物从底部装有 100 目筛管的丙烯酸管中排出。

4.6.5　利用纳米技术进行碳氢化合物检测

Berlin 等（2011）报道了使用工程化的 NP 检测油田岩石中的碳氢化合物，这种情况下的 NP 称为"纳米应答器"。工程化 NP 和合成海水一起在水溶液中制备疏水性搭载物质，然后通过不同的储层岩石样品传送。这批搭载物质——2,20,5,5'-四氯联苯，在运载流体遇到碳氢化合物时脱附。该批搭载物质是多氯联苯（Polychlorinated Biphenyl，PCB）的同系物之一。Yu 等（2010）通过亲水碳簇（Hydrophilic Carbon Clusters，HCC）NP 合成了白云石和砂岩，然后用聚乙二醇（PEG）对其进行表面处理。然而，还需要进一步改进，因此用聚乙烯醇（Polyvinyl Alcohol，PVA）代替了表面处理材料。此外，最大限度地减少 NP 的团聚至关重要，因此用氧化炭黑（Oxidized Carbon Black，OCB）取代了 HCC，能够产生更好的结果。

4.6.6　在提高石油采收率方面的应用

一些研究人员已经将他们的研究方向转向提高石油采收率（Enhanced Oil Recovery，EOR）。这是因为在一次和二次采收后仍会留下 2/3 的石油（Bai，2008）。最近的研究已采用 NP 提高采收率。这些研究的主要目的是研究 NP 在提高石油采收率中的作用。例如，氧化铝 NP 降低了石油黏度（Hogeweg et al，2018），二氧化钛 NP 提高了 EOR 注入水的稳定性（Ding et al，2018），氧化石墨烯降低了石油黏度（Elshawaf，2018），二氧化硅提高了泡沫稳定性以及波及系数（Ajulibe et al，2018；Ibrahim and Nasr-El-Din，2018）。尽管 NP 可能会增强前面提到的一些参数，但也可能对其他一些参数产生负面影响。Hogeweg 等（2018）证明氧化锌倾向于形成大粒子，导致注入困难。与单独使用盐水或乙醇相比，在盐水或乙醇中添加 NP 可能导致采收率较低。Ding（2018）等之前也报道过沉降问题和注入堵塞现象。

4.6.7 纳米技术应用于抑制腐蚀和生物污垢

由于天然气和石油设施中发生的腐蚀和金属破坏会造成致命后果,许多研究人员将研究重点聚焦在利用纳米技术缓解腐蚀上(Murugesan et al,2014)。Atta 等(2013)在柠檬酸三钠水溶液中,以巯基聚乙二醇和聚乙烯基吡咯烷酮作为稳定剂,还原硝酸银(AgNO$_3$)制备 AgNP。用透射电子显微镜和动态光散射(DLS)对所制备的 AgNP 进行了表征。利用紫外/可见分光光度法(UV/Vis)吸收光谱研究了盐酸对分散 AgNP 的稳定性影响。采用极化技术和电化学阻抗谱研究了巯基聚乙二醇和自组装 AgNP 单层膜的腐蚀抑制效率。极化曲线表明,涂覆的银和巯基聚乙二醇具有混合型抑制剂的作用。极化测量法测定的腐蚀抑制效率数据与电化学阻抗谱法测定的阻蚀效率数据吻合良好。Atta 等(2014)进行了一项研究,即在马来酸聚氧乙烯酯 4-壬基-2-丙基苯酚作为稳定剂的情况下,用氯苯胺还原 AgNO$_3$ 合成 AgNP。制备的 AgNP 粒径小于 10nm。在 N-异丙基丙烯酰胺(NIPAm)、2-丙烯酰胺-2-甲基丙烷磺酸(AMPS)、N,N-亚甲基双丙烯酰胺(MBA)和过硫酸钾(KPS)的存在下,用半间歇溶液聚合法将合成的 AgNP 制备成杂化聚合物。用傅里叶变换红外光谱、X 射线衍射和 TEM 对制备的 AgNP 和杂化聚合物进行了表征。极化测量和 EIS 等电化学测试表征了在 HCl 溶液中 AgNP 和杂化聚合物对钢的腐蚀抑制效果。结果表明,AgNP 与杂化聚合物为混合型抑制剂,腐蚀抑制率随抑制剂浓度的增加而增加。

软钢因其显著的成本效益,在采矿、海洋基础设施、石油生产和化学加工等领域得到广泛应用(DuraiBabu et al,2014)。遗憾的是,软钢的主要缺点是抗腐蚀能力有限。环氧树脂具有极佳的耐盐性、良好的绝缘性能和对不同材料的强大附着力等优势,适合于作为钢铁和水下结构物防护的涂层材料(Galliano and Landolt,2002)。环氧树脂涂层减缓金属的腐蚀通常有两种机制:一种是作为物理屏障膜来阻隔有害的腐蚀性物质;另一种是作为腐蚀抑制剂的储层来防止侵蚀性物质的侵蚀(DuraiBabu et al,2014)。尽管如此,环氧树脂涂层仍然容易受到磨损和表面摩擦的损害(Wetzel et al,2003)。这些不足导致涂层的局部缺陷和损伤,对其机械强度和外观都有影响。因此,纳米无机填料粒子可以分散在环氧树脂基体中,形成环氧树脂纳米复合涂层。在环氧树脂中加入更多的 NP 可以增加涂层的耐久性和完整性,因为这些纳米粒子填充了旧涂层中的孔隙(Lam and Lau,2006)。此外,纳米粒子和环氧树脂涂层的复合能产生优异的防腐阻隔性能(Lamaka et al,2007)。近年来,环氧树脂抗菌涂层因能产生所需的抗微生物腐蚀的表面而受到广泛关注。因此，开发具有抗菌性能的环氧树脂纳米结构涂层是十分必要的。用功能化（F－ZnO）和非功能化（N－ZnO）对四缩水甘油基 1，4－双（4－胺苯氧基）苯（TGBAPB）环氧树脂基体进行功能化处理，制备了不同改性功能的环氧树脂纳米杂化涂料。以 1，4－双（4－硝基苯氧基）苯（BNPB）为原料合成了 TGBAPB。采用均匀沉淀法和煅烧法制备了纳米尺寸的 ZnO NP。FTIR 和 TEM 证实了 ZnO NP 的形成。另外，以 3-氨丙基三乙氧基硅烷为偶联剂，对 ZnO NP 进行了氨基功能化。FTIR 表明，硅烷偶联剂键合在 ZnO NP 表面，提高了 ZnO NP 的分散性和与 TGBAPB 环氧树脂基体的相容性。采用 EIS 检测了 ZnO NP 表面功能化对耐蚀性的影响。数据表明，该涂层具有良好的耐蚀性。抗菌试验表明，功能化 ZnO NP 与 TGBAPB 复合涂层对大肠杆菌具有较强的抑菌活性。因此，推荐 TGBAPB-F-ZnO 涂层作为腐蚀抑制剂和杀菌剂来控制微生物腐蚀。

Yee 等（2014）通过离子交换和还原过程成功合成了银-聚合物纳米复合材料（Ag-PNC）。所制备的纳米复合材料通过干扰生物膜的形成来抑制宏观生物膜的形成，表现出良好的抗微生物污垢效果。Dowex 微球除了作为聚合物表面 AgNPs 的模板外，还为固定过程提供了支撑基体。采用硼氢化物还原技术负载 AgNP 的负载率可达 60%（质量分数）以上。SEM 显示直径在 20~60nm 之间的 AgNP 在微珠表面的分布一致。同时，UV/Vis 分析显示制备的 AgNP 在 406~422nm 范围内存在特有的表面等离子体共振（SPR）峰。有趣的是，AgNP 的加入提高了纳米复合材料的热稳定性，在 460℃时才发生显著降解，而共聚物微珠的热稳定性仅为 300℃。此外，Ag-PNC 的玻璃化转变温度从 130℃提高到 323℃。聚合物微珠作为银离子的物理化学锚定结构，与其相结合形成稳定的基质，并有助于控制 AgNP 的团聚和生长。此外，合成的 Ag-PNC 材料还能有效地抑制海洋污垢细菌太平洋嗜盐单胞菌（ATCC 27122）的生物膜形成。太平洋嗜盐单胞菌是一种革兰氏阴性细菌，从美国菌种中心获得，并在 Zobell 海生菌培养基 2216 中培养。此外，Ag-PNC 与人角质形成细胞和人肺成纤维细胞的生物相容性分析显示，细胞形态无变化，表明其对人细胞没有明显的毒性。最后，还研究了 Ag-PNC 对非靶标海洋微藻等鞭金藻和石斑藻的毒性作用，没有发现形态变化。因此，Ag-PNC 被认为是一种很有前景的防微生物污垢剂。

Maia 等（2015）研究了两种具有生物杀灭作用的著名化合物，即防污剂 4，5-二氯-2-辛基-4-异噻唑啉-3-酮（DCOIT）和 2-巯基苯并噻唑（MBT），在游离和封装状态下的性能。将这两种化合物成功地封装在二氧化硅纳米胶囊中，并通过 SEM、热重分析（TGA）和吸附/解吸附等温线方法对材料进行了表征。通过对细菌（大肠杆菌重组生物发光菌株）的实时监测来评估载有杀菌剂的二氧化硅纳米胶囊的抗菌活性。结果表明，从二氧化硅纳米胶囊中释放出的杀菌剂使被测试的菌株失活。所制备的纳米材料在防污涂层中具有很高的应用潜力。Christopher 等（2016）用超声波法制备了 ZnO NP，将其分散在聚氨酯纳米复合材料中，然后用木质素磺酸盐和海藻酸钠两种生物高分子化合物对其进行改性。利用 SEM、高分辨透射电子显微镜（HRTEM）和 XRD 对涂层进行了全面表征。采用动态电位极化和 EIS 研究了改性 ZnO NP 对聚氨酯涂层钢性能的影响。结果表明，增加表面改性 ZnO NP 在聚氨酯涂层中的比例不仅提高了其分散性，而且提高了纳米复合涂层的耐蚀性。然而，还需要进一步的研究来改善纳米涂层与聚氨酯之间的界面相互作用，以简化工业涂层的生产过程。

Shirehjini 等（2016）认为，富含锌粒子的涂料应彼此紧密接触，以实现理想的阴极保护。因此，颜料体积浓度应与临界体积浓度保持一致。否则，电接触将不足，金属得不到完全保护（Kakaei et al，2013）。过去，人们通过控制锌含量、锌金属粒径和形状来提高富锌涂料的保护性（Park and Shon，2015），如使用了云母状氧化铁和片状锌铝颜料等几种颜料（Arman et al，2013）。根据 Schaefer 和 Miszczyk（2013）的研究，碳纳米管和锌 NP 被用来改善富锌涂层的保护特性。因此，Shirehjini 等（2016）开展了一项研究，研究了在富锌涂层中添加黏土 NP 的效果，并评价了其对阴极保护的作用。OCP 测试表明，当黏土含量为 1%（质量分数）时，该涂层效果出色。EIS 结果表明，当黏土 NP 的添加量为 1%（质量分数）时，黏土在涂层内分散，使涂层具有较高的防腐蚀性能。相反，添加超过 1%（质量分数）的黏土 NP 会减少黏土插层，从而削弱了长期的保护作用。

Kang 等（1998）证明了聚苯胺具有多种依赖于电位和 pH 值的化学结构，主要包括全还原式、双醌式、四醌式或全氧化式碱、盐式中间还原态和氧化态。多篇论文探究了聚苯胺对软钢（Wessling，1997）、铜（Ozyılmaz et al，2005）、不锈钢（Zhong et al，2006）、铁（Sathiyanarayanan et al，2007）以及铝和铝合金（Gupta et al，2013）的防腐效果。石墨烯是一种 sp^2 键合的二维单层碳，具有高力学、热、电和光学性能（Novoselov et al，2005）。Jafari 等（2016）认为，石墨烯因其化学结构、优异的热稳定性和化学稳定性、出色的柔韧性以及对分子的不渗透性，成为最具竞争力的抗腐蚀材料之一。Chang 等（2012）成功地使用聚合物/石墨烯复合材料来抑制钢腐蚀。这是因为它作为一道屏障，有效地阻止了水和氧气的通过。Yu 等（2014）成功地制备了分散良好的聚苯乙烯/改性氧化石墨烯复合材料，以提供防腐保护。与单独的聚苯乙烯相比，所制备的复合材料具有非常好的防腐效果。在 Jafari 等（2016）进行的一项研究中，聚苯胺-石墨烯纳米复合材料（PANI/G）被用作铜的防腐蚀涂层。Jafari 和同事利用循环伏安技术，在硫酸介质中成功地在铜上电沉积了 PANI/G 纳米复合材料，并用 FTIR、UV/Vis、XRD 和 TGA 对所制备的纳米复合材料进行表征。SEM 形貌分析表明，铜被 PANI/G 纳米复合材料完全包覆，石墨烯 NP 被聚苯胺薄膜均匀包覆。值得注意的是，PANI/G 纳米复合材料在 $5000×10^{-6}$ NaCl 溶液中浸泡 120min 后仍保持完整、无缺陷。随后，通过动态电位极化和 EIS 分析研究涂层的抗腐蚀效果。由 PANI/G 纳米复合材料制备的涂层在强腐蚀环境中表现出优异的耐蚀性。结果表明，聚苯胺与石墨烯 NP 的结合使用有助于形成保护层，从而使金属基体的腐蚀电位降低，并降低了腐蚀速率。电化学测试表明，该腐蚀抑制剂的抑制率可达 98%。

如前所述，石墨烯是由六边形 sp^2 杂化碳网络组成的二维材料（Soldano et al，2010）。而氧化石墨烯（GO）是一种化学改性后的石墨烯，具有羟基、环氧基和羧基等官能团（Li and Liu，2010）。据报道，GO 片被用来制造新型复合材料的基础构件材料（Pasricha et al，2009）。De Faria 等（2017a，b）研究了一种由 AgNP 装饰的 GO 薄片（GO-Ag）组成的纳米复合材料的制备、表征和抗菌潜力。用硝酸银和柠檬酸钠制备了 GO-Ag 纳米复合材料，并通过 UV/Vis 光谱、TGA、XRD、拉曼光谱和 TEM 对其理化性能进行了表征。在 GO 表面沉积的 AgNP 的尺寸约为 7.5nm。氧化碎片对 AgNP 的完美成核和生长是至关重要的。采用标准平板计数法研究了 GO 和 GO-Ag 纳米复合材料对铜绿假单胞菌的抑菌效果。在实验浓度范围内未检测到 GO 具有抑菌活性。相反地，GO-Ag 纳米复合材料表现出较高的灭菌活性，最低抑制浓度区间为 2.5~5.0g/mL。同时，还研究了对附着在不锈钢表面的铜绿假单胞菌的抗生物膜活性。结果表明，GO-Ag 纳米复合材料与黏附的细胞接触 1h 后，对其抑制率达到 100%。该工作被认为是第一个报道 GO-Ag 纳米复合材料能够抑制微生物黏附细胞生长和减缓生物膜形成的研究。因此，GO-Ag 纳米复合材料可以作为一种抗菌涂层材料，来避免生物膜的形成。

Khowdiary 等（2017）通过聚对苯二甲酸乙二醇酯醇解聚合物，制备了具有不同分子量的非离子化聚乙二醇链的阳离子季铵盐聚合物。同样，以柠檬酸三钠为还原剂制备了粒径为 24~35nm 的 AgNP，并用 UV/Vis 光谱显示了 AgNP 在阳离子表面活性剂上的负载量。TEM 结果表明，AgNP 在阳离子聚合物上具有良好的稳定性和组装特性。用连续稀释最大或然数计数法检测了组装的 AgNP 和制备的阳离子聚合物对脱硫单胞菌等硫酸盐还原菌的生物灭杀活性。抑菌试验表明，所制备的阳离子表面活性剂对供试 SRB 菌株具有良好的抑菌活性。合成的季铵盐型阳离子聚合物的抗菌作用可能是由于阳离子化合物在细胞膜上的吸附，以及细胞内生物反应受到干扰和失控所致。所制备的阳离子季铵化合物能够吸附在细胞膜上，是因为它具有很高的表面活性和两亲性。吸附的分子穿透细胞膜，干扰现有的酶、蛋白质和DNA，导致细胞生物反应紊乱。在 100×10^{-6} 和 200×10^{-6} 的低浓度下，受试化合物对脱硫单胞菌的杀灭效果较低。当浓度增加到 400×10^{-6} 时，化合物的药效增加，细菌细胞数大幅下降。

Al-Naamani 等（2017）的研究表明，壳聚糖/ZnO 纳米复合材料可以作为一种有效的涂层，防止细菌、真菌、底栖硅藻、大型藻类和幼虫等引起的生物膜形成和生物的附着。已研制了一种新型有效的防生物污垢涂层。用场发射扫描电子显微镜对壳聚糖的表面形貌进行了表征，并通过 EDX 对其结构进行了分析，均表明壳聚糖与 ZnO NP 存在相互作用。亲水性、溶解性和膨胀性的降低有助于提高涂层表面的润湿性。该涂层实现了对海洋污垢细菌（黑色假单胞菌）和污垢硅藻（舟形藻）的生长抑制。因此，在壳聚糖中加入 ZnO NP 作为涂层材料是一种抑制湿润表面海洋生物污垢生长的很有前景的方法。

如前所述，当管道、船体、石油平台和海洋传感器被淹没在海洋环境中时，它们很容易受到生物污垢的影响。虽然有三丁基锡（TBT）等非常有效的防污涂层化合物，然而，自20世纪60年代以来，TBT被证明对非靶标海洋生物具有有害的毒理作用。这导致自2008年以来，国际海事组织在全球范围内禁止使用TBT（Qian et al，2009）。因此，急需找到一种既环保又有效的防生物污垢新策略。Yee 等（2017）创造了一种绿色、创新的方法来生产高稳定和分散的纳米管状银-TiO$_2$材料。它是通过水热条件下结合柠檬酸盐法，在 TiO$_2$纳米管表面还原 AgNP 构建的。通过 UV/Vis、EDX、XRD、TEM 和 FESEM 等方法对其结构和表面特性进行了研究。UV/Vis 光谱分析表明，由于 Ag 和 TiO$_2$的结合，TiO$_2$的带隙减小，并向可见光区移动。电子显微镜证实了成功合成所制备的纳米复合材料，并且是均匀分布。AgNP 直径在 $32 \sim 103 nm$ 之间（SEM 成像）。XRD 结果表明，样品中只有面心立方（Face Centred Cubic，FCC）Ag 和 TiO$_2$存在，从而证实了所制备样品的纯度。生物膜抑制效果与 AgNPs 的大小直接相关。加入浓度极低的 Ag 提高了纯 TiO$_2$的防积垢性能，防积垢效果十分明显。

Meethal 等（2018）在水介质中成功制备了聚苯胺-氧化锌杂化纳米复合材料（PNZ）。聚合物基体由聚苯胺的绿色的双醌式盐组成。所制备的 PNZ 杂化产物形成双醌式碱形态，这通过透射和光学分析得到了证实。采用溶胶-凝胶沉淀法制备了金属氧化物-聚合物半导体杂化材料。以预先制备的 PNZ 杂化产物为模板制备了 ZnO 纳米结构，并利用 XRD、FTIR 和 FESEM 对所制备的杂化材料的结构、光学和形貌进行了研究和表征。用极化测量技术和 EIS 研究了 ZnO-聚苯胺杂化纳米复合材料的耐蚀性能。测试结果表明，PNZ 具有较高的阻抗值，表现出较好的防腐性能。

在过去 20 年，聚合物/无机化合物杂化胶体球的合成和制备被认为是最令人振奋的研究领域之一。它们对无机材料表现出弹性、刚性、耐热性，以及灵敏的刺激响应性和优越的光电特性。因此，它们可大量应用于功能涂层、复合材料合成、生物医学和光电材料（Bollhorst et al，2017）。Pan 等（2018）通过 SiO$_2$ 的硅醇基与 MPS 甲氧基反应，将亲水性两嵌段共聚物聚（2-甲基丙烯酰氧乙基磷酰胆碱-b-3-（三甲氧基硅基）乙丙烯酸丙酯）（聚（MPC-b-MPS））嫁接到 SiO$_2$ 纳米粒子上，获得了树莓状聚甲基丙烯酸乙酯（PEMA）/SiO$_2$ 胶体微球。基于所制备的共聚物接枝的杂化球的涂层具有良好的抗生物污垢性能和自修复能力。Sarkar 等（2018）进行了一项研究，探究了基于可持续聚合物的 ZnO-SiO$_2$ 纳米杂化（GMZnO-Si）对抗生物降解的水泥材料的作用。制备了棒状氧化锌纳米棒（ZnO NR），并在其表面装饰了球形二氧化硅 NP。采用 FTIR、XRD、FESEM、EDS、TEM 和 X 射线光电子能谱等技术对制备的 ZnO-SiO$_2$ 复合材料进行了表征。结果表明，GMZnO-Si 的力学性能明显高于对照样品。对所制备的纳米杂化材料进行了快速氯离子渗透、吸水性和耐硫酸盐性能测试，以确定纳米杂化材料的耐久性。以大肠杆菌、金黄色葡萄球菌和黑曲霉作为细菌和真菌模型，检测 GMSi 和 GMZnO-Si 的抗菌作用。结果表明，在制备的复合材料中存在足够数量的 ZnO NR 时，可抑制被测试的微生物菌株的生长。

表面活性剂是一种有机化合物，在低浓度时对钢具有亲和力，能抑制或减小在腐蚀性环境中钢的腐蚀（Abd-Elaal et al，2018）。表面活性剂的化学结构在腐蚀抑制过程中起主要作用。除了疏水链之外，羰基、羟基、环氧乙烷、苯环、氧和氮原子等官能团的存在，是表面活性剂在钢表面具有吸附能力的主要原因（Mobin et al，2016）。此外，表面活性剂在自组装和帽化过程中特别有助于控制所制备的纳米粒子的形状和大小，并使其具有稳定性（Huang et al，2017）。Abd-Elaal 等（2018）在一项研究中，合成了三种羟基苯丙酸衍生的非离子表面活性剂，分别标记为 HTOPD、HTOPT 和 HTOPH。三种合成的表面活性剂对 AgNP 具有很高的稳定作用。利用 TEM、UV/Vis 光谱和 DLS 对所制备的银纳米杂化产物进行了表征，测定了表面张力数据，以研究 AgNP 的作用。HTOPH 表面活性剂的长碳尾提供了最高的稳定性和最弱的团聚，成功地制备了小尺寸的 AgNP。与单独使用非离子表面活性剂相比，HTOPD、HTOPT 和 HTOPH 包覆和稳定的纳米杂化银纳米粒子的临界胶束浓度（CMC）较低。此外，与表面活性剂相比，所制备的纳米杂化体系在胶束中聚集的能力更强。自由能吸附值和胶束化值的变化也证实了这一点。合成的 HTOPD、HTOPT 和 HTOPH 非离子表面活性剂对钢在 0.5mol/L 盐酸中的腐蚀具有良好的抑制效果。结果表明，表面活性剂的腐蚀抑制效率与其疏水链长度成正比。在所有测试温度下，表面活性剂 HTOPH 的抑制效率最高。Tafel 极化曲线表明，三种表面活性剂均为混合型抑制剂，符合 Langmuir 吸附等温线。所制备的 AgNP 增强了非离子表面活性剂对金黄色葡萄球菌、枯草芽孢杆菌、铜绿假单胞菌、大肠杆菌、白色念珠菌以及黑曲霉菌的抑菌能力。研究发现，含 HTOPD 非离子表面活性剂的银纳米杂化体系对受试真菌和细菌的生长抑制效果最好。

Rasheeda 等（2019）研究了初始氧化锌负载量为 10% 初始氧化锌负载的壳聚糖-氧化锌纳米粒子（CZNC-10）被模拟注入海水中，对 S150 碳钢表面硫酸盐还原菌的生物灭杀活性。结果表明，$250\mu g/mL$ 是 CZNC-10 抑制硫酸盐还原菌的最佳浓度。用 XPS 对 CZNC-10 处理前后的生物膜和腐蚀产物进行表征，结果表明，腐蚀产物主要为硫化铁和氧化铁，而加入 CZNC-10 后腐蚀产物明显减少。显然，CZNC-10 通过抑制 SRB 的生长和在碳钢表面建立更多的保护层来防止细菌滋生，从而减少了生物腐蚀。此外，还研究了在 CZNC-10 存在与否的情况下，SRB 在碳钢表面不同时间（即 4 天、7 天和 28 天）形成的生物膜的结构形貌。在培养的最初几天，观察到 SRB 主要是杆状细菌。在 SRB 培养基中培养 4 天后，细菌细胞开始代谢并产生少量的胞外聚合物，细菌通过这些物质黏附在金属表面（Chen et al，2014）。因此，碳钢试片容易受到细菌黏附和随后生物膜形成的危害（Chen et al，2017）。SRB 与碳钢试片培养 4 天后，试片表面出现一层生物膜。CZNC-10 对细菌细胞有明显的破坏作用，可能是由于 CZNC-10 对 SRB 的杀菌作用所致。在 SRB 培养液中培养 7 天后，仍可见 SRB 细胞在贴壁表面单独或成小簇分布。然而，培养时间延长至 28 天后，无论有无 CZNC-10 作用于 SRB，试片表面在某种程度上都出现了相同的形态。由于产生的腐蚀产物，观察到了不均匀沉积的形成。表面形貌分析表明，CZNC-10 处理后的试片表面腐蚀损伤较小。EIS 显示，在 CZNC-10 存在下培养 21 天和 28 天后，碳钢试片的电荷转移电阻 R_{ct} 分别增加了约 3.2 和 2.8。综上所述，该研究证实了 CZNC-10 可以作为一种有效的、环保的腐蚀抑制剂和生物杀菌剂来对抗 SRB，以缓解微生物引起的腐蚀。

碳钢的成本效益和高应力强度使其成为石油生产和运输中最常用的管道

材料之一（Sun et al, 2016；Xiang et al, 2017）。然而，碳钢在含 CO_2 的环境中极易被腐蚀（Xiang et al, 2017）。CO_2 是一种可溶于水并产生碳酸的腐蚀剂，它会导致管道早期故障，并因电化学腐蚀而导致世界范围内的灾难（El-gaddafi et al, 2015；Laumb et al, 2017）。遗憾的是，大多数油气田产生的水都富含 CO_2（Wei et al, 2016）。目前，已研制出许多 CO_2 腐蚀抑制剂，如席夫碱、咪唑啉衍生物和季铵盐（Zuo et al, 2017）。然而，这类有机物的合成过程复杂，能耗高，因此需要采用绿色化学来克服这些问题。碳点（CD）是一种新型的荧光纳米材料，具有荧光强度高、稳定性好、毒性低、生物相容性好等特点。在 Cen 等（2019）进行的一项研究中，以低毒的氨基水杨酸和硫脲为原料，采用水热法合成了 N,S-CD，并测试了它们作为腐蚀抑制剂的能力。用 UV/Vis 分光光度计、XRD、FTIR、拉曼、TEM、光致发光光谱和元素分析仪对 N,S-CD 进行了表征。用交流阻抗谱、电化学动态极化和重量损失测量法研究 N,S-CD 的腐蚀抑制效果。利用扫描电子显微镜、X 射线能量色散谱、X 射线光电子能谱、原子力显微镜和接触角测量等手段对碳钢表面进行了表征。结果表明，N,S-CD 能有效防止碳钢的腐蚀，抑制率随浓度增加而提高。当 N,S-CD 浓度为 50mg/L 时，抑制率达到 93%。即使在低浓度如 10mg/L 时，腐蚀电流密度从空白状态下的 $1.472 \times 10^{-4} A/cm^2$ 降至 $2.99 \times 10^{-5} A/cm^2$。N,S-CD 表面存在的官能团有助于其在碳钢表面的吸附，并形成厚度约 40nm 的疏水层。Sharifi 等（2019）通过在氧化石墨烯纳米结构中化学添加氮、硫和磷原子，合成了一种腐蚀抑制剂（具有氧化石墨烯纳米结构的氮、硫和磷（NSP-GO）），并研究其在 3.5%（质量分数）NaCl 盐水介质中对软钢的腐蚀抑制效果。实验发现，它极大地提高了尿素甲醛和三聚氰胺甲醛（MF）这两种合成水溶性聚合物的防腐性能。当浓度为 500×10^{-6} 时，MF 和尿素甲醛聚合物的腐蚀电流密度从 $30.2 \mu A/cm^2$ 分别减小到 $2.7 \mu A/cm^2$ 和 $3.2 \mu A/cm^2$。同时，随着 NSP-GO 的加入，腐蚀电流密度下降到几乎为 0。动态电位极化测量和电化学阻抗谱测试结果表明，腐蚀抑制率达到 100%。这种高水平的保护是由于具有杂原子的氧化石墨烯纳米片具有很高的表面修饰覆盖能力。SEM 图像显示，使用所制备的复合聚合物后，凹坑数量减少，损伤严重程度降低。结果表明，修饰 GO 纳米片的杂原子起到锚定作用，将 GO 片固定到金属表面，从而帮助 MF 和尿素甲醛聚合物形成保护膜。

最常用的抑制、管理和最小化腐蚀有害影响的技术之一是涂层（Abdeen et al, 2019）。涂层的优点是可以在较大的温度范围内应用于内部或外部（Singh et al, 2014）。然而，在某种程度上使用涂层是昂贵的，但从长远和大规模应用的角度来看，可行性更高。它可确保在安全、维修花费和设备维护方面节省大量费用（Samimiãand Zarinabadi，2011）。通常，涂层的保护作用是通过钝化（Van Velson and Flannery，2016）或主动保护（Saji，2012）来实现的。如 MingMing 等（2006）所述，只有当涂层在需要保护的表面和周围环境之间形成物理的氧化物屏障层时，才能实现被动保护。通过在腐蚀性环境中添加腐蚀抑制剂以避免或减少腐蚀效应来实现主动保护（Dariva and Galio，2014）。无电镀镍磷（Ni-P）涂层具有优异的耐磨性和耐腐蚀性，使其成为各种行业的理想涂层材料（Liu and Zhao，2011）。如今，在 Ni-P 基涂层中添加 NP 又极大地提高了它们的性能，并呈现全新的特征（Aal et al，2008）。Liu 和 Zhao（2011）展示了将聚四氟乙烯（PTFE）和 TiO_2 掺入 Ni-P 基体中，能够制备具有耐腐蚀能力的高效纳米复合材料。此外，Liu 和 Zhao（2011）证明了 Ni-P-PTFE 纳米复合涂层比单独的 Ni-P 镀层具有更好的抗菌活性。Aal 等（2008）采用化学方法制备了含有不同浓度 TiO_2 NP 的 Ni-P-TiO_2 纳米复合涂层。Novakovic 等（2006）的研究结果表明，在 Ni-P 镀层中加入纳米 TiO_2 可以显著提高涂层的耐蚀性和硬度。此外，Chen 等（2010）研究表明，纳米 TiO_2 粒子的加入显著提高了 Ni-P 镀层的显微硬度。纳米 TiO_2 的生物灭活能力最早是在 1985 年由 Matsunaga 等（1985）报道的。Huang 等（2000）和 Wang 等（2000）对纳米 TiO_2 的杀菌作用进行了详细的研究。结果表明，纳米 TiO_2 在波长小于 385nm 的紫外线照射下具有较强的氧化能力。通过与 TiO_2 NP 的相互作用，最先发生的氧化破坏发生在细胞壁上。之后，进一步的氧化损伤发生在细胞膜上，导致细胞死亡和溶解（Huang et al，2000；Wang et al，2000）。Kikuchi 等（1997）进行的一项研究表明，在弱紫外线照射下，TiO_2 薄膜在瓷砖、玻璃和不锈钢等多种材料的涂层上均表现出抗菌效果。结果表明，在光照下的 TiO_2 薄膜上，大肠杆菌的存活细胞数显著减少。此外，Li 和 Logan（2005）的研究表明，在紫外线照射下，TiO_2 涂层表面上的细菌附着显著减少。经紫外线照射后，TiO_2 涂层表面的水接触角由 59° 降低到 5°。Yu 等（2003）的研究发现，在紫外线照射下，不锈钢表面 TiO_2 薄膜的水接触角从 45°~50°下降到 10°~18°。此外，所制备的 TiO_2 薄膜对短小芽孢杆菌具有良好的抑菌效果。Allion 等（2007）观察到，紫外线照射后，随着 TiO_2 薄膜上的水接触角从 100°降低到 5°，细菌的黏附性显著降低。此外，TiO_2 薄膜对细菌黏附的抑制率可高达 80%。以上研究表明，在紫外光照射下，TiO_2 表面可以形成高亲水性甚至超亲水性的表面。Marciano 等（2009）研究了在类金刚石涂层（diamond like carbon coating，DLC）中添加 TiO_2，发现 DLC-TiO_2 涂层的抗菌性能随涂层中 TiO_2 含量的增加而增加。在 Zhao 等（2013）进行的一项研究中，将不同浓度的 TiO_2 与 Ni-P 基体复合，通过无电沉积技术在 316L 不锈钢基体上镀膜，探究了该涂层对不同类型细菌的杀灭效果，如淡水细菌荧光假单胞菌以及两种海洋细菌溶藻弧菌 2171 和海洋芽孢杆菌 4741。这两种海洋细菌是船体、换热器和管道等表面的腐蚀和生物污垢的主要原因。在 Ni-P 基体中添加 TiO_2 NPs，兼具了 Ni-P 合金和 TiO_2 两种成分的高耐蚀性、耐磨性和抗菌特性。结果表明，与单独使用不锈钢和 Ni-P 镀层相比，Ni-P-TiO_2 涂层可使 3 种所测试菌株的黏附率分别降低 75% 和 70%。在紫外线照射下，TiO_2 NPs 的加入使 Ni-P-TiO_2 镀层的电子供体表面能达到较高水平。因此，随着涂层电子供体表面能的增加，黏附细菌的数量减少。因此，Ni-P-TiO_2 涂层在减少管道、换热器和船体生物污垢方面具有巨大的潜力。

Sano 等（2017）通过实验分析了掺有纳米铜粉、银粉的硅烷涂层的生物膜抑制效果。采用 SEM、EDX、光学显微镜和拉曼光谱等手段对生物膜沉积进行了观察和检测。又利用聚焦离子束处理，对样品的三维结构进行了观察。结果表明，分散在硅烷基树脂中的纳米铜粉对生物污垢有抑制作用。然而，树脂涂层本身并不具备任何抑制生物污垢的能力。这可以用纳米铜的抗菌性能来解释。众所周知，银和铜一样具有抗菌作用。然而，令人惊讶的是，分散在相同硅烷基树脂中的 AgNP 粉末并没有抑制生物污垢的效果。通过纳米材料的掺入来提高聚合物涂层的性能，是许多研究人员缓解油田中腐蚀和微生物生长所进行的一项尝试。其中，一项由 Kumar 等（2018）进行的研究采用 CuO/TiO_2 纳米复合材料作为环氧树脂涂层的纳米填料，以防止钢铁表面的锈蚀和细菌生长。采用草酸盐法制备了新型 TiO_2-CuO 纳米复合材料。利用 XRD、EDX、拉曼光谱和电子显微镜等分析手段对其结构特征和形貌特征进行了表征。在 3.5% NaCl 溶液中的电化学测试结果表明，与单一环氧树脂涂层相比，所制备的含有 TiO_2-CuO 纳米复合材料的环氧树脂涂层具有良好的防腐性能。所制备的复合材料对革兰氏阴性菌大肠杆菌有较强的抑菌作用。

由于石油和天然气管道一直处在于恶劣的化学、物理和机械条件下，有时会出现灾难性的故障，因此 Ni-P 涂层是保护石油和天然气管道免受腐蚀的理想材料。除了较高的硬度外，Ni-P 镀层还具有优越的耐腐蚀性能。然而，无电镀 Ni-P 层韧性较低，限制了其应用。MacLean 等（2019）展示了一种在涂层中加入纳米 NiTi 合金粒子的新方法，改善了涂层的性能。MacLean 和他的同事成功地在 APIX100 管材上镀上了新型 Ni-P-纳米-NiTi 复合镀层。通过划痕试验分析了 NiTi NP 对磨损损伤的影响。用压痕试验分析了涂层的开裂方式和抗凹陷性。纳米 Ni-P 基体的复合使得所用镀层更加坚韧。

除了出色的磁性能，氧化铁（Fe_2O_3）NP 广泛应用于各种领域，包括气体传感器、催化、太阳能、生物医学（Jeyasubramanian et al，2016）。基于这些应用，Jeyasubramanian 和同事（2019）通过高能球磨技术制备了（Fe_2O_3）NP，并将其分散在醇酸树脂中。对合成的嵌入纳米氧化铁浸渍醇酸涂层（NIAC）的化学结构进行了光谱分析。FESEM 分析表明，制备的（Fe_2O_3）NP 的表面形貌为团聚状，粒径为 23nm。FTIR 分析表明（Fe_2O_3）NP 与醇酸树脂基体的键合较强，且分布均匀。用失重法、动态电位极化法和 EIS 研究了 NIAC 在 3.5% NaCl 溶液中的耐蚀性能。结果表明，NIAC 涂层能抑制和防止钢中铁的溶解。

二氧化钛是一种很有前景的陶瓷材料，具有自清洁（Giolando，2016）、紫外防护（Chen and Mao，2007）、大折射率（Giolando，2016）、光催化活性（Lorencik et al，2016）以及高耐磨性和耐腐蚀性（Shen et al，2005a、b）等独特的物理和化学特性。氧化钛可应用于各种领域，如传感、光伏、电致变色、自消毒和自清洁结构材料等（Abdeen et al，2019）。根据 Shen 等（2005a）的研究，通过溶胶-凝胶技术沉积纳米 TiO_2 以及水热法后处理，不锈钢的防腐性能得到了极大提升（Shenet et al，2005b）。按照相同的技术，通过形成由三层或四层（464nm 厚）的 TiO_2 NP 组成的涂层来保护不锈钢表面。该涂层使腐蚀电流密度降低了 3 倍，耐蚀性比裸钢提高了约 10 倍。

另一种对表面提供综合保护的重要方法是原子层沉积（ALD）。与化学气相沉积、喷雾热解和物理气相沉积等其他沉积方法相比，这种方法不会造成针孔或裂纹（Abdeen et al，2019）。该方法主要靠形成非晶态 NP，产生致密和硬的薄膜（Shan et al，2008）。研究已经发现，多层的构造提高了纳米涂层的耐受性，但也存在极限，达到五层或六层将有概率使涂层变形（Abdeen et al，2019）。根据 Deyab 和 Keera（2014）的研究，减小 TiO_2 NP 的尺寸可以提高碳钢在 H_2SO_4 中的耐腐蚀性。由氧化铝组成的纳米涂层具有优异的力学性能和耐腐蚀性。因此，它们已应用于各种工业领域，包括气体扩散屏障（Ali et al，2014）、抗反射层（Wu et al，2015）和表面钝化（Calle et al，2016）。Díaz 等（2011a）的结果表明，在 316L 不锈钢表面使用纳米氧化铝复合涂层具有更好的防腐蚀性能。然而，某些类型的碳钢不能承受高温处理，因此建议碳钢上的沉积在低温或室温下进行。Díaz 等（2011b）进行了一项研究，在 160°C 下将氧化铝沉积在 100Cr6 碳钢上。结果表明，为了抑制腐蚀和避免碳钢结构中产生缺陷，涂层厚度必须大于 10nm。

五氧化二钽（Ta_2O_5）是一种令人感兴趣的金属，它具有独特的结构、物理、电学和光学特性，如高硬度（Chaneliere et al，1998）、高绝缘强度（Rahmati et al，

2016）和严苛条件下的强抗化学侵蚀能力（Díaz et al, 2012a、b）。它被应用于微电子、化学和生物医学工业、电容器制造、传感层、抗反射涂层和光波导等不同领域（Abdeen et al, 2019）。相关研究表明，五氧化二钽纳米涂层的抗腐蚀性能有所提高。Hu 等（2016）在 Ti-6Al-4V 合金表面涂覆 β-Ta$_2$O$_5$，在氢氧化钠溶液中形成一层钝化氧化层，从而提高了合金的耐蚀性。电化学测试表明，与未镀膜的 Ti-6Al-4V 合金相比，镀膜后的合金具有较高的腐蚀电位值和较低的腐蚀电流密度。在 Díaz 等（2012a、b）进行的另一项研究中，50nm 氧化钽包覆的碳钢在酸性介质中不发生溶解。

　　设备腐蚀损坏是化工、石化行业的一大难题。温度、盐度、pH 等环境参数影响管道材料的腐蚀，这些因素对建筑材料的腐蚀也起着重要的作用。可以通过改变这些环境因素来减少腐蚀（但有时这些因素很难控制），或者通过修复损坏的设备本身来避免。如前所述，涂层是防腐的重要技术之一，尤其是环氧树脂涂层。环氧树脂涂层因其作为阻燃添加剂和防腐涂层的广泛应用而备受关注。需要强调的是，有机相（通常是聚合物）与无机粒子之间的结合变得非常活跃。这是因为 NP 有助于增强聚合物的机械特性（Hussein et al, 2016）。在 Khodair 等（2019）最近进行的一项研究中，在不同的操作条件下，测试了环氧树脂涂层在不同水溶液中对低碳钢的防腐蚀效果。采用失重法跟踪了腐蚀速率。在环氧树脂涂层存在与否的情况下，评估了碳钢的腐蚀速率与温度、pH 和盐浓度的函数关系。结果表明，环氧树脂涂层在酸性溶液中的腐蚀抑制率约为 97%，而在盐水溶液中的抑制效果较弱。有人尝试将溶胶-凝胶法制备的氧化镁（MgO NP）引入到环氧树脂树脂涂层中，以提高环氧树脂涂层的腐蚀抑制效率。结果表明，MgO NP 提高了环氧树脂涂层在盐水溶液中的腐蚀抑制率，最高可达 93.7%。通过 SEM 证实了这一点，使用所制备的 MgO NP 复合涂层后，损伤有所减小。

　　值得注意的是，在石油和天然气设施中使用纳米材料的大多数报道数据都是基于实验室条件，而鲜有实地试验。下面列出两个实地试验的例子：

　　在沙特阿拉伯，证实碳基荧光纳米粒子在恶劣的地层条件下非常稳定。结果显示，采收率高达 86%（Kosynkin and Kanj, 2011）。

　　在哥伦比亚，氧化铝-纳米二氧化硅已经投入使用，在注入 8 个月后，产油量增加了 300 桶/天（Franco et al, 2017）。

4.7　结论以及纳米技术应用于油气行业时面临的挑战

　　尽管越来越多的研究表明使用 NP 的价值很高，但仍有一些存在争议的挑战。就经济可行性而言，与常规材料相比，一些 NP 的成本较高。高成本背后的主要原因是尽管有很多大型石油服务公司在纳米技术的研究和开发方面投入了大量资金，但用于石油和天然气应用的 NP 产品仍然短缺。第二个挑战与它们在实地试点规模而非实验室规模应用时的有效性有关。这一挑战需要石油公司和研究人员更好地合作，以验证他们的大规模应用。第三个挑战来自 NP 对人类健康、安全和周围环境的影响。它们可能是致命的或导致严重的健康问题，因为它们被吸入或通过皮肤吸收的潜在可能性很高。这是由它们在粒子大小和比表面积方面的独特特征导致的。因此，各地和国际上的环境保护机构（EPA）、国际标准化组织（ISO）以及美国材料与试验协会等监管机构正在制定各种原则、法规、工作指南和操作建议，以最大限度地减少或避免纳米粒子处理过程中的相关风险。

参考文献

A. A. Aal, H. B. Hassan, M. A. A Rahim, J. Electroanal. Chem. **17**, 619 (2008)

D. H. Abdeen, M. El Hachach, M. Koc, Materials **12**, 210 (2019)

A. A. Abd‐Elaal, N. M. Elbasiony, S. M. Shaban, E. G. Zaki, J. Mol. Liq. **249**, 304 (2018)

T. Ahmad, I. A. Wani, I. H. Lone, Mater. Res. Bull. **48**, 12 (2013)

D. Ajulibe, N. Ogolo, S. Ikiensikimama, Viability of SiO₂ Nanoparticles for enhanced oil recovery in the Niger Delta: a comparative analysis, in *SPE Nigeria Annual International Conference and Exhibition*, Lagos, Nigeria, 6–8 August 2018

K. Ali, K. Choi, J. Jo, Y. W. Lee, Mater. Lett. **136**, 90 (2014)

Ali, M. Z. Hira Zafar, I. ul Haq, A. R. Phull, J. S. Ali, A. Hussain, Nanotechnol. Sci. Appl. **9**, 49 (2016)

A. Allion, M. Merlot, L. Boulange‐Petermann, C. Archambeau, P. Choquet, J‐M. Damasse, Plasma Process Polym. **4**, S374 (2007)

L. Al‐Naamani, S. Dobretsov, J. Dutta, Chemosphere **168**, 408 (2017)

M. T. Alsaba, M. F. Al Dushaishi, A. K. Abbas, J. Pet. Explor. Product. Technol. **10**, 1389 (2020)

M. D. Amanullah, M. K. AlArfaj, Z. A. Al‐abdullatif, Preliminary test results of nano‐based drilling fluids for oil and gas field application, in *SPE/IADC Drilling Conference and Exhibition*, Amsterdam, The Netherlands, 1–3 March 2011

A. Amini, M. Kamali, B. Amini, A. Najafi, Phys. D Appl. Phys. **52**, 065401 (2018)

P. A. Arciniegas‐Grijalba, M. C. Patiño‐Portela, L. P. Mosquera‐Sa′nchez, Appl. Nanosci.

7, 225 (2017)

S. Y. Arman, B. Ramezanzadeh, S. Farghadani, M. Mehdipour, A. Rajabi, Corros. Sci. **77**, 118 (2013)

A. M. Atta, H. A. Allohedan, G. A. El-Mahdy, A. R. O. Ezzat, Application of stabilized silver nanoparticles as thin films as corrosion inhibitors for carbon steel alloy in 1 M hydrochloric acid. J. Nanomater. **2013** (Article ID 580607), 8pp. http://dx.doi.org/10.1155/2013/580607 (2013)

A. M. Atta, G. A. El-Mahdy, H. A. Al-Lohedan, A. O. Ezzat, Molecules **19**, 6246 (2014)

B. Bai, J. Petrol. Technol. **60**, 42 (2008)

X. Bai, L. Li, H. Liu, L. Tan, T. Liu, X. Meng, A. C. S. Appl, Mater. Interfaces **7**, 1308 (2015)

E. R. Balasooriya, C. D. Jayasinghe, U. A. Jayawardena, R. W. D. Ruwanthika, R. Mendis de Silva, P. V. Udagama, (2017). Honey mediated green synthesis of nanoparticles: new era of safe nanotechnology. J. Nanomater. **2017** (Article ID 5919836), 10pp. https://doi.org/10.1155/2017/5919836 (2017)

M. D. L. Balela, MSc. Thesis (2008)

P. V. Baptista, M. P. McCusker, A. Carvalho, D. A. Ferreira, N. M. Mohan, M. Martins, A. R. Fernandes, Front. Microbiol. **9**, 1441 (2018)

J. M. Berlin, J. Yu, W. Lu, E. E. Walsh, L. Zhang, P. Zhang, W. Chen, A. T. Kan, M. S. Wong, M. B. Tomson, J. M. Tour, Energy Environ. Sci. **4**, 505 (2011)

H. N. Bhatti, Z. Iram, M. Iqbal, J. Nisar, M. I. Khan, Mater. Res. Express **7**, 015802 (2020)

J. A. Birnbaum, A. Pique, Appl. Phys. Lett. **98**, 134101 (2011)

T. Bollhorst. K. Rezwan, M. Maas, Chem. Soc. Rev. **46**, 2091 (2017)

E. Calle, P. Ortega, G. Von Gastrow, Energy Procedia **92**, 341 (2016)

H. Cen, Z. Chen, X. Guo, J. Taiwan Inst. Chem. Eng. **99**, 224 (2019)

D. L. Chandler, MIT News Office, 29 April 2014. http://news.mitedu/2014/new-building-will-behub-for-nanoscale-research-0429, Accessed 3 Aug 2019

C. Chaneliere, J. L. Autran, R. A. B. Devine, B. Balland, Mater. Sci. Eng. **22**, 269 (1998)

C. H. Chang, T. C. Huang, C. W. Peng, T. C. Yeh, H. I. Lu, W. I. Hung, C. J. Weng, T. I. Yang, J. M. Yeh, Carbon **50**, 5044 (2012)

F. Charbgoo, M. Bin Ahmad, M. Darroudi, Int. J. Nanomed. **12**, 1401 (2017)

F. Chekin, S. M. Vahdat, M. J. Asadi, Russ. J. Appl. Chem. **89**, 816 (2016)

X. Chen, S. S. Mao, Chem. Rev. **107**, 2891 (2007)

W. W. Chen, W. Gao, Y. D. He, Surf. Coat. Technol. **20**, 2493 (2010)

S. Chen, P. Wang, P. Zhang, Corros. Sci. **87**, 407 (2014)

S. Chen, Y. Li, Y. F. Cheng, Sci. Rep. **7**, 5326 (2017)

W. L. Chou, D. G. Yu, M. C. Yang, Polym. Advan. Technol. **16**, 600 (2005)

G. Christopher, M. A. Kulandainathan, G. Harichandran, Progr. Org. Coat. **99**, 91 (2016)

J. B. Crews, T. Huang, New remediation technology enables removal of residual polymer in hydraulic fractures, in *Paper Presented at the SPE Annual Technical Conference and Exhibition*, Florence, Italy, 19-22 September 2010

N. Cruz-González, O. Calzadilla, J. Roque, F. Chalé-Lara, J. K. Olarte, M. Meléndez-Lira, M. Zapta-Torres, Int. J. Photoenergy **2020** (Article ID 8740825), 9pp. https://doi.org/10.1155/2020/8740825 (2020)

T. Da Ros, G. Spalluto, M. Prato, Croat. Chem. Acta **74**, 743 (2001)

C. G. Dariva, A. F. Galio, *Developments in Corrosion Protection* (IntechOpen, London, 2014), p. 16

A. F. De Faria, A. C. M. de Moraes, P. F. Andrade, D. S. da Silva, M. C. Gonçalves, O. L. Alves, Cellulose **24**, 781 (2017a)

A. F. De Faria, D. S. T. Martinez, S. M. M. Meira, A. C. M. de Moraes, A. Brandelli, A. G. S. Filho, O. L. Alves, Colloids Surf. B **113**, 115 (2017b)

M. A. Deyab, S. T. Keera, Mater. Chem. Phys. **146**, 406 (2014)

B. Díaz, E. Härkönen, J. Światowska, V. Maurice, A. S. P. Marcus, M. Ritala, Corros. Sci. **53**, 2168 (2011a)

B. Díaz, J. Światowska, V. Maurice, A. S. B. Normand, E. Härkönen, M. Ritala, P. Marcus, Electrochim. Acta **56**, 10516 (2011b)

B. Díaz, J. Światowska, V. Maurice, M. Pisarek, A. Seyeux, S. Zanna, S. Tervakangas, J. Kolehmainen, P. Marcus, Surf. Coat. Technol. **206**, 303 (2012a)

B. Díaz, J. Światowska, V. Maurice, M. Pisarek, A. Seyeux, S. Zanna, S. Tervakangas, J. Kolehmainen, P. Marcus, Surf. Coat. Technol. **206**, 3903 (2012b)

E. A. S. Dimapilis, C. S. Hsu, R. M. O. Mendoza, M. C. Lu, Sustain. Environ. Res. **28**, 47 (2018)

Y. Ding, S. Zheng, X. Meng, D. Yang, Lowsalinity hot water injection with addition of nanoparticles for enhancing heavy oil recovery under reservoir conditions, in *Paper Presented at the SPE Western Regional Meeting*, Garden Grove, California, USA, 22-26 April 2018

J. D. Donaldson, D. Beyersmann, *Ullmann's Encyclopedia of Industrial Chemistry* (2000), p. 429

D. Duraibabu, T. Ganeshbabu, R. Manjumeena, P. Dasan, Progr. Org. Coat. **77**, 657 (2014)

N. Durán, G. Nakazato, A. B. Seabra, Appl. Microbiol. Biotechnol. **100**, 6555 (2016)

EC, *Commission recommendation on the of nanomaterials (2011/696/EU)* (EU, Brussels, Belgium, 2011)

A. Elbourne, V. E. Coyle, V. K. Truong, Y. M. Sabri, A. E. Kandjani, S. K. Bhargava,

E. P. Ivanova, R. J. Crawford, Nanoscale Adv. **1**, 203 (2019)

N. Sh. El-Gendy, B. A. Omran, *Nano and Bio-Based Technologies for Wastewater Treatment: Prediction and Control Tools for the Dispersion of Pollutants in the Environment* (Scrivener Publishing, 2019), pp. 205-264

R. Elgaddafi, A. Naidu, R. Ahmed, S. Shah, S. Hassani, S. O. Osisanya, A. Saasen, J. Nat. Gas. Sci. Eng. **27**, 1620 (2015)

M. Elshawaf, Investigation of graphene oxide nanoparticles effect on heavy oil viscosity, in *Paper presented at the SPE Annual Technical Conference and Exhibition*, Dallas, Texas, 24-26 September 2018

C. A. Franco, R. Zabala, F. B. Cortés, J. Pet. Sci. Eng. **157**, 39 (2017)

K. Fujisawa, H. J. Kim, S. H. Go, H. Muramatsu, T. Hayashi, M. Endo, TCh. Hirschmann, M. S. Dresselhaus, Y. A. Kim, P. T. Araujo, Appl. Sci. **6**, 1 (2016)

F. Galliano, D. Landolt, Progr. Org. Coat. **44**, 217 (2002)

D. M. Giolando, Sol. Energy **124**, 76 (2016)

O. Y. Golubeva, V. V. Golubkov, V. A. Yukhne, O. V. Shamova, Glass Phys. Chem. **43**, 63 (2017)

S. P. Goutam, G. Saxena, V. Singh, A. K. Yadav, R. N. Bharagava, K. B. Thapa, Chem. Eng. J. **336**, 386 (2018)

G. Gupta, N. Birbilis, A. Cook, A. S. Khanna, Corros. Sci. **67**, 256 (2013)

A. Gupta, S. Mumtaz, C.-H. Li, I. Hussain, V. M. Rotello, Chem. Soc. Rev. **48**, 415 (2019)

S. Hasany, I. Ahmed, J. Rajan, A. Rehman, Nanosci. Nanotechnol. **2**, 148 (2012)

P. Heera, S. Shanmugam, Int. J. Curr. Microbiol. App. Sci. **4**, 379 (2015)

A. S. Hogeweg, R. E. Hincapie, H. Foedisch, L. Ganzer, Evaluation of aluminium oxide and titanium dioxide nanoparticles for EOR applications, in *Paper Presented at the SPE Europec Featured at 80th EAGE Conference and Exhibition*, Copenhagen, Denmark, 11-14 June 2018

H. Y. Hsueh, P. H. Tsai, K. S. Lin, W. J. Ke, C. L. Chiang, J. Nanobiotechnol. **15**, 77 (2017)

W. Hu, J. Xu, X. Lu, D. Hu, H. Tao, P. Munroe, Z. H. Xie, Appl. Surf. Sci. **368**, 177 (2016)

T. Huang, J. B. Crews, J. R. Willingham, in *Paper Presented at the International Petroleum Technology Conference*, Kuala Lumpur, Malaysia, 3-5 December 2008

Z. Huang, P. C. Maness, D. M. Blake, E. J. Wolfrum, S. L. Smolinski, W. A. Jacoby, J. Photochem. Photobiol. , A **130**, 163 (2000)

H. C. Huang, G. L. Huang, H. L. Chen, Y. -D. Lee, Thin Solid Films **515**, 1033 (2006)

B. Huang, C. Huang, J. Chen, X. Sun, J. Alloys Compd. **712**, 164 (2017)

T. Hurnaus, J. Plank, Crosslinking of guar and HPG based fracturing fluids using ZrO_2 nanoparticles, in *Paper presented at the SPE International Symposium on Oilfield Chemistry*, The Woodlands, Texas, USA, 13-15 April 2015

M. A. Hussein, B. M. Abu-Zied, A. M. Asiri, Int. J. Electrochem. Sci. **11**, 7644 (2016)

A. F. Ibrahim, H. Nasr-El-Din, An experimental study for the using of nanoparticle/VES stabilized CO_2 foam to improve the sweep efficiency in EOR applications, in *Paper Presented at the SPE Annual Technical Conference and Exhibition*, 2 Dallas, Texas, 4-26 September 2018

Y. Jafari, S. M. Ghoreishi, M. Shabani-Nooshabadi, Synth. Met. **217**, 220 (2016)

K. Jeyasubramanian, U. U. G. Thoppey, G. S. Hikku, N. Selvakumar, A. Subramania, K. Krishnamoorthy, RSC Adv. **6**, 15451 (2016)

K. Jeyasubramanian, V. S. Benitha, V. Parkavi, Progr. Org. Coat. **132**, 76 (2019)

T. Jin, D. Sun, J. Su, H. Zhang, H. -J. Sue, J. Food Sci. **74**, M46 (2009)

N. Ju-Nam, J. R. Lead, Sci. Total Environ. **400**, 396 (2008)

C. Kaittanis, S. Santra, A. Asati, J. M. Perez, Nanoscale **4**, 2117 (2012)

M. N. Kakaei, I. Danaee, D. Zaarei, Anti-Corros. Methods Mater. **60**, 37 (2013)

E. Kang, K. Neoh, K. Tan, Progr. Polym. Sci. **23**, 277 (1998)

R. C. Kasana, N. R. Panwar, R. K. Kaul, P. Kumar, Environ. Chem. Lett. **15**, 233 (2017)

P. Khandel, G. G. Vishwavidyalaya, Int. J. Nanomater. Biostruct. **6**, 1 (2016)

Z. T. Khodair, A. A. Khadom, H. A. Jasim, J. Mater. Res. Technol. **8**, 424 (2019)

M. M. Khowdiary, A. A. El-Henawy, A. M. Shawky, M. Y. Sameeh, N. A. Negm, J. Mol. Liq. **230**, 163 (2017)

Y. Kikuchi, K. Sunada, T. Iyoda, J. Photochem. Photobiol. Biol. A **106**, 51 (1997)

J. S. Kim, E. Kuk, K. N. Yu, J. H. Kim, S. J. Park, H. J. Lee, S. H. Kim, Y. K. Park, Y. H. Park, C. Y. Hwang, Y. K. Kim, Nanomed. Nanotechnol. Biol. Med. **3**, 95 (2007)

D. Kosynkin, M. Kanj, in *Paper Presented at the* 20th *World Petroleum Congress*, Doha, Qatar, 4-8 December 2011

V. G. Kumar, S. D. Gokavarapu, A. Rajeswari, T. S. Dhas, V. Karthick, Z. Kapadia, T. Shrestha, I. A. Barathy, A. Roy, S. Sinha, Colloids Surf. B **87**, 159 (2011)

A. M. Kumar, A. Khan, R. Suleiman, M. Qamar, S. Saravanan, H. Dafall, Progr. Org. Coat. **114**, 9 (2018)

R. Laiho, L. S. Vlasenko, M. P. Vlasenko, J. Appl. Phy. **103**, 123709 (2008)

K. Lam, K. T. Lau, Compos. Struct. **75**, 553 (2006)

S. V. Lamaka, M. L. Zheludkevich, K. A. Yasakau, R. Serra, S. K. Poznyak, M. G. S. Ferreira, Progr. Org. Coat. **58**, 127 (2007)

A. B. Lansdown, Curr. Probl. Dermatol. **33**, 17 (2006)

J. D. Laumb, K. A. Glazewski, J. A. Hamling, A. Azenkeng, N. Kalenze, T. L. Watson, Energy Procedia **114**, 5173 (2017)

J. Li, C. Liu, Eur. J. Inorg. Chem. **2010**, 1244 (2010)

B. K. Li, B. E. Logan, Colloids Surf. B **41**, 53 (2005)

A. Lipovsky, Y. Nitzan, A. Gedanken, Nanotechnology **22**, 105101 (2011)

C. Liu, Q. Zhao, Biofouling **27**, 275 (2011)

S. Lorencik, Q. L. Yu, H. J. H Brouwers, Chem. Eng. J. **306**, 942 (2016)

M. MacLean, Z. Farhata, G. Jarjoura, Wear **426-427**, 265 (2019)

F. Maia, A. P. Silva, S. Fernandes, Chem. Eng. J. **270**, 150 (2015)

F. R. Marciano, D. A. Lima-Oliveira, N. S. Da-Silva, A. V. Diniz, E. J. Corat, V. J. Trava -Airoldi, J. Colloid Interface Sci. **340**, 87 (2009)

G. Maserati, E. Daturi, L. Del Gaudio, A. Belloni, S. Bolzoni, W. Lazzari, G. Leo, Nano -emulsions as cement spacer improve the cleaning of casing bore during cementing operations, in *Paper Presented at SPE Annual Technical Conference and Exhibition*, Florence, Italy, 19-22 September 2010

T. Matsunaga, R. Tomoda, R. Nakajima, H. Wake, FEMS Microbiol. Lett. **29**, 211 (1985)

B. N. Meethal, N. Pullanjiyot, C. V. Niveditha, R. Ramanarayanan, S. Swaminathan, Mater. Today Proc. **5**, 16394 (2018)

Y. Mingming, H. Yedong, Z. Ying, Q. Yang, J. Rare Earth **24**, 587 (2006)

R. Mo, T. Jiang, J. Di, W. Tai, Z. Gu, Chem. Soc. Rev. **43**, 3595 (2014)

M. Mobin, S. Zehra, M. Parveen, J. Mol. Liq. **216**, 598 (2016)

M. G. Morais, V. G. Martins, D. Steffens, P. Pranke, J. A. V. da Costa, J. Nanosci. Nano-technol. **14**, 1007 (2014)

S. Murugesan, O. R. Monteiro, V. N. Khabashesku, Extending the lifetime of oil and gas equip-ment with corrosion and erosion-resistant Ni-B-nanodiamond metal-matrix-nanocomposite coat-ings, in *Paper presented at the Offshore Technology Conference*, Houston, Texas, 2 - 5 May 2016

M. Nasiriboroumand, M. Montazerb, H. Barani, J. Photochem. Photobiol. **179**, 98 (2018)

NNI, US, The national nanotechnology initiative supplement to the President's 2019 budget (2018), https://www. nano. gov/sites/default/fles/NNI-FY19-Budget-Supplement. pdf. Ac-cessed 3 Aug 2019

A. R. Nochehdehi, S. Thomas, M. Sadri, S. S. S. Afghahi, S. M. Hadavi, J. Nanomed. Nanotechnol. **8**, 1 (2017)

J. Novakovic, P. Vassiliou, K. Samara, Surf. Coat. Technol. **201**, 895 (2006)

K. Novoselov, D. Jiang, F. Schedin, T. J. Booth, V. V. Khotkevich, S. V. Morozov, A. K. Geim, Proc. Natl. Acad. Sci. U. S. A. **102**, 10451 (2005)

B. A. Omran, H. N. Nassar, N. A. Fatthallah, A. Hamdy, E. H. El - Shatoury, NSh El - Gendy, J. Appl. Microbiol. **125**, 370 (2018)

B. A. Omran, H. N. Nassar, S. A. Younis, R. A. El - Salamony, N. A. Fatthallah, A. Hamdy, E. H. El-Shatoury, NSh El-Gendy, J. Appl. Microbiol. **128**, 438 (2019)

A. T. Özyılmaz, T. Tüken, B. Yazıcı, M. Erbil. Progr. Org. Coat. **52**, 92 (2005)

S. Pan, M. Chen, L. Wu, J. Colloid Interface Sci. **522**, 20-28 (2018)

A. Panácek, M. Kolár, R. Vecerová, R. Prucek, J. Soukupova, V. Kryštof, P. Hamal, R. Zbořil, L. Kvítek, Biomaterials **30**, 6333 (2009)

J. Palomo, M. Filice, Nanomaterials **6**, 84 (2016)

S. Park, M. Shon, J. Ind. Eng. Chem. **21**, 1258 (2015)

R. Pasricha, S. Gupta, A. Srivastava, Small **20**, 2253 (2009)

P. Patnaik, *Handbook of Inorganic Chemical Compounds*. Mcgraw–Hill Professional, ISBN: 0070494398 (2002)

S. C. Petitto, E. M. Marsh, G. A. Carson, M. A. Langell, J. Mol. Catal. A Chem. **128**, 49 (2008)

P. -Y. Qian, Y. Xu, N. Fusetani, Biofouling **26**, 223 (2009)

B. Rahmati, A. A. D. Sarhan, E. Zalnezhad, Ceram. Int. **42**, 466 (2016)

M. Rai, A. Yadav, A. Gade, Biotech. Adv. **27**, 76 (2009)

A. Rajan, A. R. Rajan, D. Philip, Open Nano **2**, 1 (2017)

V. Raman, S. Suresh, P. A. Savarimuthu, T. Raman, A. M. Tsatsakis, K. S. Golokhvast, V. K. Vadivel, Exp. Ther. Med. **11**, 553 (2016)

P. B. Rasheeda, K. A. Jabbara, K. Rasool, Corros. Sci. **148**, 397 (2019)

L. S. Reddy, M. M. Nisha, M. Joice, P. N. Shilpa, Pharm. Biol. **52**, 1388 (2014)

B. Sadeghi, F. Gholamhoseinpoor, Spectrochim. Acta Part A Mol. Spectrosco. **134**, 310 (2015)

V. S. Saji, in *Corrosion Protection and Control Using Nanomaterials*, ed. by V. S. Saji, R. Cook (Woodhead Publishing, Philadelphia, PA, 2012)

A. Samimiã, S. Zarinabadi, J. Am. Sci. **7**, 1032 (2011)

K. Sano, H. Kanematsu, N. Hirai, Surf. Coat. Tech. **325**, 715 (2017)

M. Sarkar, M. Maitib, S. Maiti, S. Xu, Q. Li, Mater. Sci. Eng., C **92**, 663 (2018)

S. Sathiyanarayanan, S. S. Azim, G. Venkatachari, Prog. Org. Coat. **65**, 152 (2007)

K. Schaefer, A. Miszczyk, Corros. Sci. **66**, 380 (2013)

A. Schröfel, G. Kratošová, I. Šafařík, M. Safaříková, I. Raška, L. M. Shor, Acta Biomater. **10**, 4023 (2014)

S. Shahabuddin, N. M. Sarih, S. Mohamad, S. N. A. Baharin, RSC Adv. **6**, 43388 (2016)

C. X. Shan, X. Hou, K. Choy, Surf. Coat. Technol. **202**, 2399 (2008)

Z. Sharifi, M. Pakshir, A. Amini, R. Rafiei, J. Ind. Eng. Chem. **74**, 41 (2019)

G. X. Shen, Y. C. Chen, C. J. Lin, Thin Solid Films **489**, 130 (2005a)

G. X. Shen, Y. C. Chen, L. Lin, D. Scantlebury, Electrochim. Acta **50**, 5083 (2005b)

F. T. Shirehjini, E. Danaee, H. Eskandari, D. Zarei, J. Mater. Sci. Technol. **32**, 1152 (2016)

C. M. J. Silvero, D. M. Rocca, E. A. de la Villarmois, K. Fournier, A. E. Lanterna, M. F. Perez, M. C. Becerra, J. C. Scaiano, ACS Omega **3**, 1220 (2018)

R. Singh, Coating for corrosion prevention, in *Paper presented at Corrosion Control for Offshore Structures: Cathodic Protection and High Efficiency Coating* (Gulf Professional Publishing: Waltham, MA, 2014)

P. Singh, S. Bhat, Nanologging: use of nanorobots for logging, in *Presented at SPE Eastern Regional Meeting* (2006)

C. Soldano, A. Mahmood, E. Dujardin, Carbon **48**, 2127 (2010)

C. Sun, Y. Wang, J. Sun, X. Lin, X. Li, H. Liu, X. J. Cheng, Supercrit. Fluid **116**, 70 (2016)

D. L. Tiffin, G. E. King, R. E. Larese, L. K. Britt, New criteria for gravel and screen selection for sand control, in *Paper Presented at SPE Formation Damage Control Conference* (1998)

A. Tomar, G. Garg, Glob. Pharmacol. **7**, 34 (2013)

A. N. Ul Haq, A. Nadhman, I. Ullah, G. Mustafa, M. Yasinzai, I. Khan, J. Nanomater. **2017**, 1 (2017)

N. Van Velson, M. Flannery, Performance life testing of a nanoscale coating for erosion and corrosion protection in copper microchannel coolers, in *Paper Presented at the Proceedings of the 15th IEEE Intersociety Conference on Thermal and Thermomechanical Phenomena in Electronic Systems (ITherm)*, Las Vegas, NV, USA, 31 May-3 June 2016

R. Van Zanten, D. Ezzat, Surfactant nanotechnology offers new method for removing oil-based mud residue to achieve fast, effective wellbore cleaning and remediation, in *Paper presented at SPE International Symposium and Exhibition on Formation Damage Control* (2010)

C. Vasile, *Polymeric Nanomaterials in Nanotherapeutics* (Elsevier, 2019), p. 1

S. Vijayakumar, C. Krishnakumara, P. Arulmozhia, S. Mahadevan, N. Parameswari, Microb. Pathog. **116**, 44 (2018)

R. P. Visweswara, G. S. Hua, Curr. Drug Metab. **16**, 371 (2015)

X. P. Wang, X. Yu, X. F. Hu, L. Gao, Thin Solid Films **371**, 148 (2000)

Y. Wang, K. L. Duncan, E. D. Wachsman, F. Ebrahimi, J. Am. Ceram. Soc. Bull. **90**, 3908 (2007)

Y. Wang, J. Hu, Z. Dai, J. Li, J. Huang, Plant Physiol. Biochem. **108**, 353 (2016)

L. Wei, X. Pang, K. Gao, Corros. Sci. **103**, 132 (2016)

B. Wessling, Synth. Met. **85**, 1313 (1997)

B. Wetzel, F. Haupert, M. Q. Zhang, Compos. Sci. Technol. **63**, 2055 (2003)

J. Wildeson, A. Smith, X. B. Gong, H. T. Davis, E. J. Scriven, CoatingsTech **5**, 32 (2008)

S. R. Wilson, K. Kadish, R. Ruoff, *The Fullerene Handbook* (Wiley, New York, 2000), pp. 437-465

D. -S. Wuu, C. -C. Lin, C. -N. Chen, H. -H. Lee, J. -J. Huang, Thin Solid Films **584**,

248 (2015)

Z. -K. Xia, Q. -H. Ma, S. -Y. Li, D. -Q. Zhang, L. Cong, Y. -L. Tian, R. -Y. Yang, J. Microbiol. Immunol. Infect. **49**, 182 (2016)

Y. Xiang, Z. Long, C. Li, H. Huang, X. He, Int. J. GreenH. Gas Con. **63**, 141 (2017)

Y. Xie, Y. Liu, J. Yang, Y. Liu, F. Hu, K. Zhu, X. Jiang, Chemie. Int. Ed. **57**, 3958 (2018)

K. K. Yadav, J. K. Singh, N. Gupta, V. Kumar, J. Mater. Sci. Technol. **8**, 740 (2017)

M. S. L. Yee, P. S. Khiew, Y. F. Tan, Y. Y. Kok, K. W. Cheong, W. S. Chiu, C. O. Leong, Colloid Surf. A Physicochem. Eng. Aap. **457**, 382 (2014)

M. S. L. Yee, P. S. Khiew, S. S. Lim, Colloid Surf. A Physicochem. Eng. Aap. **520**, 701 (2017)

Z. Yong-Zhe, W. Li-Hui, L. Yan-Ping, Chinese Phys. Lett. **26**, 38201 (2009)

J. C. Yu, W. Ho, J. Lin, H. Yip, P. K. Wong, Environ. Sci. Technol. **37**, 2296 (2003)

J. Yu, J. Berlin, W. Lu, L. Zhang, A. T. Kan, P. Zhang, E. E. Walsh, S. Work, W. Chen, J. Tour, M. Wong, Transport study of nanoparticles for oilfield application, in *SPE International Conference on Oilfield Scale*, Aberdeen, 26-27 May 2010

Y. H. Yu, Y. Y. Lin, C. H. Lin, C. -C. Chan, Y. -C. Huang, Polym. Chem. **5**, 535 (2014)

Q. Zhao, C. Liu, X. Su, S. Zhang, W. Song, S. Wang, G. Ning, J. Ye, Y. Lin, W. Gong, Appl. Surf. Sci. **274**, 101 (2013)

L. Zhong, S. Xiao, J. Hu, H. Zhu, F. Gan, Corros. Sci. **48**, 3960 (2006)

W. Zhou, X. Gao, D. Liu, X. Chen, Chem. Rev. **115**, 10575 (2015)

Y. Zuo, L. Yang, Y. Tan, Y. Wang, J. Zhao, Corros. Sci. **120**, 99 (2017)

第5章 生物法制备用于缓解油气行业生物污垢的纳米材料

摘要： 生物污垢是油气行业面临的一个严重问题。金属结构的生物污垢是由微生物和大型生物在金属结构表面定植引起的。生物污垢对经济、金融、环境和健康都有灾难性的影响，它会导致产品的损耗、污染、能源和燃料高消耗以及空气污染等。因此，抗生物污垢的策略在过去的几年中得到了广泛的研究。这些策略包括使用生物杀菌剂和保护涂料及涂层。然而，利用纳米生物技术消除生物污垢的负面影响是当今世界的新趋势。纳米生物技术是一门由不同科学领域结合而成的科学，包括纳米技术、生物技术、材料科学、物理、化学和生物学。虽然通过物理和化学合成方法可以产生一定大小和形状的纳米粒子，但这些方法存在一些缺点，如复杂、成本高、产生对环境和人类健康致命的有害副产物等。此外，物理和化学合成方法需要外部化学还原剂和帽化剂。而生物法合成纳米粒子依靠使用如细菌、真菌、放线菌、藻类、工农业废弃物和植物提取物等生物实体。本章总结了可以用作纳米生物工厂的不同生物实体，也强调了可能使用的生物纳米材料作为有效的生物杀菌剂来减缓生物污垢的先进技术。

关键词： 减缓生物污垢；纳米生物技术；生物合成；纳米生物工厂

5.1 引言

纳米技术被认为是下一次工业革命。纳米技术主要涉及 $1 \sim 100nm$ 之间的纳米材料或粒子的制造（Alghuthaymi et al，2015）。金属和金属氧化物纳米粒子因具有独特的理化性质和广泛的应用前景，在过去的 10 年中受到了极大的关注。尽管用于合成纳米粒子的物理和化学方法能获得具有确定尺寸的完美形状，但也具有很大程度的局限性。例如，物理和化学方法非常复杂，成本高，且会产生对环境和人类健康都有危害的有毒废弃物。为了解决这个问题，利用生物实体合成纳米粒子成为一种创新的方法，它具有简单、合成迅速、毒性可控、尺寸可控和生态友好等特点（Schröfel et al，2014）。为了满足对发展纳米粒子环保合成方法日益增长的需求，人们希望利用植物机体提取物以及细菌、酵母和真菌的微生物细胞滤液。工农业废弃物的提取物也可以用于NP的生物法合成（Nava et al，2017；Omran et al，2018a；Ajmal et al，2019）。最近的探索发现，微生物是潜在的生态友好型生物纳米工厂，可用于合成如金纳米粒子（Tahar et al，2019）、铜纳米粒子（Shantkriti et al，2014）、钴纳米粒子、铂纳米粒子（PtNP）、铁纳米粒子（Saif et al，2016）和银纳米粒子（Manimaran and Kannabiran，2017；Omran et al，2018b、c）等金属NP。根据Omran等（2018a）和Seifpour等（2020）的研究，工农业废料和植物机体的提取物可作为天然来源，不含有毒化学物质，为合成NP提供了另一种选择。在最近的研究热潮中，用生物源合成NP以对抗微生物污垢被证明是有效、生态友好和无毒的方法（Pugazhendhi et al，2018）。一些研究证实，纳米技术和纳米生物技术在控制生物污垢问题上的应用引起了全世界的关注（Zhang et al，2012；Inbakandan et al，2013；Kumar et al，2014；Martinez-Gutierrez et al，2014；Shankar et al，2016；Yang et al，2016；Omran et al，2018c）。

5.2 纳米生物技术的定义

几十年前，金属纳米粒子因其优越的物理化学特性而备受关注。它们基本上是通过不同的化学和物理技术合成的。不过，虽然这些方法具有成功合成理想大小和形状的NP的潜力，但它们相当复杂、成本高，且合成过程涉及使用有毒化学物质（Remya et al，2017；Omran et al，2018a、b；El-Gendy and Omran，2019）。因此，为了克服化学和物理合成技术的这些缺点，人们进行了广泛的研究。通过绿色化学方法合成NP是一种简单、有成本效益、生态友好的方法，而且很容易扩大到大规模生产（Govindappa et al，2016；Yadav et al，2017）。21世纪最有前途的两项技术是纳米技术和生物技术（El-Gendy and Omran，2019）。生物纳米技术/纳米生物技术是最近发展起来的术语，指的是"生物学和纳米技术之间的相互作用"（Fortina et al，2007）。生物纳米技术通常被定义为"研究如何通过生物'机器'指导和实现纳米技术的目标，以及如何改进现有的纳米技术或创造新技术"。NP的生物法合成不涉及添加任何外部还原剂、帽化剂和稳定剂，因为它们可以用所使用的生物实体中的生物分子代替。这些生物实体称为"纳米生物工厂"（Jeevanandam et al，2016）。

5.3　用于产生纳米粒子的生物实体

纳米生物技术的主要目标是利用生物成分制备纳米尺度的材料。这些生物材料具有生物和非生物领域的多种应用。生物应用包括医学和生物学，而非生物应用则涉及计算机和电子技术。5.4 节将展示生物法制备金属和金属氧化物 NP 的广泛应用。表 5.1 总结了一些关于生物纳米材料的合成、特征（大小和形状）及可能应用的最新发表成果的精选示例。图 5.1 展示了用于合成纳米粒子的不同生物实体、工艺参数的优化以及不同表征技术。

表 5.1　生物法制备金属和金属氧化物纳米粒子的
大小、形状及其可能的应用

生物实体	产生的NP 类型	大小/nm	形　状	应　　用	参考文献
细菌					
希瓦氏菌	CuNP	20～40	球形	催化活性	Kimber 等（2018）
球形芽孢杆菌和纤细线柱兰	AgNP	50	不规则的	杀幼虫、杀卵、杀成虫活性	Kovendan 等（2018）
假单胞菌属	AgNP	10～40	不规则的	抗菌活性	Singh 等（2018）
类球红细菌	AuNP	10±3	球形	硝基芳香化合物的降解	Italiano 等（2018）
光伏希瓦氏菌 PV-4	PtNP、PdNP、AuNP	PtNP（2～10）、PdNP（2～12）、AuNP（2～15）	球形	催化活性	Ahmed 等（2018）
铜绿假单胞菌	AgNP	25±8	球形	抗菌活性	Quinteros 等（2019）
枯草芽孢杆菌 KMS2-2	AgNP	18～153	球形	抗菌活性	Mathivanan 等（2019）
发光杆菌	AuNP、AgNP	14～46	球形	杀幼虫活性	Aiswarya 等（2019）
大肠杆菌工程菌	硫化砷	246±381	球形	—	Chellamuthu 等（2018）
海云台副球菌 BC74171	AuNP	20.93±3.46	球形	抗氧化活性、抗增殖作用	Patil 等（2019）
不动杆菌属 KCSI1	ZrO_2 NP	15±2	球形	细胞毒活性	Suriyaraj 等（2019）
假单胞菌菌株	AgNP	20～70	球形	抗菌活性	John 等（2020）

生物实体	产生的 NP 类型	大小/nm	形 状	应 用	参考文献
放线菌					
囊轴发仙菌苍白亚种 SL19	AgNP	12.7	球形	抗真菌和细胞毒活性	Wypij 等（2017）
黏杯链霉菌 IF11 和 IF17 菌株	AgNP	黏杯链霉菌 IF11（5~50）、黏杯链霉菌 IF17（5~20）	球形	抗菌和细胞毒活性	Wypij 等（2018）
不动杆菌属	AgNP	10±5	球形	抗真菌和抗生物膜活性	Nadhe 等（2019）
链霉菌属 AU2	AgNP	—	—	抗菌和细胞毒活性	Baygar 等（2019）
沙阿霉素链霉菌 Oc-5 和假浅灰链霉菌 Acv-11	CuO NP	沙阿霉素链霉菌 Oc-5（78）、假浅灰链霉菌 Acv-11（80）	球形	抗菌、抗氧化、细胞毒、杀幼虫作用	Hassan 等（2019）
达松维尔拟诺卡氏菌 DS013	AgNP	30~80	圆形	抗菌活性	Dhanaraj 等（2020）
真菌					
意大利青霉菌	AgNP	33	不规则的	抗菌活性	Nayak 等（2018）
米曲霉	SeNP	55	球形	抗菌活性	Mosallam 等（2018）
长柄木霉	AgNP	1~25	球形	抗真菌活性	Elamawi 等（2018）
构巢曲霉	氧化钴 NP	20.29	球形	能量储存	Vijayanandan 和 Balakrishnan（2018）
巴西曲霉	AgNP	6~21	球形	抗菌活性	Omran 等（2018b）
尖孢镰刀菌	PtNP	25	立方体、球形和截断三角形	抗菌、抗氧化和光催化活性	Gupta 和 Chundawat（2019）
黄孢原毛平革菌	PdNP	10~14	球形	催化活性	Tarver 等（2019）
枝状枝孢菌	AgNP	30~60	球形	抗菌和抗氧化剂活性	Hulikere 和 Joshi（2019）
尖孢镰刀菌	AuNP	22~30	球形和六角形	抗菌活性	Naimi-Shamel 等（2019）
膝曲旋孢腔菌	ZnO NP	2~6	准球形	—	Kadam 等（2019）
产黄青霉	CuO NP	10.7	球形	抗菌活性	El-Batal 等（2019）

生 物 实 体	产生的NP 类型	大小/nm	形　状	应　用	参 考 文 献
真菌					
巴 西 曲 霉 ATCC 16404	Co_3O_4	20~27	准球形	抗菌活性	Omran 等（2019）
木霉属	SeNP	20~220	球形	—	Diko 等（2020）
腐皮镰孢霉菌 ATLOY-8	AuNP	40~45	针状、花状结构与纺锤形	抗癌活性	Clarance 等（2020）
酵母菌					
酿酒酵母	AgNP	2~20	球形	—	Korbekandi 等（2016）
劳伦隐球菌和黏红酵母	AgNP	160~220	球形	抗真菌活性	Fernández 等（2016）
红 酵 母 属 菌株 ATL72	AgNP	8.8~21.4	球形、椭圆形	抗菌活性	Soliman 等（2018）
光滑念珠菌	AgNP	2~15	球形	抗菌活性	Jalal 等（2018）
酿酒酵母	硫化硒 NP	6~153	球形	抗真菌和细胞毒活性	Asghari-Paskiabi 等（2019）
植物不同部位的提取物					
叶提取物					
马缨丹	纳米棒	10~20	纳米棒	生物活性	Rajiv 等（2017）
桑橙	AgNP	12	球形	抗菌活性	Azizian-Shermeh 等（2017）
黄花羊蹄甲	ZnO NP	22~94	六角形	抗菌活性	Sharmila 等（2019）
蜀葵	AuNP	4~95	三角形、五角形、六角形和球形	抗氧化和催化活性	Khoshnamvand 等（2019）
紫茉莉	ZnO NP、AgNP、ZnO/Ag NP	ZnO NP（12.9）、AgNP（32.8）、ZnO/Ag NP（19.3~67.4）	ZnO NP（针状）、AgNP（球形）、ZnO/Ag NP（平板状，片状和球形）	生物活性	Sumbal 等（2019）
火焰闭鞘姜	ZnO NP	26.55	六角形	抗糖尿病、抗生物膜、抗氧化活性	Vinotha 等（2019）

续表

生物实体	产生的 NP 类型	大小/nm	形 状	应 用	参 考 文 献
叶提取物					
块根芦莉草	CuO NP	83.23	棒状	抗菌活性和染料降解（在纺织品上制造）	Vasantharaj 等（2019）
君迁子	AgNP	20	球形	抗菌和催化活性	Hamedi 和 Shojaosadati 等（2019）
四叶萝芙木	AgNP	40	球形	抗癌、抗氧化和抗分裂活性	Vinay 等（2019）
西藏猫乳	FeNP	21	球形	抗菌和抗真菌活性、抗癌作用、海虾细胞毒性、抗氧化能力、抗利什曼虫药作用	Iqbal 等（2020）
苦楝	AgNP	23	球形	抗真菌活性	Jebril 等（2020）
槌果藤	AgNP	28	球形	抗菌和抗增殖活性	Nilavukkarasi 等（2020）
种子					
白豆蔻	AuNP	15.2	球形	抗氧化、抗菌和抗癌活性	Rajan 等（2017）
欧鼠尾草	AgNP	7	球形	抗菌活性	Hernández - Morales 等（2019）
柚木	AgNP	10~30	椭圆形、球形	抗菌活性	Rautela 等（2019）
果肉提取物					
非洲刺槐豆	羟磷灰石 NPs	17.5~26.3	不规则	抗菌活性	Ibraheem 等（2019）
树皮提取物					
然山萘酚	AgNP	10~35	球形	抗微生物活性	Ontong 等（2019）
百里香废弃物					
百里香	ZnO NP	10~35	立方体、矩形、径向六角形和棒状	—	Abolghasemi 等（2019）

续表

生物实体	产生的NP类型	大小/nm	形　状	应　用	参 考 文 献
工农业废弃物的提取物和果皮					
火龙果	AgNP	25~26	球形	抗菌活性	Phongtongpasuka 等（2016）
柚子	FeNP	10~100	不规则	重金属的去除	Wei 等（2016）
番茄、甜橙、柑桔、葡萄柚和柠檬	ZnO NP	9.7±3	多面体形	光催化活性	Nava 等（2017）
葡萄	AuNP	20~40	球形	抗癌和细胞毒活性	Nirmala 等（2017）
龙眼	AgNP	38.6±7.0	不规则球形	抗菌活性	Phongtongpasuk 等（2017）
甜橙	AgNP	15	球形	—	Omran 等（2018a）
龙眼果实	AgNP	20	圆形的	抗增殖、抗氧化和光催化活性	Khan 等（2018）
石榴	ZnO NP	32.98	球形和六角形	抗菌和细胞毒活性	Sukri 等（2019）
葡萄和橘子	AgNP	葡萄（3~14）、橘子（5~50）	球形	抗微生物和抗菌活性	Soto 等（2019）
火龙果	AuNP	10~20	球形、椭圆形和三角形	抗癌活性	Divakaran 等（2019）
沙梨	纳米纤维素	20.5±6.3	球形	—	Chen 等（2019）
石榴	FeO NP	10.32±2.87	球形和立方体	抗癌活性	Yusefi（2020）
马蜂橙	AgNP	16	球形	抗生物膜活性	Majumdar 等（2020）
橘子	TiO$_2$ NP	50~150	未定义	—	Rueda 等（2020）

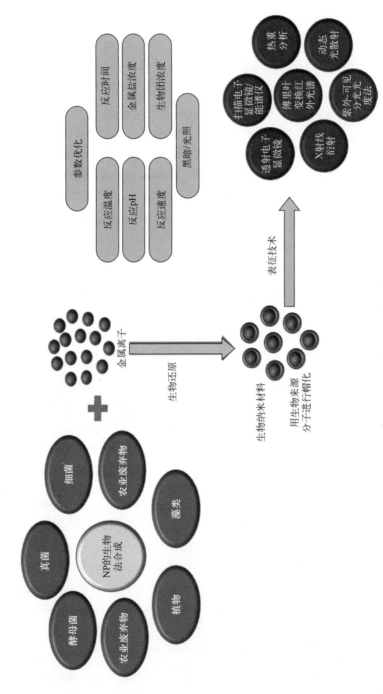

图 5.1 合成、优化和表征技术的示意图

5.3.1　利用微生物制备纳米材料

微生物可作为合成 NP 的替代方法，因为微生物生物质中存在的蛋白质和酶等生物分子在合成过程中起到了还原剂和帽化剂的作用（Khandel and Shahi，2018；El-Gendy and Omran，2019）。许多微生物都有合成 NP 的潜力。利用微生物作为生物实体生产纳米材料是一种创新的方法。迄今为止，微生物是地球上一种极为多样化的生物，主要原因是其具备丰富的遗传多样性。利用微生物合成 NP 具有许多优点。它是一种成本效益高、复杂程度低、耗时少的合成方法，其最显著的优点是无毒。此外，人们已经认识到，一些 NP 的应用（如临床和医学应用）只有通过生物合成模式才可行（Malik et al，2014）。微生物合成 NP 的另一个优越之处是在特定的时间跨度内能提供可观的产量。此外，它是一种自下而上的方法，需要的能量消耗更少、供应损耗更少且反应成分的控制更多（Malik et al，2014）。NP 的生物法合成也增强了其生物相容性、稳定性并且降低了毒性，这主要是因为生物分子和天然帽化剂组成的表面涂层（Schröfel et al，2014）。金属与微生物之间的相互作用在生物修复、生物浸出、生物腐蚀和生物矿化等多个生物领域得到了广泛的研究（Klaus-Joerger et al，2001）。

5.3.1.1　利用细菌（原核微机器）生物法合成 NP

早期的研究表明，细菌是最早用于合成金属 NP 的微生物之一，因为它们易于培养和操纵。细菌合成金属 NP 是基于一种防御或抵抗机制，金属离子对细菌细胞造成的压力是合成金属 NP 的原因（Saklani and Suman，2012）。

一般来说，诸如蛋白质和酶等生物分子参与了将金属离子还原为纳米尺度粒子的过程（Mukherjee et al，2008）。如图 5.2 所示，细菌可在细胞外或细胞内合成纳米材料。Roh 等（2001）证明了磁性细菌磁螺旋菌生物合成磁性 NP 的能力。结果表明，产生了两种类型的 NP，即硫复铁矿（Fe_3S_4）NP 以及磁铁矿（Fe_3O_4）NP。Husseiny 等（2007）报道了利用铜绿假单胞菌上清液合成金纳米粒子。有趣的是，无细菌细胞滤液在控制 NP 的形状、大小和多分散性方面起着重要作用。Lengke 等（2007）使用了一种丝状蓝细菌——鲍氏织线藻 UTEX485，采用生物法将金离子转化为 AuNP。Kalabegishvili 等（2012）报道了一些节杆菌属（如球形节杆菌）生物法合成 AuNP；Srivastava 等（2013）报道了通过大肠杆菌 k12 生物法合成 50nm 大小的 AuNP；shankriti 和 Rani（2014）报道了通过荧光假单胞菌生物法合成 CuNP 和 CuO NP；Marimuthu 等（2013）研究了使用苏云金芽孢杆菌合成 CoNP。Elbeshehy 等（2015）进行了一项研究，指出一些芽孢杆菌能够合成 77~92nm

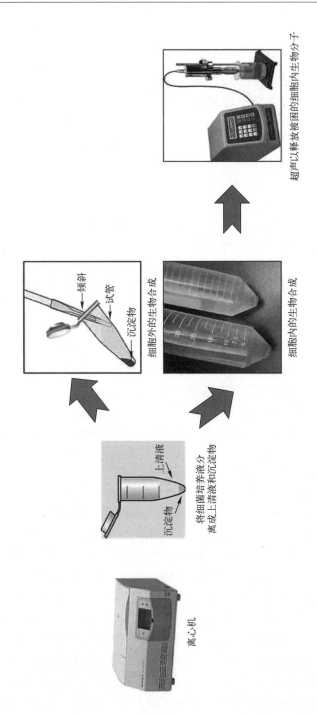

图 5.2 基于细菌培养在细胞外和细胞内生物合成纳米材料的代表性方案

的 AgNP，如短小芽孢杆菌、桃色芽孢杆菌和地衣芽孢杆菌；脱硫弧菌 NCIMB 8307 很可能是一种硫酸盐还原菌，在存在外源电子供体的情况下，具有合成钯 NP 的潜力（Omajali et al，2015）；Ezzat 和 Abou El-Hassayeb（2016）研究了通过铜绿假单胞菌 ATCC 9027 生物法合成 AgNP；Rajora 等（2016）研究了从银矿中分离的施氏假单胞菌 AG259 合成细胞外 AgNP；同样地，Omajali 和他的同事证明了苯虫芽孢杆菌产生钯 NP（PdNP）的能力；在黄油牛奶中经常发现的乳酸杆菌可以很好地合成轮廓清晰的金、银和金-银纳米晶体（Khandel and Shahi，2018）。鲍氏织线藻与 Au（S_2O_3）和 $HAuCl_4$ 水溶液的反应能和合成立方体和八面体 AuNP。据报道，在存在氢作为电子供体的情况下，激烈火球菌、海栖热袍菌、硫还原地杆菌和冰岛火棒菌具有将细胞外金离子还原为 AuNP 的潜力（Ahmed and Aljaeid，2016）。

5.3.1.2　利用放线菌（原核微机器）生物法合成 NP

放线菌是一种兼具真菌和细菌特性的微生物，能分泌大量次生代谢产物（Manimaran and Kannabiran，2017）。放线菌在极端环境中发展出多种适应机制，如酶的转导、代谢调节、细胞膜功能和结构的维持等。Golinska 等（2014）证明了极端嗜热放线菌（如热单孢菌）在细胞外制备 AuNP 的能力。而一些放线菌，如娄彻氏链霉菌 MHM13（Abd-Elnaby，2016）、达勒姆嗜酸链霉菌（Buszewski et al，2016）和禾生链霉菌（Kamel et al，2016）等可合成 AgNP。Składanowski 等（2016）进行了一项研究，用土壤中分离出的链霉菌属 NH21 生物法制备了 AgNP 和 AuNP，其大小约为 44nm。Al-Hulu（2018）证明了链霉菌属具有合成 AgNP 的能力。

5.3.1.3　利用真菌（真核微机器）生物法合成 NP

在微生物界中，真菌属于异养的多细胞真核生物，在营养循环中发挥着重要作用。真菌的繁殖包括有性繁殖和无性繁殖两种，与细菌和植物存在共生关系。真菌包括霉菌、酵母以及蘑菇（Duhan et al，2017）。真菌纳米技术（Myconanotechnology）指的是"利用真菌生物合成纳米粒子"（Omran et al，2018b、c）。如今，真菌被认为是最好的纳米生物工厂之一（Gulhane et al，2016；Sriramulu and Sumathi，2017），因为它们比其他微生物具有很多优势（Madakka et al，2018）。与细菌相比，真菌菌丝具有抵抗搅动、流动压力和其他胁迫条件的潜力。它们很容易操控，也很容易生长。此外，真菌菌丝比细菌产生更多的蛋白质和酶，可以直接参与合成 NP 的生物还原和稳定过程。同时，在后续加工过程中也易于处理。与细菌相比，真菌被认为是大规模合成金属 NP 最合适的材料，因为真菌分泌更多的蛋白质（Zomorodian et al，2016）。此外，它们具有非常高的壁结合能力（Alghuthaymi et al，2015）。

并且，真菌对承载金属的耐受性比细菌更高（Longoria et al，2012）。由于存在黏性物质，金属离子通过静电相互作用附着在真菌细胞表面。真菌可在细胞外和细胞内合成 NP（Omran et al，2019）。代谢产物和酶的存在使有毒物质转化为无毒物质（Owaid and Ibraheem，2017）。由于真菌的多样性且易于获得，使用真菌合成纳米粒子具有很大的潜力。据报道，里氏木霉可以在细胞外合成 AgNP（Velhal et al，2016）。真菌介导的 NP 合成是通过硝酸盐还原酶或电子穿梭醌实现或两者共同作用。研究发现，轮枝孢属具有还原 $AuCl_4^-$ 并合成单分散 AuNP 的能力。从天竺葵叶中分离出的内生真菌炭疽菌属可以用于 AuNP 的真菌合成（Kitching et al，2015）。所制备的 AuNP 具有不同的形状和大小，并且高度稳定。研究表明，该真菌含有酶和多肽，可能起到还原剂的作用。

5.3.1.4 利用酵母菌（真核微机器）生物法合成 NP

根据 Narayanan 和 Sakthivel（2010）的研究，酵母菌生产的金属 NP 主要用于半导体的制造。酵母菌的可控生长和易于处理有助于它们在合成 NP 中的应用。Thakkar 等（2010）证明了 MKY3（一种耐银酵母）在细胞外产生 AgNP 的能力。Shenton 等（1999）研究了光滑念珠菌合成单分散球形硫化镉（CdS）量子晶体的能力。Chauhan 等（2011）报道了白色念珠菌可以合成 AuNP。此外，Waghmare 等（2015）证实，产朊假丝酵母可以合成 AgNP。在 Fernández 等（2016）进行的一项研究中，使用黏红酵母菌上清液和罗伦隐球菌成功合成了 AgNP。

5.3.1.5 利用病毒生物法合成 NP

病毒是单细胞微生物，是可作为生物模板用于 NP 合成的另一种类型的生物实体。Shah 等（2015）研究了烟草花叶病毒（TMV）合成二氧化硅（SiO_2）、硫化锌（ZnS）、氧化铁（Fe_2O_3）半导体纳米晶体 NP 的能力。有趣的是，出于防御目的，衣壳蛋白覆盖病毒表面，于是病毒表面成为一个高活性的表面，能够与金属离子相互作用（Makarov et al，2014）。

5.3.2 利用藻类生物法合成 NP

藻类具有富集重金属离子的特点。Luangpipat 等（2011）证明，小球藻是一种单细胞藻类，具有还原 $AuCl_4^-$ 离子为 AuNP 的潜能。生成的 AuNP 的形状有四面体、十面体和二十面体。此外，根据 Xie 等（2017）的报道，在室温下使用同一种小球藻的提取物合成了 AgNP。结果表明，提取物中的蛋白质在生物合成过程中起到还原剂、形状控制剂和稳定剂的作用。马尾藻是一种能够在细胞外合成 Au、Ag 和 Au/Ag 双金属 NP 的海生藻类

（Madhiyazhagan et al，2015）；Abdel-Raouf 等（2017）利用延伸乳节藻细胞外合成了 AuNP。Castro 等（2013）也分别用红藻皱波角叉菜和绿藻红花水棉合成了 AuNP 和 AgNP；Iravani 等（2014）报道了利用 Tetraselnis 扁藻在细胞内合成 AuNP。海带（Ghodake and Lee，2011）、小球藻（Oza et al，2012）和微囊马尾藻（Priya et al，2013）都可用于 AuNP 的生物合成。Saber 等（2017）记录了马尾藻和叉珊藻的水提取物生物法合成 AgNP 的能力。Pugazhendhi 等（2018）报道了利用海洋红藻石花菜成功制备 AgNP。

5.3.3　利用植物提取物合成 NP（植物纳米技术）

据报道，植物能够合成 NP。植物纳米技术具有以下优点：生物相容性、低成本、环境友好、一锅法反应和在医疗行业应用的可扩展性（因为水是唯一使用的溶剂）（Singh et al，2016）。例如，可以利用种子、叶、茎、根和树皮等植物不同部位的提取物来合成 NP（Amooaghaie et al，2015；El-Gendy and Omran，2019）。然而，植物介导 NP 合成的确切机制尚不清楚。一些生物源成分，如氨基酸、维生素、蛋白质、碳水化合物、糖、黄酮、萜类、酚类、羧基、胺、酰胺和生物碱，在金属盐还原和为合成的 NP 表面提供生物屏蔽方面发挥了重要作用（Duan et al，2015）。因此，确保了植物衍生的 NP 的稳定性（Tyagi，2016）。不同种类的植物成分的存在使得还原、帽化和稳定的步骤能够适当地发挥作用（Mohanta et al，2017；El-Gendy and Omran，2019）。Philip（2011）证明，利用芒果叶提取物可以合成分散良好、粒径范围为 20nm 的 AgNP。所制备的 AgNP 具有不同的形状，如六角形、三角形和球形。在 Sekhar 等（2016）进行的一项研究中，利用酸柠檬的叶子和树皮的提取物合成了 AgNP。酸柠檬的叶子和树皮提取物含有皂苷、植物甾醇、酚类化合物和奎宁等多种植物成分。Khalil 等（2012）利用橄榄叶提取物合成了 NP。据 Fatimah 等（2016）的研究，美丽球花豆 Hassak 豆荚提取物具有合成 AgNP 的能力。Helan 等（2016）报道了通过印楝叶提取物成功合成氧化镍（NiO）NP。根据 Khalil 等（2020）的研究，利用雀梅藤的叶提取物水溶液成功制备了氧化钴（Co_3O_4）NP。

5.3.4　利用工农业废弃物合成 NP

食品和果汁加工工业在将可食用部分与不可食用部分分离时，会产生各种工农业废弃物（Balavijayalakshmi and Ramalakshmi，2017）。世界范围内每年产生大量的工农业废弃物，包括甘蔗渣、米糠、麦麸、玉米芯等。固体废弃物管理（SWM）是指"收集和处理所有固体废弃物的过程"（Bello et al, 2016）。这个过程涉及回收、升级和处理等不同的技术。工农业废弃物的积累已成为影响人类健康和环境的一个重要公共问题。值得一提的是，废弃物管理不仅局限于废弃物的收集和处置，还包括废弃物的收集、运输、分类和循环再用/升级再造的管理过程。Milik（2011）研究表明，SWM 主要受人们的文化及意识水平的影响。因此，与这类废弃物有关的环境问题开始增加。除了有机成分外，城市固体废物中的橙皮、柠檬皮、石榴皮、虾壳、蛋壳等可以收集起来，并转化为有价值的化合物（Ahmad et al, 2016；Reenaa and Menon, 2017；El-Gendy and Omran, 2019）。除了农业废弃物外，生物法合成 NP 的另一个重要途径是利用蔬菜和水果的废弃果皮（Saxena et al, 2012）。这些现成的工农业废弃物作为天然还原剂和帽化剂，实现了一锅法反应合成 NP。Saxena 等（2016）的研究表明，利用植物不同部位的提取物和工农业废弃物进行生物法合成的 NP 比微生物法获得的 NP 更有优势，因为它们不需要培养和维持细胞的步骤（Saxena et al, 2016）。例如，作为新鲜水果或加工果汁，柑橘类水果主要供人类食用。从水果中提取出果汁后，一些废弃物仍然存在，包括种子、果皮和残留物（果核和膜）（Mamma and Christakopoulos, 2008）。根据 Nassar（2008）的研究，柑橘果实总重量的50%仍然是废弃物，因此每年产生的废弃物副产品不计其数（Parida et al, 2011）。

根据美国农业部（USDA, 2017）的数据，2016/17 年度全球柑橘（mandarin/tangerine）产量约为 2840 万 t。柑橘是埃及出产的最具商业价值的水果之一。根据美国农业部（2017）的数据，埃及是柑橘生产的主要贡献者之一。柑橘皮约占果实总重量的 25%。因此，埃及出现了大量柑橘皮的浪费，导致了巨大的废弃物管理问题。值得一提的是，埃及在国际市场上的主要竞争对手是土耳其、西班牙、摩洛哥和南非，其他竞争对手包括美国、中国、澳大利亚和阿根廷。巴拉迪柑橘（Citrus reticulatum, Blanco）是埃及仅次于巴拉迪橙的最重要的柑橘类水果之一，具有良好的风味和气味（Mohamed, 2015）。柑橘皮被认为是一种从柑橘中获得的废弃物，特别是对果汁商店和果汁工业，它广泛地引起了严重的浪费问题。

世界范围内栽培最多和最成熟的水果是柑橘（甜橙），因为它约占柑橘类品种年总产量的 70%（Favela-Hernández et al, 2016）。根据柏林国际果蔬展览会（Fruit Logistics）（2015）的情况，埃及是领导新鲜柑橘生产商国际贸易事宜的官方合作伙伴国家。埃及的主要出口国家是俄罗斯、沙特阿拉伯和英国、伊拉克、阿拉伯联合酋长国、利比亚和意大利。荷兰和科威特也是重要

的客户。出口量从 2005—2006 年度的 170 万 t 上升到 2013/2014 年度的 290
万 t，增幅为 69%。根据全球农业信息网的数据，2013—2014 年，埃及是世界
第六大橙子生产国和第二大出口国（Hamza，2013）。埃及出产许多橙子品
种，其中最主要的有六种：巴拉迪橙、瓦伦西亚橙、血橙、脐橙、哈利利橙
和甜橙。在橙汁生产过程中，所加工水果的 50%~60% 重量变为废弃物，包括
果皮、种子和膜残留物（Garcia-Castello et al，2011）。每年都会产生大量的
橙皮，其中只有一小部分用作动物饲料的原料。然而，这些废弃物一般任其
腐烂或焚烧，这对环境造成严重威胁（Miran et al，2015）。工业橘皮废弃物
的再利用对于实现资源升级/价格稳定和废弃物减量化这两个目标至关重要，
既可以产生有价值的产品，还保护环境免受此类废弃物累积产生的有害影响。
Basavegowda 和 Lee（2013）报道了利用柑橘（温州蜜柑）果皮提取物生物法
合成 AgNP 的研究。利用芒果皮提取物合成了 7~27nm 大小的 AgNP（Yang
and Li，2013）。根据 Patra 和 Hyun-Beak（2017）的研究，玉米叶片废水提取
物具有生物法合成 AgNP 的能力。香蕉皮（Bankar et al，2010）和苹果皮
（Roopan et al，2011）等农业废弃物被用于生产钯纳米粒子（PdNP）。Laksh-
mipathy 等（2014）研究称，西瓜皮具有合成 PdNP 的潜力。Ahmad 等
（2012）报道，石榴皮提取物成功用于生物法合成 AuNP。Balavijayalakshmi 和
Ramalakshmi（2017）研究了木瓜皮介导的 AgNP 合成。Ulla 等（2014）和
Bibi 等（2017）使用一种经济高效的绿色合成方法，在室温下使用硝酸钴和
石榴皮合成了大小为 49nm 的氧化钴纳米粒子。

5.4　影响生物法合成 NP 的关键参数

不同的化学和物理因素影响 NP 的合成，如金属离子/生物质（生物提取
液）浓度、pH、温度、搅拌速率和反应时间（Radhika et al，2016）（图 5.3）。
根据 Ahmad 等（2016）的研究，这些因素称为"致变因素"，在纳米粒子的
合成过程中需要对其进行优化。在 Pimprikar 等（2009）进行的一项研究中，
参与生物法合成 NP 的生物分子在极酸性条件下被灭活。相反，在中性和碱性
环境中，NP 的形成都是非常迅速的。这可能是由于活性基团的离子化所致。
温度是影响 NP 合成的重要物理因素之一。Liang 等（2017）发现 NP 的合成
随着反应温度的升高而加快。

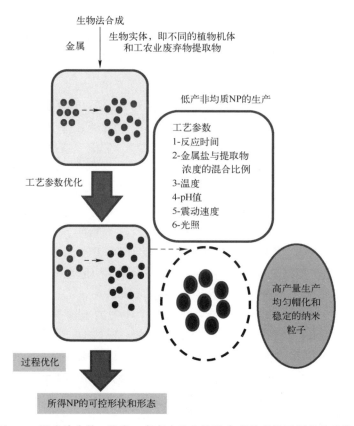

图 5.3　影响单分散、稳定、高产出的生物法合成纳米粒子制备的参数

5.5　生物法合成的纳米粒子用作生物杀菌剂和腐蚀抑制剂

据 Inbakandana（2013）等报道，一种棘体海绵（A. elongate）的提取物具有还原银离子生成均匀 AgNP 的潜力。在印度金奈港（Chennai，India）北部的伊诺尔（Ennore）港，从一艘渔船船底的空气–海水界面分离和收集了 16 种不同的海洋生物膜构成菌株。采用 16SrDNA 序列分析对分离菌株进行鉴定。经鉴定，分离得到的细菌为拟香味类香味菌、藤黄微球菌、海水盐单胞菌、奇异变形杆菌、金橙黄微小杆菌、嗜盐假单胞菌、土地咸海鲜芽孢杆菌、巨大芽孢杆菌、短小芽孢杆菌、盐单胞菌和迈索尔节杆菌。抑菌圈（ZOI）的出现证明了生物合成 AgNP 的杀菌能力和抗微生物污垢的能力。在 Zhang 等（2014）进行的一项研究中，利用发酵乳杆菌 LMG 8900 生物法制备了生物银纳米粒子（Bio-Ag^0）。Zhang 和同事制备了不同浓度的 Bio-Ag^0，并通过相转

化技术将其嵌入聚醚砜（PES）膜中。扫描电镜观察到 Bio-Ag⁰ 均匀分布在膜表面。Bio-Ag⁰ 的掺入提高了 PES 膜的亲水性和渗透通量。以铜绿假单胞菌和大肠杆菌两种菌株作为研究对象，采用纯培养和活性污泥生物反应器混合培养的方法，研究了 Bio-Ag0/PES 复合制剂的杀菌效果。研究发现，最低浓度的生物银纳米粒子（$140mg\ Bio-Ag^0/m^2$）具有良好的抗菌性能。此外，它还能减轻细菌对膜表面的附着。在 9 周的试验中，生物膜产生程度降低。

Krishnan 等（2015）证明了生物法制备的 AgNP 对构成生物膜的微生物和卤虫/藤壶的生物污垢作用及抗腐蚀作用。在孟加拉湾马纳尔湾的曼达帕姆沿海地区采集了喇叭藻的新鲜样本。采集的标本采用无菌海水清洗，之后使用蒸馏水去除样品表面的黏附碎片，然后在室温下干燥一周。用研钵和研杵将干燥的藻类样品碾碎成粗粉。通过 SEM、FTIR、EDS、XRD 等手段对所制备的 AgNPs 进行结构组成表征。评估了利用喇叭藻制备的 AgNP（TOAg-NP）对 15 株生物膜构成菌的抗菌作用，发现生物法合成的 TOAg-NP 对大多数细菌分离株都有相当大的杀灭活性。TOAg-NP 的浓度在抗菌药物的筛选中起着重要作用。较高浓度的 TOAg-NP（$80\mu g/mL$）比低浓度的菌株杀灭效果更好。还发现大肠杆菌的抑菌圈最大，微球菌的抑菌圈最小。毒性研究表明，在浓度为 $250\mu g/mL$ 的 TOAg-NP 作用下，纹藤壶和卤虫的死亡率分别为 100% 和 56.6%。因此，TOAg-NP 对非目标海洋生物的毒性较小。在 Sam 等（2015）进行的一项研究中，对 11 种棕色、绿色和红色海藻的不同提取物合成 AgNP 的能力进行了评估。红藻以钙质褐藻、刺五加和围氏马尾藻为代表。绿藻为长心卡帕藻和皮江蓠，棕色海藻为帚状江蓠、盾叶蕨藻、刀叶藻、网纹石莼、肠浒苔和石莼。标本来自印度杜蒂戈林的黑尔岛（Hare island）。用自来水清洗收集到的海藻，以清除栖生动物、碎片和植物。然后，用二次蒸馏水冲洗，并在室温下干燥两周。干燥的海藻经研磨后，在超声浴中充分清洗三次，以去除所有游离盐和其他碎片。然后将 1g 海藻粉加入 100mL 去离子水中，加热并以 60℃ 保温 20min，得到每株被测试海藻的水提液。用紫外/可见分光光度计对所制备的 AgNP 进行表征。紫外/可见光谱显示在 430nm 处存在一个 AgNP 的特征峰。SEM 和 TEM 发现了大小在 20~50nm 之间的球形非团聚 AgNP。将生物法合成的 AgNP 包覆在 PVC 贴片上，并在天然海水中浸泡 45 天以形成生物膜。海洋生物膜的表面电位范围为 39~45mV。对照组 PVC 贴片上腐蚀严重，并被藻类生物完全覆盖。相反，带有 AgNP 的涂层的 PVC 贴片没有任何藻类生物覆盖。另外，对照组 PVC 贴片的细菌密度是包覆 AgNP 贴片的 10^6 倍。石莼提取物合成的 AgNP 对生物膜菌群的杀灭效果最好。同时，还对非目标海洋生物卤虫进行了毒性研究。结果表明，生物法制备的

AgNP 对卤虫的致死作用最小。在实验的第 1h 内观察到 85% 的种群存活；在对照系统和测试系统中，存活率几乎相等。

在 Zonaro 等（2015）进行的一项研究中，用两种亚硒酸盐和碲酸盐还原菌株生物法合成了 Se^0 和 Te^0 基 NP。菌株分别为：苍白杆菌属 MPV1 和嗜麦芽窄食单胞菌 SeITE02，在不同的污染处分离得到。SEM 观察表明，SeNP 和 TeNP 均呈圆形，且分散良好。通过 EDX 检测纯化的 SeNP 的特征峰，发现在 1.37keV、11.22keV 和 12.49keV 处均存在硒特征吸收峰。同时，TeNPs 特征吸收峰出现在 3.769keV 处。作者观察到生物法合成 SeNP 的直径随培养时间的延长而增大。当培养时间从 24h 增加到 48h 时，SeNPs 的直径达到 345.2nm。相反，TeNP 的直径随时间保持不变，为 78.5nm。研究了微生物制备的零价硒和碲 NP 对铜绿假单胞菌 PAO1、大肠杆菌 JM109 和金黄色葡萄球菌 ATCC 25923 的抗菌和生物膜清除能力。开展了对浮游和固着（生物膜）培养的生物杀灭效果的测试。结果表明，制备的 Se^0 和 Te^0 NP 对铜绿假单胞菌 PAO1、大肠杆菌 JM109 和金黄色葡萄球菌 ATCC 25923 具有抗菌和生物膜清除活性。生物杀灭效应归因于细菌培养过程中产生的活性氧自由基（ROS）。此外，研究结果还揭示了纳米粒子的大小与抗菌活性之间的强相关性。事实上，小尺寸 NP 表现出最高的抗微生物潜力。此外，处于生物膜中的固着细菌对 Se^0 和 Te^0 NP 的处理都有响应。这突出表明 Se^0 和 Te^0 NP 具有显著的生物膜抑制能力，并有望成为前景良好的抗菌剂。

Elhariry 等（2016）研究了微生物合成的 AgNP 对嗜根考克氏菌和玫瑰色考克氏菌的抗菌和抗生物膜潜力。利用奇异变形杆菌培养的游离上清液生物法合成 AgNP。奇异变形杆菌上清液中存在的蛋白质和碳水化合物有助于 AgNP 的合成，可通过其颜色变为黄褐色来验证。紫外/可见吸收光谱显示在 445nm 处存在 AgNP 特征吸收峰。该吸收峰是尖锐的，表明所制备的 AgNP 具有单分散性。XRD 结果表明，所制备的 AgNP 具有面心立方银结晶性。TEM 图像显示，奇异变形杆菌制备的 AgNP 呈球形、单分散、平均直径为(20±2.9)nm。衰减全反射-傅里叶变换红外用于鉴定 AgNP 与生物活性分子之间可能的相互作用，为存在蛋白质并作为可能的生物分子使制备的 AgNP 具有稳定性提供了证据。测试了不同浓度的生物法合成的 AgNP（12.5μg/mL、25μg/mL 和 50μg/mL）对玫瑰色考克氏菌 HMA12 和嗜根考克氏菌 HMA23 的抗菌活性。结果表明，AgNP 具有抑制玫瑰色考克氏菌和嗜根考克氏菌生长的作用。AgNP 对两种菌株的 MIC 值均为 25μg/mL。然而，浓度高达 100μg/mL 的 AgNP 不足以完全去除已经建立的生物膜，其最大去除率仅在 30.5%~34.9%。

Narenkumar 等（2018）认为，植物源合成的 AgNP 具有抗腐蚀能力，是

一种处理微生物腐蚀的生态友好型试剂。这是首次报道生物工程制备的 AgNP
在冷却水塔系统中的软钢上形成保护膜，作为一种有效腐蚀抑制剂的应用。
利用印楝叶提取物的表面功能化作用，制备了 AgNP。印楝叶提取物起到还原
剂和稳定剂的作用。通过 EDX、TEM、FTIR、DLS、zeta 电位和单区电子衍射
等手段对所制备的 AgNP 进行了表征。采用软钢（MS1010）和可引起腐蚀的
苏云金芽孢杆菌 EN2 进行防腐实验。苏云金芽孢杆菌是从冷却水塔系统中分
离得到的。采用重量分析技术、电化学阻抗谱和红外光谱表面分析对腐蚀进
行评价。研究表明，AgNP 对 MS1010 表面的生物膜有较强的抑制作用，可将
腐蚀速率（CR）从 0.5mm/年降低到 2.2mm/年。作者发现，AgNP 的抑菌率
为 77%，而单独使用植物提取物的抑菌率为 52%。进一步的红外光谱表面分
析表明，AgNP 在 MS1010 表面形成了自组装膜保护层。此外，EIS 和表面分
析表明，AgNP 充分吸附在金属表面并形成了保护层，抑制细菌在金属表面的
附着。因此，抑制了在 MS1010 上的腐蚀，并减少了细菌生物膜凹坑。

Omran 等（2018c）的研究表明，长枝木霉 DSMZ 16517 能够通过真菌法
合成 AgNP，有效缓解硫酸盐还原菌的腐蚀。被测真菌的菌丝体无细胞滤液
（MCFF）成功地将银离子（Ag^+）生物法还原为纳米粒子状态（Ag^0）。这可
以从观察到的长枝木霉 DSMZ 16517 MCFF 变为深棕色悬浮液推测出来
（图 5.4）。AgNPs 在波长为 422nm 处出现特征吸收峰进一步证实了这一点。
通过单次单因子技术（OFAT）对影响 AgNP 制备的不同参数优化进行了分
析。这些参数包括时间、温度、pH 值、硝酸银和真菌生物量浓度、搅拌速率
以及黑暗和光照效果的影响。DLS 显示 AgNP 的平均大小分布和 zeta 电位值分

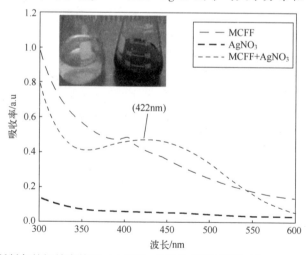

图 5.4 所制备的银纳米粒子（AgNP）的紫外/可见光谱（Omran et al, 2018c）

别为 17.75nm 和 26.8mV，表明真菌合成 AgNP 具有稳定性。XRD 图谱证实了制备的 AgNP 的结晶度，平均大小为 61nm。FESEM 和 HRTEM 显示了非聚集的圆形、三角形和长方体 AgNP 的存在，尺度范围为 5～11nm（图 5.5）。

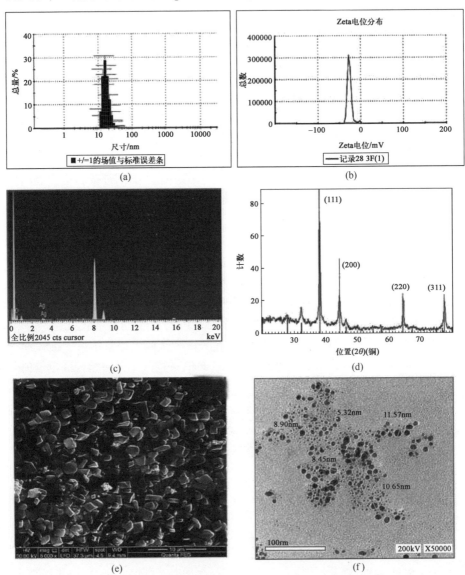

图 5.5　AgNPs 表征（Omran et al, 2018c）

（a）动态光散射表征粒子大小分布；（b）zeta 电位测量；（c）能量色散 X 射线谱；

（d）X 射线衍射图谱；（e）场发射扫描电子显微镜显微照片；（f）高分辨透射电子显微镜图像。

FTIR 确定了 MCFF 作为还原剂和帽化剂的作用（图 5.6）。用最大或然数
（MPN）法观察到，真菌合成的 AgNP 对耐盐浮游 SRB 的混合培养产生了强大
的灭杀活性。HRTEM 显示的结果为 AgNP 处理后细胞形态的改变、SRB 细胞
膜的破坏、细胞壁的溶解和细胞质的渗漏提供了强有力的证据（图 5.7 和
图 5.8）。这些观察结果进一步证实了真菌合成的 AgNP 的杀菌效果。本研究
为新型真菌合成生物杀菌剂的开发提供了有益的参考，该杀菌剂具有抑制腐
蚀性 SRB 的作用。因此，它可以用于管道的涂料和涂层中。

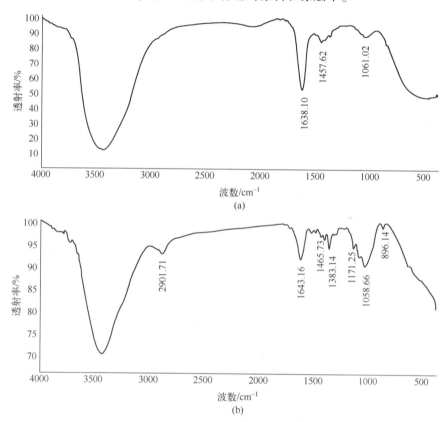

图 5.6　（a）长枝木霉 DSM 16517 MCFF 的 FTIR 谱图及（b）真菌法合成的
AgNP 的 FTIR 谱图（Omran et al，2018c）

Pugazhenendhi 等（2018）利用海洋红藻石花菜生物法合成了 AgNP。通
过紫外/可见光谱、FTIR 和 SEM 对制备的 AgNP 进行了表征。此外，所制备
的 AgNP 对一些微生物污垢细菌具有显著的抑菌效果，如金黄色葡萄球菌、短
小芽孢杆菌、大肠杆菌、嗜水气单胞菌、铜绿假单胞菌和副溶血性弧菌。因

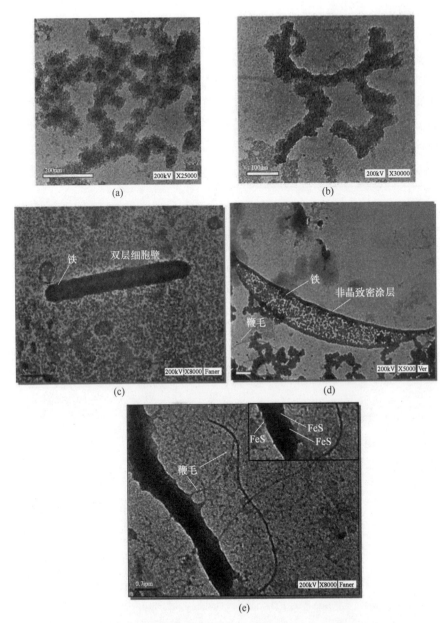

图 5.7 未经处理的浮游 SRB 混合的培养基的不同区域的 HRTEM
表征（Omran et al，2018c）

（a）（b）SRB 菌落；（c）杆状 SRB；（d）弧菌状 SRB；（e）含有不止一个鞭毛的 SRB 细胞；
（c）~（e）产生的纳米级 FeS 粒子。

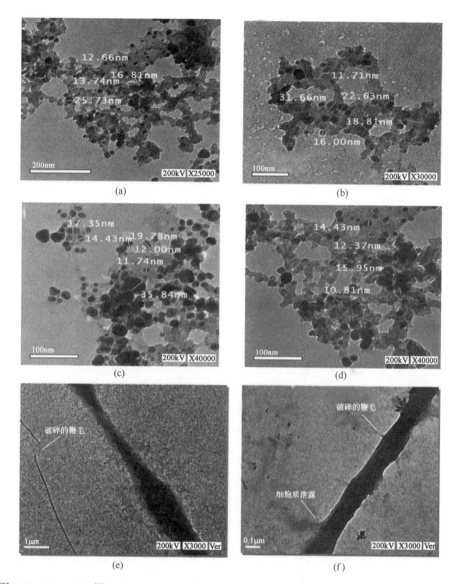

图 5.8　(a)~(d) 用 2000mg/L AgNP 处理过的浮游 SRB 混合的培养基的不同区域的 HRTEM 表征，及 (e)(f) 细胞膜受损、鞭毛断裂的单个细菌（Omran et al，2018c）

此，从石花菜提取物中制备的 AgNP 可用于多种环境和生物医学领域的抗微生物污垢涂层。Singh 等（2018a）研究了利用红景天根茎提取物生物法合成 AgNP 和 AuNP，以抑制生物膜的形成。产生的 NP 在性质上相当稳定并且是结晶的，AuNP 的平均尺寸为 13~17nm，AgNP 的平均尺寸为 15~30nm。电感耦合等离子体质谱（ICP-MS）分析显示，制备的 AuNP 和 AgNP 的浓度分别为 3.3mg/mL 和 5.3mg/mL。FTIR 分析表明，纳米粒子表面存在萜烯类、黄酮类和酚类化合物。这些生物分子负责还原三水合氯化金（$HAuCl_4 \cdot 3H_2O$）和 $AgNO_3$，还能稳定它们的纳米粒子。结果表明，AgNP 还能抑制铜绿假单胞菌和大肠杆菌的生物膜，相应的 MIC 值分别为 50mg/mL 和 100mg/mL，相应的最低杀菌浓度（MBC）分别为 100mg/mL 和 200mg/mL。

柠檬草（柠檬香茅）精油（LEO）是目前研究的具有抗菌潜力的精油之一。柠檬醛是 LEO 的主要成分。由于醛基的存在，柠檬醛具有抗菌潜力。有趣的是，因为精油的极性表面积小（$17.1A^{-2}$）和蒸气压低（25℃时 9.13×10^{-2}mmHg（1mmHg=0.133kPa）），精油具有高挥发性和生物降解性的特征（Purwasena et al，2019）。这样的特性避免了需要从环境中清除 LEO，一旦它被气化，就会转化为光化学自由基。因此，LEO 是一种生态友好型试剂，可以作为戊二醛的良好替代品来抑制生物腐蚀和生物膜的形成（Korenblum，2013）。但 LEO 的疏水性和挥发性降低了其应用能力。这是因为疏水性诱发了疏水效应，使其乳液变得不稳定。此外，挥发性会导致 LEO 以气态形式释放，无法到达目标生物膜。这些障碍可以通过纳米技术来克服。当 LEO 被包裹在生物聚合物基质中时，LEO 的生物利用度和稳定性能达到最大化。这是由于精油组分之间的疏水相互作用，同时由于添加的生物聚合物基质造成的物理限制作用，导致最小化的蒸发（Purwasena et al，2019）。

Purwasena 等（2019）实施了一项研究，用壳聚糖合成不同大小和形状的 NP，并评估它们对从南苏门答腊油藏地层水中分离出的不同微生物的杀灭效果。地层水是指采油过程中产生的水（Abdou et al，2011）。通过改变壳聚糖和乳化剂吐温 80 的浓度以及壳聚糖/多聚磷酸钠（CS/TPP）的比例来准备配方。选择两个配方标记为 LNP 和 SNP。当壳聚糖浓度为 0.125%、吐温 80 浓度为 0.5%、CS/TPP 浓度比为 6/1 时，制备出的纳米粒子尺寸最小，约为 1.8nm。分离到的细菌为假单胞菌种 1、假单胞菌种 2 和栖植物潘隆尼亚碱湖杆菌。测定了最低抑菌浓度、最低生物膜抑菌浓度（MBIC）和最低生物膜消除浓度（MBEC）。两种配方均能抑制细菌生长，但对浮游细胞和固着细胞，LNP 比 SNP 表现出更高的抗菌潜力。

Tavakoli 等（2019）为了提高 316L 不锈钢的抗菌性能和耐腐蚀性能，创新了一种由聚二甲基硅氧烷（PDMS-SiO_2）和 CuO NP 组成的涂层。利用芦荟提取物生物法制备了 CuO NP。将 25g 切好的叶子放入 30mL 去离子水中，110℃加热 30min 后，制备芦荟提取物。然后，对溶液进行过滤，去除一切固体粒子。将芦荟提取物加入 0.6mmol/L 氯化铜水溶液（CuCl$_2$·2H$_2$O）中，在 110℃搅拌 30min，然后在 100℃的电烘箱中保持 45min。72h 后，再向上述反应溶液中加入 15mL NaOH 溶液，直至混合物颜色变为棕色。采用溶胶-凝胶法合成了二氧化硅 NP。通过浸涂工艺，PDMS-SiO$_2$-CuO 涂层含有不同数量的 CuO NP。利用 XRD、FTIR 和 SEM 对制备的纳米复合涂层的物理和结构特征进行了表征。结果表明，在 PDMS-SiO$_2$ 涂层中加入 CuO NP 显著增强了涂层的疏水性能，并提高了表面粗糙度，从而获得了显著的耐腐蚀性能。与 PDMS-SiO$_2$ 涂层相比，在涂层中加入 CuO NP 能显著提高纳米复合涂层的抗菌率。尽管如此，作者称因为所制备的 NP 的团聚作用，大于 0.5%（质量分数）CuO NP 的掺入导致了抗菌效果的降低。

　　绿色合成的具有生物相容性的 AgNP 对亚甲基蓝（MB）染料有光催化降解效果和抗微生物污垢效果（Harinee et al，2019）。钝马尾藻提取物可作为还原剂合成 AgNP。采用不同的分析技术对合成的 AgNP 的结构和质地特性进行了测定。在紫外线照射下 60min，钝马尾藻制备的 AgNP 对 MB 染料的光催化活性可达 94.6%。此外，所制备的 AgNP 对海洋生物膜细菌（MBF）表现出抗微生物污垢性能，包括弯曲芽孢杆菌（MBF1 AB894825）、巨大芽孢杆菌（MBF12 AB894828）和假单胞菌属（MBF9 AB894829）。钝马尾藻合成的 AgNPs 对假单胞菌属表现出最大抑菌圈（18mm），对弯曲芽孢杆菌表现出最小抑菌圈（12mm）。从结果数据来看，作者认为 SM-AgNP 造成渗透休克和形成胸腺嘧啶二聚体双重现象，对被测试的细菌菌株有损伤作用。

　　M13 噬菌体是一种长 900nm、宽 6.5nm 的纳米尺度丝状噬菌体（Yang et al，2020）。外表面被大约 2700 个高度有序的衣壳蛋白螺旋结构单元包围，形成一个刚性的蛋白质圆柱形外壳（Smith and Petrenko，1997）。M13 噬菌体以细菌为主要宿主，对人体无害，且大量纯化后样品的获取成本低（Mao et al，2009）。活性位点（氨基残留基团）的存在确保了 M13 噬菌体表面的重现性和可化学修饰性（Bernard and Francis，2014）。有趣的是，由于 M13 噬菌体表面富含酪氨酸、半胱氨酸、色氨酸、谷氨酸和天冬氨酸等氨基酸残留基团，M13 噬菌体可作为金属离子的生物还原剂（Chung et al，2014）。在 Setyawati 等（2014）开展的一项研究中，在 37℃酸性和中性条件下，一种野生型 M13 噬菌体可作为生物还原剂在 24h 内还原氯金酸（HAuCl$_4$）。此外，Wang 等（2016）进行的一项研究证明，HAuCl$_4$ 在 90min 内被加速还原为 AuNPs。同时发现 M13 噬菌体通过表达噬菌体主衣壳蛋白上的四角谷氨酸肽，具有将 AgNO$_3$ 还原成 Ag 纳米线的能力。Yang 等（2020）提出了一种利用野生型 M13 噬菌体作为生物模板生物法合成 AgNP 的绿色方法。M13 噬菌体起到还原剂和帽化剂的作用。M13 噬菌体生物法制备的 AgNP 对革兰氏阳性菌（如金黄色葡萄球菌和枯草芽孢杆菌）和革兰氏阴性菌（如大肠杆菌和铜绿假单胞菌）均具有良好的抗菌活性。因此，基于 M13 噬菌体合成的 AgNP 有可能被用作抗菌剂或者用作控制和跟踪腐蚀过程的传感探针。

一项由 Ituen 等（2020）开展的研究表明，柑橘皮提取物用于生物调节铜纳米粒子（CuNP）的合成。用紫外-可见光谱、SEM、EDX 和 TEM 对所制备的 CuNP 进行了表征。结果显示，合成的 CuNP 是圆形、单分散、非聚集的晶体，大小在 54~72nm。研究结果表明，生物法合成的 CuNP 可缓解钢铁在 1M HCl 中的腐蚀，并对脱硫弧菌属有杀菌活性。作者观察到，用柑橘合成的 CuNP 能使脱硫弧菌属的数量下降到原来的 1/1000，最低抑菌浓度为 1.96mg/L MIC。在 303K 和 333K 时，生物腐蚀抑制率分别达到 79.8% 和 68.4%。在 303K 和 333K 时，1.0g/L 的 CuNP 抑制酸腐蚀的效率分别为 95.3% 和 84.6%。作者认为，制备的 CuNP 尺寸小，更容易渗透细菌细胞壁，进而改变其代谢活动和生长。在 HCl 溶液中，CuNP 通过物理和化学机理在钢表面自发吸附。CuNP 受到来自柑橘提取物的植物成分中的 CC、O—H、C—O 和 N—H 等官能团限制。

5.6 结论

生物腐蚀是由于微生物和大型生物在水下结构表面上的黏附和堆积而发生的。它涉及两个主要阶段：①微生物污垢（微生物黏附）；②大型生物污垢（藻类、海胆、贝壳等海洋生物黏附）。生物污垢对医疗、海洋、石油、天然气和工业部门造成严重的负面后果，导致健康风险、经济损失和环境危害。由于人们对开发纳米材料生态友好型合成方法的认识日益增长，纳米生物技术应运而生。

纳米生物技术主要通过酵母、真菌、放线菌等不同的生物实体以及植物和工农业废弃物的提取物来绿色合成金属以及金属氧化物纳米粒子。由于纳米生物技术关注的是利用生物系统合成纳米粒子，因此它是一种比传统的化学和物理合成技术更加清洁和绿色的合成方法。纳米材料的生物法合成为拥有更健康的工作场所和社区提供了途径。此外，它还能保护人类健康和周围环境，为生产出更安全的产品和减少废弃物产生提供保障。尽管如此，仍需要进行大量的综合研究。生物法合成纳米材料、分离和纯化的精确机制还需要进一步的深入研究。此外，作为有效的生物杀菌剂，生物法制备纳米材料背后的机制是一个有前景的研究领域，也需要更深一步探索。

参考文献

H. M. Abd-Elnaby, G. M. Abo-Elala, U. M. Abdel-Raouf, M. M. Hamed, Egypt. J. Aquat. Res. **42**, 301（2016）

N. Abdel-Raouf, N. M. Al-Enazi, I. B. M. Ibraheem, Arab. J. Chem. **10**, S3029（2017）

M. Abdou, A. Carnegie, S. G. Mathews, K. McCarthy, M. O'Keefe, B. Raghuraman, W. Wei, C. Xian, Oilfield Rev. **23**, 24（2011）

R. Abolghasemi, M. Haghighi, M. Solgi, A. Mobinikhaledi, Int. J. Environ. Sci. Technol. **16**, 6985（2019）

H. Ahmad, K. Rajagopal, A. H. Shah, Int. J. Nano Dimens. **7**, 97（2016）

N. Ahmad, S. Sharma, R. Rai, Adv. Mat. Lett. **3**, 376（2012）

T. A. Ahmed, B. M. Aljaeid, Drug Des. Devel. Ther. **10**, 483（2016）

E. Ahmed, S. Kalathil, L. Shi, O. Alharbi, P. Wang, J. Saudi Chem. Soc. **22**, 919（2018）

D. Aiswarya, R. K. Raja, C. Kamaraj, G. Balasubramani, P. Deepak, D. Arul, V. Amutha, C. Sankaranarayanan, S. Hazir, P. Perumal, J. Clust. Sci. **30**, 1051（2019）

N. Ajmal, K. Saraswat, M. A. Bakht, Y. Riadi, M. J. Ahsan, M. Noushad, Green Chem. Lett. Rev. **12**, 244（2019）

M. A. Alghuthaymi, H. Almoammar, M. Rai, E. Said-Galiev, K. A. Abd-Elsalam, Biotechnol. Biotechnol. Equip. **29**, 221（2015）

S. M. Al-Hulu, Inter. J. Chem. Tech. Research **10**, 577（2018）

R. Amooaghaie, M. R. Saeri, M. Azizi, Ecotoxicol. Environ. Saf. **120**, 400（2015）

F. Asghari-Paskiabi, M. Iman, H. Rafii-Tabar, M. Razzaghi-Abyaneh, Biochem. Bioph. Res. Co. **516**, 1078（2019）

O. Azizian-Shermeh, A. Einali, A. Ghasemi, Adv. Powder Technol. **28**, 3164（2017）

J. Balavijayalakshmi, V. Ramalakshmi, J. Appl. Res. Technol. **15**, 413（2017）

A. Bankar, B. Joshi, A. R. Kumar, S. Zinjarde, Mater. Lett. **64**, 1951（2010）

N. Basavegowda, Y. R. Lee, Mater. Lett. **109**, 31（2013）

T. Baygar, N. Sarac, A. Ugur, I. R. Karaca, Bioorg. Chem. **86**, 254（2019）

I. A. Bello, M. N. bin Ismail, N. A. Kabbash, Int. J. Waste Resour. **6**, 2（2016）

J. M. L. Bernard, M. B. Francis, Front. Microbiol. **5**, 734（2014）

E. Bibi, N. Nazar, M. Iqbal, S. Kamal, H. Nawaz, S. Nouren, Y. Safa, K. Jilani, M. Sultan, S. Ata, F. Rehman, F. Adv, Powder Technol. **28**, 2035（2017）

B. Buszewski, V. Railean-Plugaru, P. Pomastowski, K. Rafińska, M. Szultka-Mlynska, P. Golinska, M. Wypij, D. Laskowski, H. Dahm, J. Microbiol. Immunol. Infect. **51**, 54（2016）

L. Castro, M. L. Blázquez, J. A. Muñoz, F. González, A. Ballester, IET Nanobiotechnol. **7**,

109（2013）

A. Chauhan, S. Zubair, S. Tufail, A. Sherwani, M. Sajid, S. C. Raman, A. Azam, M. Owais, Inter. J. Nanomedicine **6**, 2305（2011）

P. Chellamuthu, F. Tran, K. P. T. Silva, M. S. Chavez, M. Y. El-Naggar, J. Q. Boedicker, Microb. Biotechnol. **0**, 1（2018）

Y. W. Chen, M. A. Hasanulbasori, P. F. Chiat, H. V. Lee, Int. J. Biol. Macromol. **123**, 1305（2019）

W. -J. Chung, D. -Y. Lee, S. Y. Yoo, Int. J. Nanomedicine **4**, 5825（2014）

P. Clarance, B. Luvankar, J. Sales, A. Khusro, P. Agastian, J. -C. Tack, M. M. Al Khulaifi, H. A. AL -Shwaiman, A. M. Elgorban, A. Syed, H. -J. Kim, Saudi J. Biol. Sci. **27**, 706（2020）

S. Dhanaraj, S. Thirunavukkarasu, H. A. John, S. Pandian, S. H. Salmen, A. Chinnathambi, S. A. Alharbi, Saudi J. Biol. Sci. **27**, 991（2020）

C. S. Diko, H. Zhang, S. Lian, S. Fan, Z. Li, Y. Qu, Mater. Chem. Phys. **246**, 122853（2020）

D. Divakaran, J. R. Lakkakula, M. Thakur, M. k. Kumawat, R. Srivastava, Mater. Lett. **236**, 498（2019）

H. Duan, D. Wang, Y. Li, Chem. Soc. Rev. **44**, 5778（2015）

J. S. Duhan, R. Kumara, N. Kumar, P. Kaur, K. Nehra, S. Duhan, Biotechnol. Reports **15**, 11（2017）

R. M. Elamawi, R. E. Al-Harbi, A. A. Hendi, Egypt. J. Biol. Pest Control **28**, 28（2018）

A. I. El-Batal, G. S. El-Sayyad, F. M. Mosallam, R. M. Fathy, J. Clust. Sci. https://doi. org/ 10. 1007/s10876-019-01619-3

E. F. K. Elbeshehy, A. M. Elazzazy, G. Aggelis, Front. Microbiol. **6**, 453（2015）

H. Elhariry, E. Gado, B. El-Deeb, A. Altalhi, Microbiology **87**, 9（2016）

H. Ezzat, A. El-Hassayeb, Int. J. Curr. Microbiol. App. Sci. **5**, 785（2016）

I. S. Fatimah, J. Adv. Res. **7**, 961（2016）

J. M. J. Favela-Hernández, O. González-Santiago, M. A. Ramírez-Cabrera, P. C. Esquivel-Ferriño, M. D. R. Camacho-Corona, Molecules **21**, 247（2016）

J. G. Fernández, M. A. Fernández-Baldo, E. Berni, C. Nelson Durán, J. Raba, M. I. Sanz, Process Biochem. **51**, 1306（2016）

P. Fortina, L. J. Kricka, S. Surrey, Trends Biotechnol. **23**, 168（2007）

FRUIT LOGISTICA（2015）. Egypt is the fruit LOGISTICA partner countryin 2016. http:// www. fruitlogistica. de/en/Press/PressReleases/News_10048. html

E. M. Garcia-Castello, L. Mayor, S. Chorques, A. Argüelles, D. Vidal-Brotons, M. L. Gras, J. Food Eng. **106**, 199（2011）

N. Sh. El-Gendy, B. A. Omran, *Nano and Bio-Based Technologies forWastewater Treatment: Prediction and Control Tools for the Dispersion of Pollutants in the Environment*,（Scrivener Publishing LLC，2019），p. 205-264

G. Ghodake，Y. D. Seo，D. S. Lee，J. Hazard. Mater. **186**，952 （2011）

P. Golinska，M. Wypij，A. P. Ingle，I. Gupta，H. Dahm，M. Rai，Appl. Microbiol. Biotechnol. **98**，8083 （2014）

M. Govindappa，H. Farheen，C. P. Chandrappa，R. V. Rai，V. B. Raghavendra，Adv. Nat. Sci. Nanosci. Nanotech. **7**，035014 （2016）

P. A. Gulhane，A. V. Gomashe，L. Jangade，J. Bio. Innov. **5**，399 （2016）

K. Gupta，T. S. Chundawat，Mater. Res. Express **6**，1050d6 （2019）

S. Hamedi，S. A. Shojaosadati，Polyhedron **171**，172 （2019）

Hamza，M. （2013）Citrus Annual Report 2013/2014. https://gain. fas. usda. gov/Recent% 20GAIN %20Publications/Citrus%20Annual_Cairo_Egypt_12-12-2013. pdf

S. Harinee，K. Muthukumar，H. -U. Dahms，M. Koperuncholan，S. Vignesh，R. J. Banu，M. Ashok，R. A. James，Int. Biodeterior. Biodegrad. **145**，104790 （2019）

S. E. Hassan，A. Fouda，A. A. Radwan，S. S. Salem，M. G. Barghoth，M. A. Awad，A. M. Abdo1，M. S. El-Gamal，JBIC **24**，377 （2019）

V. Helan，J. J. Prince，N. A. Al-Dhabi，M. V. Arasu，A. Ayeshamariam，G. Madhumitha，S. M. Roopan，M. Jayachandran，Results Phys. **6**，712 （2016）

L. Hernández-Morales，H. Espinoza-Gómez，L. Z. Flores-López，E. L. Sotelo-Barrerac，A. Núñez-Rivera，R. D. Cadena-Nava，G. Alonso-Núñez，K. A. Espinoza，Appl. Surf. Sci. **489**，952 （2019）

M. M. Hulikere，C. G. Joshi，Process Biochem. **82**，199 （2019）

M. I. Husseiny，M. A. El-Aziz，Y. Badr，M. A. Mahmoud，Spectrochim. Acta A **67**，1003 （2007）

S. A. Ibraheem，E. A. Audu，M. Jaafara，J. A. Adudua，J. T. Barminasa，V. Ochigbo，A. Igunnu，S. O. Malomo，Surf. Interface **17**，100360 （2019）

D. Inbakandan，C. Kumar，L. S. Abraham，R. Kirubagaran，R. Venkatesan，S. A. Khan，Colloids Surf. B Biointerfaces **111**，636 （2013）

J. Iqbal，B. A. Abbasi，R. Ahmad，A. Shahbaz，S. A. Zahra，S. Kanwal，A. Munir，A. Rabbani，T. Mahmood，J. Mol. Struct. **1199**，126979 （2020）

S. Iravani，H. Korbekandi，S. V. Mirmohammadi，B. Zolfaghari，Int. J. Res. Pharm. **9**，385 （2014）

F. Italiano，A. Agostiano，B. D. Belvisoc，Rocco Caliandro，B. Carrozzini，R. Comparelli，M. T. Melillo，E. Mesto，G. Tempesta，M. Trotta，Colloid. Surface B **172**，362 （2018）

E. Ituen，E. Ekemini，L. Yuanhua，R. Li，A. Singh，Int. Biodeterior. Biodegrad. **149**，104953 （2020）

M. Jalal，M. A. Ansari，M. A. Alzohairy，S. G. Ali，H. M. Khan，A. Almatroudi，K. Raees，Nanomaterials **8**，586 （2018）

S. Jebril，R. K. B. Jenana，C. Dridi，Mater. Chem. Phys. **248**，122898 （2020）

J. Jeevanandam，Y. S. Chan，M. K. Danquah，Chem. Bio. Eng. Rev. **3**，55 （2016）

M. S. John, J. A. Nagoth, K. P. Ramasamy, A. Mancini, G. Giuli, A. Natalello, P. Ballarini, C. Miceli, S. Pucciarelli, Mar. Drugs **18**, 38 (2020)

V. V. Kadam, J. P. Ettiyappan, R. M. Balakrishnan, Mater. Sci. Eng. , B **243**, 214 (2019)

T. L. Kalabegishvili, E. I. Kirkesali, A. N. Rcheulishvili, E. N. Ginturi, J. Mater. Sci. Eng. A **2**, 164 (2012)

Z. Kamel, M. Saleh, N. El Namoury, Res. J. Pharm. Biol. Chem. Sci. **1**, 119 (2016)

M. M. H. Khalil, E. J. Ismail, F. El-Magdoub, Arab. J. Chem. **5**, 431 (2012)

A. T. Khalil, M. Ovais, I. Ullah, M. Ali, Z. K. Shinwari, M. Maaza, Arab. J. Chem. **13**, 606 (2020)

A. U. Khan, O. Yuan, Z. U. Khan, A. Ahmad, F. U. Khan, K. Tahir, M. Shakeel, S. Ullah, J. Photochem. Photobiol. B Biol. **183**, 367 (2018)

P. Khandel, S. K. Shahi, J. Nanostructure Chem. **8**, 369 (2018)

M. Khoshnamvand, S. Ashtiani, C. Huo, S. P. Saeb, J. Liu, J. Mol. Struct. **1179**, 749 (2019)

R. L. Kimber, E. A. Lewis, F. Parmeggiani, K. Smith, H. Bagshaw, T. Starborg, N. Joshi et al. , Small **14**, 1703145 (2018)

M. Kitching, M. Ramani, E. Marsili, Microb. Biotechnol. **8**, 904 (2015)

T. Klaus-Joerger, R. Joerger, E. Olsson, C. -G. Granqvist, Trends Biotechnol. **19**, 15 (2001)

H. Korbekandi, S. Mohseni R. M. Jouneghani, M. Pourhossein, S. Iravani, Artif. Cells, Nanomedicine Biotechnol. **44**, 235 (2016)

E. Korenblum, F. R. V. Goulart, I. A. Rodrigues, F. Abreu, U. Lins, P. B. Alves, A. F. Blank, E. Valoni, G. V. Sebastián, D. S. Alviano, C. S. Alviano, AMB Express **3**, 44 (2013)

K. Kovendan, B. Chandramohan, M. Govindarajan, A. Jebanesan, S. Kamalakannan, S. Vincent, G. Benelli, J. Clust. Sci. **29**, 345 (2018)

M. Krishnan, V. Sivanandham, D. Hans-Uwe, Mar. Pollut. Bull. **101**, 816 (2015)

N. Kumar, E. O. Omoregie, J. Rose, A. Masion, J. R. Lloyd, L. Diels, L. Bastiaens, Water Res. **51**, 64 (2014)

R. Lakshmipathy, B. P. Reddy, N. C. Sarada, K. Chidambaram, S. K. Pasha, Appl. Nanosci. **5**, 223 (2014)

M. Lengke, M. E. Fleet, G. Southam, Langmuir **22**, 2780 (2007)

M. Liang, W. Su, J. -X. Liu, X. -X. Zeng, Z. Huang, W. Li, Z. -C. Liu, J. -X. Tang, Mater. Sci. Eng. , C **77**, 963 (2017)

E. C. Longoria, A. R. V. Nestor, M. A. Borja, J. Microbiol. Biotechnol. **22**, 1000 (2012)

T. Luangpipat, I. R. Beattie, Y. Chisti, R. G. Haverkamp, J. Nanoparticle Res. **13**, 6439 (2011)

M. Madakkaa, N. Jayarajub, N. Rajesh, Method X **5**, 20 (2018)

P. Madhiyazhagan, K. Murugan, A. N. Kumar, T. Nataraj, D. Dinesh, C. Panneerselvam, J. Subramaniam, P. M. Kumar, U. Suresh, M. Roni, M. Nicoletti, Parasitol. Res. **114**, 4305 (2015)

M. Majumdar, S. A. Khan, S. C. Biswas, D. N. Roy, A. S. Panja, T. K. Misra, J. Mol. Liq. **302**, 112586（2020）

V. V. Makarov, A. J. Love, O. V. Sinitsyna, S. S. Makarova, I. V. Yaminsky, M. E. Taliansky, N. O. Kalinina, Naturae **6**, 35（2014）

P. Malik, R. Shankar, V. Malik, N. Sharma, T. K. Mukherjee, J. Nanopar. **2014**, 1（2014）

D. Mamma, P. Christakopoulos, Tree for Sci. Biotechnol. **2**, 83（2008）

M. Manimaran, K. Kannabiran, Lett. Appl. Microbiol. **64**, 401（2017）

C. Mao, A. Liu, B. Cao, Angew. Chem. Int. Ed. **48**, 6790（2009）

S. Marimuthu, A. A. Rahuman, A. V. Kirthi, T. Santhoshkumar, C. Jayaseelan, G. Rajakumar, Parasitol. Res. **112**, 4105（2013）

F. Martinez-Gutierrez, L. Boegli, A. Agostinho, E. M. Sánchez, H. Bach, F. Ruiz, G. James, Biofouling **29**, 651（2014）

K. Mathivanan, R. Selva, J. U. Chandirika, R. K. Govindarajan, R. Srinivasan, G. Annadurai, P. A. Duc, Biocatal. Agric. Biotechnol. **22**, 101373（2019）

S. M. Milik, Assessment of solid waste management in Egypt during the last decade in light of the partnership between the Egyptian government and the private sector（2011）. http://dar. aucegypt. edu/handle/10526/1527

W. Miran, M. Nawaz, J. Jang, D. Sung, Sci. Total Environ. **547**, 197（2015）

R. M. A. Mohamed, Chemical and biological evaluation of deterpenated orange and mandarin oils. Ph. D. thesis, Cairo University,（2015）

Y. K. Mohanta, S. K. Panda, R. Jayabala, N. Sharma, A. K. Bastia, T. K. Mohanta, Front. Mol. Biosci. **4**, 1（2017）

F. M. Mosallam, G. S. El-Sayyad, R. M. Fathy, A. I. El-Batal, Microb. Pathog. **122**, 108（2018）

P. Mukherjee, M. Roy, B. P. Mondal, G. K. Dey, P. K. Mukherjee, J. Ghatak, A. K. Tyagi, S. P. Kale, Nanotech. **19**, 75（2008）

S. B. Nadhe, R. Singh, S. A. Wadhwani, B. A. Chopade, J. Appl. Microbiol. **127**, 445（2019）

N. Naimi-Shamel, P. Pourali, S. Dolatabadi, J. Mycol. Med. **29**, 7（2019）

K. B. Narayanan, N. Sakthivel, Adv. Colloid Interface Sci. **156**, 1（2010）

J. Narenkumar, P. Parthipan, J. Madhavan, Environ. Sci. Pollut. Res. **25**, 5412（2018）

A. G. Nassar, World. J. Agri. Sci. **4**, 612（2008）

O. J. Nava, C. A. Soto-Robles, C. M. Gomez-Gutierrez, A. R. Vilchis-Nestor, A. Castro-Beltran, A. Olivas, P. A. Luque, J. Mol. Struct. **1147**, 1（2017）

B. K. Nayak, A. Nanda, V. Prabhakar, Biocatal. Agric. Biotechnol **16**, 412（2018）

M. Nilavukkarasi, S. Vijayakumar, S. P. Kumar, Mater. Sci. Energy Technol. **3**, 371（2020）

J. G. Nirmala, S. Akila, R. T. Narendhirakannan, S. Chatterjee, Adv. Powder Technol. **28**, 1170（2017）

J. B. Omajali, I. P. Mikheenko, M. L. Merroun, J. Nanopart. Res. **17**, 264（2015）

B. A. Omran, H. N. Nassar, N. A. Fatthallah, A. Hamdy, E. H. El－Shatoury, NSh El－Gendy, Energy Sources. Part A Recover. Util. Environ. Eff. **40**, 227（2018a）

B. A. Omran, H. N. Nassar, N. A. Fatthallah, A. Hamdy, E. H. El－Shatoury, NSh El－Gendy, J. Appl. Microbiol. **125**, 370（2018b）

B. A. Omran, H. N. Nassar, S. A. Younis, R. A. El － Salamony, N. A. Fatthallah, A. Hamdy, E. H. El－Shatoury, N. Sh, El－Gendy **128**, 438（2019）

B. A. Omran, H. N. Nassar, S. A. Younis, N. A. Fatthallah, A. Hamdy, E. H. El － Shatoury, NSh El－Gendy, J. Appl. Microbiol. **126**, 138（2018c）

J. C. Ontong, S. Paosen, S. Shankar, S. P. Voravuthikunchai, J. Microbiol. Methods **165**, 105692（2019）

M. N. Owaid, I. J. Ibraheem, Eur. J. Nanomed. **9**, 5（2017）

G. Oza, S. Pandey, R. Shah, M. Sharon, Pelagia Res. Lib. Adv. Appl. Sci. Res. **3**, 1776（2012）

U. K. Parida, B. K. Bindhani, P. Nayak, World J. Nano Sci. Eng. **1**, 93（2011）

M. P. Patil, M. － J. Kang, I. Niyonizigiye, A. Singh, J. － O. Kim, Y. B. Seo, G. － D. Kim, Colloid Surface B **183**, 110455（2019）

J. K. Patra, K. Hyun－Beak, Front. Microbiol. **8**, 167（2017）

D. Philip, Spectrochim. Acta, Part A **78**, 327（2011）

S. Phongtongpasuk, S. Poadang, N. Yongvanich, Energy Procedia **89**, 239（2016）

S. Phongtongpasuka, S. Poadanga, N. Yongvanich, Mater. Today Proc. **4**, 6317（2017）

P. S. Pimprikar, S. S. Joshi, R. Kumar, S. S. Zinjarde, S. K. Kulkarni, Colloids Surf. B: Biointerfaces **74**, 309（2009）

D. S. Priya, A. Mukerjhee, N. Chandrasekara, Int. J. Pharm. Sci. **5**, 349（2013）

A. Pugazhendhi, D. Prabakar, J. M. Jacob, I. Karuppusamy, R. G. Saratale, Microb. Pathog. **114**, 41（2018）

I. A. Purwasena, P. Aditiawati, O. Afinanisa, I. K. Siwi, H. Septiani. Mater. Res. Express **6**, 0850h9（2019）

M. A. Quinteros, J. O. Bonilla, S. V. Alborés, L. B. Villegas, P. L. Páez, Colloid Surface B **184**, 110517（2019）

P. R. Radhika, P. Loganathan, K. Logavaseekaran, World. J. Pharm. Sci. **5**, 454（2016）

A. Rajan, A. R. Rajan, D. Philip, OpenNano **2**, 1（2017）

P. Rajiv, B. Bavadharani, M. N. Kumar, P. Vanathi, Biocatal. Agric. Biotechnol. **12**, 45（2017）

N. Rajora, S. Kaushik, A. Jyoti, S. L. Kothari IET Nanobiotechnol. **10**, 367（2016）

A. Rautela, J. Rani, M. Debnath, J. Anal. Sci. Technol. **10**, 5（2019）

M. Reenaa, A. Menon, Int. J. Curr. Microbiol. App. Sci. **6**, 2358（2017）

V. R. Remya, V. K. Abitha, P. S. Rajput, Chem. Int. **3**, 165（2017）

Y. Roh, R. J. Lauf, A. D. McMillan, Solid State Commun. **118**, 529（2001）

S. M. Roopan, A. Bharathi, R. Kumar, V. G. Khanna, A. Prabhakarn, Colloids Surf. B **92**, 209

（2011）

D. Rueda，V. Ariasa，Y. Zhang，A. Cabot，A. C. Agudelo，D. Cadavid，Environ. Nanotechnology，Monit. Manag. **13**，100285（2020）

H. Saber，E. A. Alwaleed K. A. Ebnalwaled，A. Sayed，W. Salem，Egypt. J. Basic. Appl. Sci. **4**，249（2017）

S. Saif，A. Tahir，Y. Chen，Nanomaterials **6**，11（2016）

V. Saklani，J. V. K. Suman，J. Biotechnol. Biomaterial. **S13**，1（2012）

N. Sam，S. Palanichamy，S. Chellammal，P. Kalaiselvi，G. Subramanian，Int. J. Curr. Microbiol. App. Sci. **4**，1029（2015）

J. Saxena，P. K. Sharma，M. M. Sharma，A. Singh，Springerplus **5**，1（2016）

A. Saxena，R. M. Tripathi，F. Zafar，P. Singh，Mater. Lett. **67**，91（2012）

A. Schröfel，G. Kratošová，I. Šafařík，M. Šafaříková，I. Raška，L. M. Shor，Acta Biomater. **10**，4023（2014）

R. Seifpour，M. Nozari，L. Pishkar，J. Inorg. Organomet. Polym Mater.（2020）. https://doi. org/10. 1007/s10904−020−01441−9

E. C. Sekhar，K. S. V. K. Rao，K. M. Rao，S. P. Kumar，Cogent. Chem. **2**，1144296（2016）

M. I. Setyawati，J. Xie，D. T. Leong，Appl. Mater. Interfaces **6**，910（2014）

M. Shah，D. Fawcett，S. Sharma，S. K. Tripathy，G. E. J. Poinern，Materials **8**，7278（2015）

P. D. Shankar，S. Shobana，I. Karuppusamy，A. Pugazhendhi，V. S. Ramkumar，S. A.，G. Kumar，Enzyme Microb. Technol. **95**，28（2016）

S. Shantkriti，P. Rani，Inter. J. Curr. Microbiol. Appl. Sci. **3**，374（2014）

G. Sharmila，C. Muthukumaran，K. Sandiya，S. Santhiya，R. S. Pradeep，N. M. Kuma，N. Suriyanarayanan，M. Thirumarimurugan，J. nanostructure chem. **8**，293（2019）

W. Shenton，T. Douglas，M. Young，G. Stubbs，S. Mann，Adv. Mater. **11**，253（1999）

H. Singh，J. Du，P. Singh，T. H. Yi，J. Pharm. Anal. **8**，258（2018a）

P. Singh，Y. Kim，D. Zhang，D. C. Yang，Trends in Biotechnol. **34**，588（2016）

S. Singh，S. Pandit，M. Beshay，V. R. S. S. Mokkapati，J. Garnaes，M. E. Olsson，A. Sultan，A. Mackevica，R. V. Mateiu，H. Lütken，A. E. Daugaard，Artif. Cells Nanomed Biotechnol. **46**，S886（2018b）

M. Składanowski，P. Golinska，K. Rudnicka，H. Dahm，M. Rai，Med. Microbiol. Immunol. **205**，603（2016）

G. P. Smith，V. A. Petrenko，Chem. Rev. **97**，391（1997）

H. Soliman，A. Elsayed，A. Dyaa，Egypt. J. Basic Appl. Sci. **5**，228（2018）

K. M. Soto，C. T. Quezada−Cervantes，M. Hernández−Iturriaga，G. Luna−Bárcenas，R. Vazquez−Duhalt，S. Mendoz，LWT **103**，293（2019）

M. Sriramulu，S. Sumathi，Inter. J. Chem. Tech. Research **10**，367（2017）

S. K. Srivastava，R. Yamada，C. Ogino，A. Kondo，Nanoscale Res. Lett. **8**，70（2013）

S. N. A. M. Sukri, K. Shameli, M. M－T. Wong, S－Y. Teow, J. Chew, N. A. Ismail, J. Mol. Struct. **1189**, 57（2019）

A. Sumbal, S. Nadeem, J. S. Naza, A. Ali, M. Mannan, Zi. Biotechnol. Reports **24**, e00338（2019）

S. B. Suriyaraj, G. Ramadoss, K. Chandraraj, R. Selvakumar, Mater. Sci. Eng., C **105**, 110021（2019）

I. B. Tahar, P. Fickers, A. Dziedzic, D. Płoch, B. Skóra, M. Kus－Liśkiewicz, l. Microb. Cell Fact. **18**, 210（2019）

S. Tarver, D. Gray, K. Loponov, D. B. Das, T. Sun, M. Sotenko, Int. Biodeterior. Biodegrad. **143**, 104724（2019）

S. Tavakolia, S. Nematib, M. Kharaziha, S. Akbari－Alavijeh, Colloids Interface. Sci. Commun. **28**, 20（2019）

K. N. Thakkar, S. S. Mhatre, R. Y. Parikh, Nanomedicine **6**, 257（2010）

P. K. Tyagi, Int. J. Curr. Microbiol. App. Sci. **5**, 548（2016）

M. Ullah, A. Naz, T. Mahmood, M. Siddiq, A. Bano, Inter. J. Enhanced Res. Sci. Technol. Eng. **3**, 415（2014）

United States Department of Agriculture（USDA）（2017）Citrus：WorldMarketsandTrade. https://apps. fas. usda. gov/psdonline/circulars/citrus. pdf

S. Vasantharaj, S. Sathiyavimal, M. Saravanan, P. Senthilkumar, K. Gnanasekaran, M. Shanmugavel, E. Manikandan, A. Pugazhendhi, J. Photochem. Photobiol. B Biol. **191**, 143（2019）

S. G. Velhal, S. D. Kulkarni, R. V. Latpate, Int. Nano Lett. **6**, 257（2016）

A. S. Vijayanandan, R. M. Balakrishnan, J. Environ. Manage. **218**, 442（2018）

S. P. Vinay, Udayabhanu, G. Nagaraju, C. P. Chandrappa, N. Chandrasekhar, J. Clust. Sci. **30**, 1545（2019）

V. Vinotha, A. Iswarya, R. Thaya, M. Govindarajan, N. S. Alharbi, S. Kadaikunnan, J. M. Khaled, M. N. Al-Anbr, B. Vaseeharan, J. Photochem. Photobiol. B Biol. **197**, 111541（2019）

S. R. Waghmare, M. N. Mulla, S. R. Marathe, S. D. Sonawane, 3 Biotech. **5**, 33（2015）

Z. Wang, P. Zheng, W. Ji, Q. Fu, H. Wang, Y. Yan, J. Sun, Front. Microbiol. **7**, 934（2016）

Y. Wei, Z. Fang, L. Zheng, L. Tan, E. P. Tsang, Mater. Lett. **185**, 384（2016）

M. Wypij, J. Czarnecka, H. Dahm, M. Rai, P. Golinska, J. Basic Microbiol. **57**, 793（2017）

M. Wypij, M. Swiecimska, J. Czarnecka, H. Dahm, M. Rai, P. Golinska, J. Appl. Microbiol. **124**, 1411（2018）

T. Xie, Y. Xia, Y. Zeng, Y. Zhang, Bioresour. Technol. **233**, 247（2017）

K. K. Yadav, J. K. Singh, N. Gupta, V. Kumar, J. Mater. Sci. Technol. **8**, 740（2017）

N. Yang, W. H. Li, Ind. Crops Prod. **48**, 81（2013）

J. L. Yang, Y. F. Li, X. Liang X, X－P. Guo, D－W. Ding, D. Zhang, S. Zhou, W－Y. Bao, N. Bellou, S. Dobretsov, Sci. Rep. **6**, 37406（2016）

M. Yusefi，K. Shameli，R. R. Ali，S. - W. Pang，S. - Y. Teow，J. Mol. Struct. **1204**，127539 （2020）

T. Yang，N. Li，X. Wang，Zhai，J.，Hu，B.，Chen，M. and Wang，J.，Chinese Chem. Lett. **31**，145 （2020）

M. Zhang，K. Zhang，B. De Gusseme，W. Verstraete，Water Res. **46**，2077 （2012）

M. Zhang，K. Zhang，B. De Gusseme，W. Verstraete，R. Field，Biofouling **30**，347 （2014）

K. Zomorodian，S. Pourshahid，A. Sadatsharifi，P. Mehryar，K. Pakshir，M. J. Rahimi，A. Monfared，Biomed. Res. Int. **2016**，6 pages，https：//doi. org/10. 1155/2016/5435397

E. Zonaro，S. Lampis，R. J. Turner，J. S. Qazi，G. Vallini. Front. Microbiol. **6**，584 （2015）

术　语　表

三磷酸腺苷：由一个腺苷分子与三个磷酸基团结合而成的化合物，存在于所有的活体组织中。

工农业废弃物：来源于农业或工业产生的废弃物。

合金：一种由两种或多种金属元素组成的金属，以产生更高的强度或抗腐蚀能力。

阳极：电化学池中发生氧化反应的电极。

抗菌活性：最大限度地减少和抑制微生物特别是病原微生物的生长。

原子力显微镜：一种分辨率极高的扫描探针显微镜，其分辨率达到纳米级，比光学衍射极限高 1000 倍以上。

原子层沉积：一种基于连续使用气相化学过程的薄膜沉积技术。

杀菌剂：具有破坏微生物能力的材料或物质。

生物膜：微生物的聚集体，其中细胞经常嵌入由胞外聚合物质组成的自产基质中，并相互黏附和/或黏附于表面。

生物污垢：微生物和大型生物的生长以及天然水体中的其他成分导致的有害沉积，造成工业设备及操作的性能和效率降低。

自下而上方法：一种由原子、分子和较小的粒子/单体组成 NP 的方法。

碳钢：以碳为主要合金元素的钢材。

铸铁：由铁和碳组成的一种较硬或较脆的合金，其碳含量比钢高。

阴极：电化学池中发生还原反应的电极。

氯化：添加氯或氯化合物（如次氯酸钠）以防止病原微生物传播的过程。

腐蚀抑制剂：一种少量添加到环境中，即可降低材料（特别是金属和合金）腐蚀速率的物质。

腐蚀：一种对金属性能的致命性破坏，是金属转变为更稳定形式（如氧化物）的一个自然过程。

缝隙腐蚀：一种局部腐蚀，它发生在金属之间或金属与非金属材料之间形成的缝隙和缺口中。

临界胶束浓度：某个特定的表面活性剂浓度，超过这个浓度，就会形成胶束，所有再添加到系统中的表面活性剂都形成胶束。

变性梯度凝胶电泳：一种根据其熔点分离混合 DNA 片段的技术，它有助于分析无须培养的微生物群落。

脱氧核糖核酸：一种几乎存在于所有生物的每个细胞中的分子。

脱锌：黄铜中锌的选择性去除，特别是在酸性介质中选择性去除。

钻井液：由水黏土和在油井钻井过程中循环的化学物质配制而成，用于润滑和冷却钻头、冲洗岩屑和涂抹井壁。

电化学阻抗谱：一种观察被分析物与固定在电极表面的探针分子之间相互作用后电极界面性质变化的分析技术。

脆性：材料的弹性和功能的丧失，从而使其变脆。

能量色散 X 射线：一种用于样品元素分析或化学表征的分析技术。

酶联免疫吸附测定：一种通过酶反应产生信号以检测和量化溶液中特定物质数量的生化过程。

磨损腐蚀：金属由于机械作用而退化的一种腐蚀类型。

侵蚀：由于水、风等自然因素的侵蚀而逐渐造成的破坏。

胞外聚合物：由微生物群落分泌到周围环境中的高分子量天然聚合物。

菌毛：fringe 的拉丁词（单数名称为 fimbria），一种生长在细菌表面的毛发状附属物，有助于细菌的活动。

鞭毛：一种细长的丝状结构，是一种微小的附着物，它促进许多原生动物、细菌、精子等的活动。

聚焦离子束：一种应用于半导体工业和不同生物领域的技术，可以定点分析和沉积材料。

地层水或采出水：在石油和天然气开采过程中，作为副产品产生的水。

傅里叶变换红外光谱法：一种获取固体、液体或气体的红外吸收或发射光谱的技术。

电偶腐蚀：当两种不同的金属在电解液中相互接触时发生的腐蚀类型。

垫片：一个形状为片或环的橡胶或其他材料，用于在发动机或其他设备的两个表面之间连接处的密封。

环球：整个世界。

国民生产总值：一个国家在一年内的生产产品和提供服务的总值，等于国内生产总值加上外国投资净收入。

水力压裂：一种利用加压液体压裂岩石的油气井增产技术。

亲水性：分子在水中溶解的性质。

疏水性：分子排斥水而不是吸收或溶解于水的性质。

等电点：分子不带电荷或呈电中性时的 pH 值。

线性极化电阻：一种在开路或腐蚀电位附近研究腐蚀金属的电化学响应的方法。

局部腐蚀：一种发生在金属表面不同部位的腐蚀类型。

微生物腐蚀：细菌、霉菌、真菌等微生物及其代谢产物导致的材料退化。

软钢：一种含碳量很少的钢，其特点是强度适中。

死亡：死亡的性质或状态。

最大可能数（溶液稀释法）：一种可以估计可见微生物浓度的方法。

真菌纳米技术：利用真菌合成纳米粒子。

纳米：这一术语的意思是极端小，它起源于希腊语中的 nanos，意思是"侏儒"。

纳米生物技术：生物技术和纳米技术的结合。也指通过生物机器达成和实现纳米技术的目标的相关研究。

纳米报告器：可用于油田岩石中碳氢化合物检测的工程改造后的纳米粒子。

纳米技术：一个研究和创新的领域，关注于在原子和分子的尺度上建造"东西"——通常是材料和器件。

核磁共振：一种在外部磁场存在下，依赖于原子核对电磁辐射的吸收的技术。

油基泥浆：一种应用于钻井工程的钻井液。它由油作为连续相和水作为分散相，并结合乳化剂、凝胶剂和润湿剂混合而成。

开路电位：在没有电流的情况下的电势，此时的实验基于电位测量。

氧腐蚀：一种在氧气存在下金属发生退化的腐蚀类型，并由于快速氧化而产生不溶性沉积物。

十亿分之一：每十亿份溶剂中的一份溶质。

pH：用来确定溶液酸性或碱性的标度。

植物纳米技术：利用植物型生物材料提取物合成纳米粒子。

Pilli：毛发的拉丁词（单数名称为 pillus），存在于许多微生物（如细菌和古细菌）表面的毛发状附属物。

点腐蚀：一种非常局部的腐蚀类型，可产生不同深度的坑和孔。

零电荷点：一个与吸附现象有关的概念，描述了表面电荷密度为 0 的情况。

动态电位极化：一种通过在电解液中施加电流，使电极的电位以选定的速率变化的技术。

　　支撑剂：一种固体物质，主要是砂（如处理过的砂）或人造陶瓷材料，用于在压裂过程中或之后保持诱导水力裂缝一直导通。

　　群体感应：细菌细胞与细胞之间的通信，是指通过基因调控来识别和响应细胞群体密度的能力。

　　铁锈：暴露在空气和潮湿环境中，在铁表面形成的红色或橙色的包覆层。它通常由氧化铁和氢氧化铁组成。

　　扫描透射 X 射线显微镜：一种成像技术，在 20~25nm 范围内的精细聚焦 X 射线束对样品表面进行扫描。

　　选择性浸出或脱合金：其中一种成分从合金中浸出的腐蚀类型。

　　酸腐蚀：一种在含有硫化氢的高酸性环境中发生在金属表面的腐蚀类型。

　　不锈钢：一种含有铬以增强防锈能力的钢。

　　应力腐蚀开裂：由于腐蚀环境而出现裂纹。

　　表面增强拉曼光谱：一种通过在粗糙金属表面吸附分子来增强拉曼散射信号的表面敏感技术。

　　表面活性剂：一种能降低溶解在其中的液体表面张力的物质。

　　甜腐蚀：一种在二氧化碳和碳酸存在下发生的腐蚀类型。

　　塔菲尔极化：一种在电化学电池中可测量腐蚀电流 I_{corr} 或腐蚀电位 E_{corr} 的数学方法。

　　热重分析：一种在一定时间内测量样品质量随着温度变化的热分析方法。

　　自上而下方法：从感兴趣的材料开始，然后通过物理和化学过程减小其尺寸来制备 NP 的方法。

　　均匀腐蚀或一般腐蚀：一种以均匀的方式分布在整个被腐蚀的金属表面上的腐蚀。

　　焊接：通过电弧喷焊器或其他方法将金属零件加热到熔点，并通过按压将两者连接起来。

　　X 射线光电子能谱：一种表面敏感的定量光谱技术，可在 1/1000 的范围内测量元素组成。

缩 略 语 表

2D	Two Dimensional	二维
2-MCP	2-Mercaptopyridine	2-巯基吡啶
3D	Three Dimensional	三维
ADBAC	Alkyldimethylbenzylammonium Chloride	烷基二甲基苄基氯化铵
AERS	Alkaloids Extract of Retama Seeds	细枝豆属种子的生物碱
AFM	Atomic Force Microscope	原子力显微镜
$AgNO_3$	Silver Nitrate	硝酸银
AgNP	Silver Nanoparticles	银纳米粒子
Ag-PNC	Silver Polymer Nanocomposite	银-聚合物纳米复合材料
AHL	N-Acyl Homoserine Lactone	N-酰基高丝氨酸内酯
AI-2	Autoinducer 2	二型自诱导物
ALD	Atomic Layer Deposition	原子层沉积
AMPS	2-acrylamido-2-methylpropane sulfonic acid	2-丙烯酰胺基-2-甲基丙烷磺酸
AP	Attack Phase	侵入阶段
APB	Acid Producing Bacteria	产酸菌
APS	Adenosine 5′-phosphosulfate	腺苷酰硫酸
APTES	3-Aminopropyltriethoxysilane	3-氨丙基三乙氧基硅烷
ARTP	Atom Radical Transfer Polymerization	原子转移自由基聚合
ASM	American Society of Metals	美国金属学会
ASTM	American Society for Testing and Materials	美国材料与试验学会
ATCC	American Type Culture Collection	美国标准菌库
ATP	Adenosine Triphosphate	三磷酸腺苷
ATR-FTIR	Attenuated Total Reflflection-Fourier Transform Infrared	衰减全反射-傅里叶变换红外
AuNP	Gold Nanoparticles	金纳米粒子
BHI	Brain Heart Infusion	脑心浸液

Bio-Ag^0	Biogenic Silver Nanoparticles	生物银纳米粒子
BKC	Benzalkonium Chloride	氯化苯甲烃胺
BNPB	1,4-Bis (4-Nitrophenoxy) Benzene	1,4-双(4-硝基苯氧基)苯
CA	Contact Angle Measurements	接触角测试
CASTAN	Cashew Nut Testa Tannin	腰果外种皮单宁
CD	Carbon dots	碳点
CDT	Cathodic Depolarization Theory	阴极去极化理论
CeO$_2$ NP	Cerium Oxide Nanoparticles	氧化铈纳米粒子
CITCE	Comite International de Thermodynamique et Cin Etique Electrochimique	国际热力学和电工学委员会
CLSM	Confocal Laser Scanning Microscope	激光共聚焦扫描显微镜
CMC	Critical Micelle Concentration	临界胶束浓度
CNT	Carbon Nanotubes	碳纳米管
CoNP	Cobalt Nanoparticles	钴纳米粒子
CR	Corrosion Rate	腐蚀速率
CRA	Corrosion Resistant Alloys	抗腐蚀合金
Cryo-EM	Cryo-Electron Microscopy	冷冻电子显微镜
CS/TPP	Chitosan Tripolyphosphate	壳体糖/多聚磷酸钠
CSTET	Cryo-Scanning Transmission Tomography	冷冻扫描断层透射成像
CuNP	Copper Nanoparticles	铜纳米粒子
CZNC-10	Chitosan-ZnO NP at 10% Initial ZnO Loading	10%初始氧化锌负载的壳聚糖-氧化锌纳米粒子
DBNPA	2, 2-Dibromo-3-Nitrilopropionamide	2,2-二溴-3-次氮基丙酰胺
DC	Direct Current	直流
DCOIT	4,5-dichloro-2-octyl-4-isothiazolin-3-one	4,5-二氯-2-辛基-4-异噻唑啉-3-酮
DDMP	5-dihydroxy-6-methyl-4H-pyran-4-one	5-二羟基-6-甲基-4H-吡喃-4-酮
DGGE	Denaturing Gradient Gel Electrophoresis	变性梯度凝胶电泳
DLC	Diamond Like Coating	类金刚石涂层
DLS	Dynamic Light Scattering	动态光散射
DMSP	Dimethylsulphopropionate	二甲基疏基丙酸

DNA	Deoxyribonucleic Acid	脱氧核糖核酸
Dsr	Dissimilatory Sulfite Reductase	异化亚硫酸盐还原酶
DWCNT	Double-Walled Carbon Nanotubes	双壁碳纳米管
EC	European Commission	欧盟委员会
ECT	Electron Cryotomography	电子冷冻断层扫描
EDTA	Ethylenediamine Tetraacetic Acid	乙二胺四乙酸
EDX	Energy Dispersive X-Ray Spectra	X 射线能量色散谱
EEPG	Ethanol Extract of Piper guinensis	胡椒乙醇提取物
EIS	Electrochemical Impedance Spectroscopy	电化学阻抗谱
ELIZA	Enzyme Linked Immunosorbent Assay	酶联免疫吸附测定
E_{OCP}	Open Circuit Potential	开路电势
EOR	Enhanced Oil Recovery	提高石油采收率
EPA	Environmental Protection Agencies	环境保护机构
EPM	Extracellular Polymeric Matrix	细胞外聚合物基质
EPNG	El Paso Natural Gas	EI Paso 天然气公司
EPR	Electron Paramagnetic Resonance	电子顺磁共振
EPS	Extracellular Polymeric Substances	胞外聚合物
ESEM	Environmental Scanning Electron Microscopy	环境扫描电子显微镜
FCC	Face Centered Cubic	面心立方
Fe-EPS	Iron-Extracellular Polymeric Substance	铁-胞外多聚物混合物
FESEM	Field Emission Scanning Electron Microscope	场发射扫描电子显微镜
FIB	Focused Ion Beam	聚焦离子束
FIB-SEM	Focus Ion Beam Scanning Electron Microscopy	聚焦离子束-扫描电子显微镜
FISH	Fluorescent in situ Hybridization	荧光原位杂交
FTIR	Fourier Transform Infrared Spectroscopy	傅里叶变换红外光谱
GAE	Garlic Extract	大蒜提取物
GC-MS	Gas-Chromatography Mass Spectroscopy	气相色谱-质谱法
GMZnO-Si	Zinc Oxide-Silica Nanohybrid Based Sustainable Geopolymer	基于可持续聚合物的氧化锌-二氧化硅纳米杂化
GNP	Gross National Product	国民生产总值

GO	Graphene Oxide	氧化石墨烯
GO-Ag	GO Sheets Decorated with AgNPs	银纳米粒子装饰的氧化石墨烯片
GP	Growth Phase	生长阶段
GSOB	Green Sulfur-Oxidizing Bacteria	绿色硫氧化细菌
GUPCO	Gulf of Suez Petroleum Company	苏伊士湾石油公司
HCC	Hydrophilic Carbon Clusters	亲水碳簇
HIC	Hydrogen Induced Cracking	氢致开裂
HIV	Human Immune Defificiency Virus	人类免疫缺陷病毒
HMF	5-hydroxymethylfurfural	5-羟甲基糠醛
hNRB	Heterotrophic Nitrate Reducing Bacteria	异养硝酸盐还原菌
HPF	High Pressure Freezing	高压冷冻
HPLC	High Performance Liquid Chromatography	高效液相色谱法
HPLC-MS	High Performance Liquid Chromatography-Mass Spectroscopy	高效液相色谱法-质谱法
HPLC-Q-TOF-MS	High-Pressure Liquid Chromatography Coupled with Quadrupole Time-Offlflight Mass Spectrometry	高压液相色谱-四极杆-飞行时间质谱
HRTEM	High Resolution Transmission Electron Microscope	高分辨透射电子显微镜
ICCP	Impressed Current Cathodic Protection	外加电流阴极保护
i_{corr}	Corrosion Current Density	腐蚀电流密度
ICP-MS	Inductively Coupled Plasma Mass Spectrometry	电感耦合等离子体质谱
ICP	Inherently Conducting Polymers	本征导电聚合物
IE%	Inhibition Efficiency Percentage	抑制效率比(阻蚀率)
IEP	Isoelectric Point	等电位点
IOB	Iron Oxidizing Bacteria	铁氧化菌
IO NP	Iron Oxide Nanoparticles	氧化铁纳米粒子
ISE	International Society of Electrochemistry	国际电化学学会
ISO	International Standardization Organization	国际标准化组织
Kan-AuNP	Kanamycin-Capped AuNP	卡那霉素-金纳米粒子
KPS	Potassium Persulfate	过硫酸钾
LC-MS	Liquid Chromatography-Mass Spectrometry	液相色谱-质谱法

LEO	Lemon Grass Essential Oil	柠檬草精油
LPR	Linear Polarization Resistance	线性极化电阻
MAPLE	Morus Alba Pendula Leaves Extract	桑树叶提取物
MAR	Microautoradioghraghy	微自动放射线照相术
MB	Methylene Blue	亚甲基蓝
MBA	N, N-methylenebisacrylamide	N,N-亚甲基双丙烯酰胺
MBC	Minimum Bactericidal Concentration	最低杀菌浓度
MBEC	Minimum Biofifilm Eradication Concentration	最低生物膜清除浓度
MBF	Marine Biofifilming Bacteria	海洋生物膜细菌
MBIC	Minimum Biofifilm Inhibitory Concentration	最低生物膜抑菌浓度
MBT	2-mercaptobenzothiazole	2-巯基苯并噻唑
MCFF	Mycelial Cell-Free Filtrate	菌丝体无细胞滤液
MF	Melamine Formaldehyde	三聚氰胺甲醛
MgO NP	Magnesium Oxide Nanoparticles	氧化镁纳米粒子
MIC	Minimum Inhibitory Concentration	最低抑菌浓度
MIT	Massachusetts Institute of Technology	麻省理工学院
MMM	Molecular Microbiological Methods	分子微生物学方法
MMTS	S-methyl methanethiosulphinate	S-甲基甲烷硫代磺酸盐
MMTSO	Methyl Methane Thiosulphinate	甲基甲烷硫代硫磺酸盐
MOB	Manganese Oxidizing Bacteria	锰氧化菌
MPC-b-MPS	2-methacryloyloxy ethyl phosphorylcholine -b-3-(trimethox ysilyl) propyl ethacrylate	2-甲基丙烯酰氧乙基磷酰胆碱-b-3-(三甲氧基硅基)乙丙烯酸丙酯
MPN	Most Probable Number	最大或然数
MPT	2-Amino-4-(4-Methoxyphenyl)-Thiazole	2-氨基-4-(4-甲氧基苯基)噻唑
mpy	Mils Per Year	微英寸/年
MRI	Magnetic Resonance Imaging	磁共振成像
MRSA	Methicillin Resistant Staphylococcus aureus	耐甲氧西林金黄色葡萄球菌
MRSE	Methicillin ResistantS. epidermidis	耐甲氧西林表皮葡萄球菌
MS	Mass Spectrometry	质谱法

MSSA	Methicillin Sensitive S. aureus	对甲氧西林敏感的金黄色葡萄球菌
MWCNT	Multi-Walled Carbon Nanotubes	多壁纳米碳管
NIAC	Nano Iron Oxide Impregnated Alkyd Coating	纳米氧化铁浸渍醇酸涂层
Ni-P	Nickel-Phosphorous	镍磷
NIPAm	N-isopropylacrylamide	N-异丙基丙烯酰胺
NMR	Nuclear Magnetic Resonance	核磁共振
NM	Nanomaterials	纳米材料
NNI	National Nanotechnology Initiative	美国国家纳米技术计划
NP	Nanoparticles	纳米粒子
NRB	Nitrate Reducing Bacteria	硝酸盐还原菌
NSP-GO	Nitrogen, Sulfur and Phosphorous with Graphene Oxide Nanostructure	具有氧化石墨烯纳米结构的氮、硫和磷
OBM	Oil Based Mud	油基泥浆
OCB	Oxidized Carbon Black	氧化炭黑
OCP	Open Circuit Potential	开路电势
OFAT	One-Factor-at a-Time Technique	单次单因子技术
OOMW-NPh	Olive Oil Mill Wastewaters Non Phenolic	橄榄油场废水-无酚
OOMW-Ph	Olive Oil Mill Wastewaters Phenolic	橄榄油场废水-有酚
PAA	Peracetic Acid	过氧乙酸
PANI	Polyaniline	聚苯胺
PANI/G	Polyaniline-Graphene Nanocomposite	聚苯胺-石墨烯纳米复合材料
PBS	Phosphate Buffer Saline	磷酸盐缓冲液
PBT	Polythiophene	聚噻吩
PCB	Polychlorinated Biphenyl	多氯联苯
PCR	Polymerase Chain Reaction	聚合酶链反应
PDMS	Polydimethylsiloxane	聚二甲基硅氧烷
PDVF	Polyvinylidene Fluoride	聚偏二氟乙烯
PEG	Polyethylene Glycol	聚乙二醇
PEMA	Poly Ethyl Methacrylate	聚甲基丙烯酸乙酯
PES	Polyethersulfone	聚醚砜
PNZ	Polyaniline-Zinc Oxide Hybrid Nanocomposite	聚苯胺-氧化锌杂化纳米复合材料

PPY	Polypyrrole	聚吡咯
psi	Pounds Per Square Inch	磅每平方英寸
PSOB	Purple Sulfur-Oxidizing Bacteria	紫色硫氧化细菌
PTFE	Polytetrafluoroethylene	聚四氟乙烯
PVA	Polyvinyl Alcohol	聚乙烯醇
PVC	Polyvinylchloride	聚氯乙烯
PZC	Point of Zero Charge	零电荷点
qPCR	Quantitative Polymerase Chain Reaction	定量聚合酶链反应
QPE	Quince Pulp Extract	榅桲果肉提取物
QS	Quorum sensing	群体感应
QSI	Quorum Sensing Inhibition	群体感应抑制
Quats	Quaternary Ammonium Compounds	季胺化合物
R&D	Research and Development	研发
R_{ct}	Charge Transfer Resistance	电荷转移电阻
RO	Reverse Osmosis	反渗透
ROS	Reactive Oxygen Species	活性氧自由基
R_p	Polarization Resistance	极化电阻
SACP	Sacrificial Anode Cathodic Protection	牺牲阳极阴极保护
SAEV	Saudi Aramco Energy Ventures	沙特阿美能源投资公司
SASS	Super Austenitic Stainless Steel	超级奥氏体不锈钢
SCC	Stress Corrosion Cracking	应力腐蚀开裂
SEM	Scanning Electron Microscope	扫描电子显微镜
SEM-EDX	Scanning Electron Microscopy - Energy Dispersive X-Ray	扫描电子显微镜-能量色散X射线
SERS	Surface Enhanced Raman Spectroscopy	表面增强拉曼光谱
SKP	Scanning Kelvin Probe	扫描开尔文探针
SOB	Sulfur-Oxidizing Bacteria	硫氧化细菌
SO-NRB	Sulfide-Oxidizing, Nitrate Reducing Bacteria	硫氧化-硝酸盐还原菌
SPA	Single Particle Analysis	单粒子分析
SPR	Surface Plasmon Resonance	表面等离子体共振
SRB	Sulphate Reducing Bacteria	硫酸盐还原菌
SS	Stainless Steel	不锈钢

STXM	Scanning Transmission X-Ray Microscopy	扫描透射 X 射线显微镜
SWCNT	Single-Walled Carbon Nanotubes	单壁碳纳米管
SXT	Soft X-Ray Tomography	软 X 射线断层扫描
TBT	Tributyltin	三丁基锡
TEM	Transmission Electron Microscope	透射电子显微镜
TEOS	Tetraethoxysilane	四乙氧基硅烷
TEOCS	Triethoxyoctylsilane	三乙氧基辛基硅烷
TEPES	Triethoxypentylsilane	三乙氧基戊基硅烷
TGA	Thermogravimetric Analysis	热重分析
TGBAPB	Tetraglycidyl 1, 4-Bis（4-Amine-Phenoxy）Benzene	四缩水甘油基 1,4-双（4-胺-苯氧基）苯
THPS	Tetrakis Hydroxymethyl Phosphonium Sulfate	四羟甲基硫酸膦
TMV	Tobacco Mosaic Virus	烟草花叶病毒
TOAg-NP	The derived AgNPs from T. ornata	喇叭藻制备的银纳米粒子
ToF-SIMS	Time of Flight-Secondary Ions Mass Spectrometry	飞行时间二次离子质谱
UF	Ultrafifiltration	超滤
USDA	United States Department of Agriculture	美国农业部
UV	Ultra Violet	紫外线
UV/Vis	Ultraviolet/Visible Spectrophotometry	紫外/可见分光光度法
VFA	Volatile Fatty Acids	挥发性脂肪酸
VOC	Volatile Organic Compounds	挥发性有机化合物
VRSA	Vancomycin Resistant Staphylococcus aureus	耐万古霉素的金黄色葡萄球菌
XPS	X-Ray Photoelectron Spectroscopy	X 射线光电子能谱
XRD	X-Ray Diffraction	X 射线衍射
ZnO NP	Zinc Oxide Nanoparticles	氧化锌纳米粒子
ZnO NR	Zinc Oxide Nano-Rods	氧化锌纳米棒
ZOI	Zone of Inhibition	抑菌圈
ZVI NP	ZeroValent Iron Nanoparticles	零价铁纳米粒子